AF818507

GRAŻYNA WALCZAK

Es licenciada en Letras Modernas Alemanas por la Universidad Nacional Autónoma de México. Completó los estudios de maestría en Letras Hispánicas en la Universidad del Sur de Florida y doctorado en Literatura Latinoamericana en la Universidad de Florida. Su trabajo docente e investigativo se ubica en la intersección entre la historia, la memoria y la narrativa latinoamericana, con el interés especial en la representación de los grupos marginados. Ha publicado en revistas como *Hispamérica, Revista Encuentros* y *Káñina*, entre otras. Es co-editora del volumen *Insomne pasado: Lecturas críticas sobre Latinoamérica colonial*, en el que explora las estrategias narrativas empleadas en uno de los textos coloniales más antiguos de México. Es profesora de español en Valdosta State University, en Georgia, Estados Unidos. En sus trabajos más recientes analiza la representación femenina en los textos de escritoras mexicanas del siglo XX.

Mujeres que cuentan
La memoria literaria en la narrativa de seis escritoras mexicanas del siglo XX
Grażyna Walczak

Grażyna Walczak

MUJERES QUE CUENTAN
LA MEMORIA LITERARIA EN LA NARRATIVA DE SEIS ESCRITORAS MEXICANAS DEL SIGLO XX

F&G editores

Mujeres que cuentan
La memoria literaria en la narrativa de seis escritoras mexicanas del siglo XX
Grażyna Walczak

© Grażyna Walczak
© Esta edición, F&G Editores

Diseño de portada: F&G Editores
Foto de la autora: Archivo personal

Impreso en Guatemala
Printed in Guatemala

F&G Editores
31 avenida "C" 5-54, zona 7
Colonia Centro América
Guatemala, Guatemala
Teléfonos: (502) 2292 3792 y (502) 2439 8358
informacion@fygeditores.com
www.fygeditores.com

ISBN: 978-99939-38-07-1

Derechos reservados por el editor, prohibida su reproducción parcial o total por cualquier medio sin autorización por escrito del editor.

Guatemala, febrero de 2023

Contenido

Capítulo 3
Reconociendo el valor de los espacios y del trabajo femenino en *Como agua para chocolate*, de Laura Esquivel
127

Capítulo 4
Expandiendo los márgenes del discurso: *Zona de desastre*, de Cristina Pacheco
163

Capítulo 5
Llenando los huecos de la historia: *La familia vino del norte*, de Silvia Molina
199

Capítulo 6
Alimentando la memoria colectiva: *Las siete cabritas*, de Elena Poniatowska
245

Prefacio

El presente libro es la continuación del estudio sobre la memoria literaria en obras de escritoras mexicanas del siglo XX realizado para mi tesis doctoral presentada en 2008 en la Universidad de Florida. Aunque resuenan aquí muchas de las ideas y elaboraciones que en su momento hice sobre las temáticas presentes en estas obras, esta lectura crítica se halla enriquecida por las reflexiones surgidas de las entrevistas con las autoras. Este estudio recoge también un conjunto de obras que no formaban parte del corpus de mi investigación inicial, pero que a partir del diálogo han encontrado un lugar importante en mis propuestas de lectura crítica.

Mi interés en la memoria como herramienta narrativa en la obra de escritoras mexicanas se remonta a mi experiencia personal de vivir en México durante la época que algunos proclamaron como el *boom* de la literatura femenina, a partir de los ochenta. En ese tiempo, yo asistía a la Facultad de Filosofía y Letras en la UNAM y llegué a escuchar las ponencias de escritoras, escritores e intelectuales –hombres y mujeres– como Alaíde Foppa, Luisa Josefina Hernández, Margo Glantz, Ramón Xirau, Federico Patán y Hernán Lara Zavala, entre otros, que despertaron mi interés en el estudio de la literatura hispánica. Aunque mi especialidad de esa época eran las literaturas germánicas, sentía una fascinación particular por las obras de escritoras mexicanas de las décadas anteriores: Nellie Campobello, Elena Garro y Rosario Castellanos, entre otras. Al mismo tiempo, estaba muy pendiente de las publicaciones nuevas, de escritoras contemporáneas a mí. En ese entonces no reparaba aún en la característica constante que aparecía entre sus obras y que percibí años más tarde: la rememoración como materia narrativa. Cuando me dediqué de lleno a la investigación de la literatura mexicana, este entendimiento encauzó el giro de mi estudio presente.

Para este volumen he considerado de interés escoger seis obras de escritoras mexicanas, en las que analizo las diferentes maneras y propósitos de la rememoración individual y/o colectiva: *Las genealogías*, de Margo Glantz, *Arráncame la vida*, de Ángeles Mastretta, *Como agua para chocolate*, de Laura Esquivel, *Zona de desastre*, de Cristina Pacheco, *La familia vino del norte*, de Silvia Molina y *Las siete cabritas*, de Elena Poniatowska. Todas, excepto la última, son de la década del ochenta. Aunque la obra de Poniatowska se publicó un poco más tarde, me pareció conveniente incluirla en este grupo porque representa una conceptualización de la memoria distinta de las anteriores y es de una escritora cuyos otros textos también se insertan en el período estudiado.

He tenido la suerte de hablar en a veces más de una ocasión con todas las escritoras excepto con una, a las cuales expreso aquí mi profundo agradecimiento. Es un gran privilegio haberlas conocido y haber conversado con las creadoras de los textos que me han impresionado tanto. Las entrevistas forman parte de este volumen y lo enriquecen, ya que el enfoque principal de estas conversaciones es, desde luego, la memoria.

Muchas son las personas que me han acompañado a lo largo de tantos años de investigación. En primer lugar, debo agradecer la enorme generosidad de las escritoras mismas, quienes me brindaron primero sus palabras, y luego sus voces y su presencia. Agradezco los intercambios con antiguos profesores, los doctores Reynaldo Jiménez, Geraldine Nichols, Félix Álvaro Bolaños, Efraín Barradas, Tace Hedrick, Andrés Avellaneda, quienes contribuyeron en la formación del marco teórico para el presente trabajo.

Doy gracias especiales a Claire Noguerol y a sus padres, Jean y Peter McCall, por su apoyo al hospedarme en Gainesville mientras estudiaba y hacía mi investigación inicial. Asimismo, deseo expresar mi agradecimiento a Valdosta State University, por ofrecerme una beca para viajar a México con el fin de realizar mis entrevistas con las escritoras y por eximirme de las responsabilidades de la enseñanza durante un semestre para completar mi manuscrito.

Agradezco también a Karina E. Vázquez, colega y amiga, con quien he compartido mucho más que largas discusiones sobre la literatura. Igualmente le doy gracias a mi colega y amiga Karen Acosta por sus correcciones y, especialmente, por su atenta escucha. También a Adriana Acosta y Mauricio Ávalos –¡muchas gracias por sus correcciones y consejos!

Siempre al final, pero no menos importante, agradezco a mi esposo, Kazimierz Robak, por su infinita paciencia, su aporte de ideas, su trabajo editorial, y, sobre todo, por su fe en el proyecto y su constante estímulo. Sin él, este libro no vería la luz del día.

GRAŻYNA WALCZAK

Prólogo

El mundo femenino como fuerza social

Karina Elizabeth Vázquez[1]

Nombrar a Margo Glantz, Ángeles Mastretta, Laura Esquivel, Cristina Pacheco, Silvia Molina y Elena Poniatowska inmediatamente nos conduce al denominado *boom femenino* en las letras mexicanas. Este corpus de escritoras conforma un cuadro representativo de la relación entre historia nacional e identidades de género. Puestas en serie, algunas de sus obras plantean un conjunto de interrogantes que funciona como matriz de

1. Karina Elizabeth Vázquez. Socióloga (Universidad de Buenos Aires, Argentina) y doctora en Literatura Latinoamericana (University of Florida, EE. UU.) Docente en la Universidad de Richmond (Virginia). Investiga las representaciones del mundo del trabajo y la relación entre memoria, afecto y discursos visuales. Es autora de *Fogwill: realismo y mala conciencia* (Edhasa/Circeto, 2009), *Aprendices, obreros y fabriqueras: el trabajo industrial en la narrativa argentina del siglo XX* (Biblos, 2013) y co-editora de *Insomne pasado: lecturas críticas sobre Latinoamérica colonial* (F&G Editores, 2016). Ha publicado en revistas especializadas (*Hispamérica, Iberoamericana, Chasqui, Luso Brazilian Review, Journal of Hispanic Research*), y en los volúmenes *Domestic Labor in Twenty-First Century Latin American Cinema* (Elizabeth Osborne y Sofía Ruiz-Alfaro Eds.), *Los de abajo. Tres siglos de sirvientes en el arte y la literatura latinoamericanos* (María Julia Rossi y Lucía Campanella Eds.), *Food Studies in Latin American Literature: Perspectives on the Gastronarrative* (Rocío del Aguila y Vanesa Miseres Eds.), entre otros. Es traductora al español de la novela gráfica *Cuarto oscuro. Recuerdos en blanco y negro*, de Lila Quintero-Weaver y co-editora de *Irreverente y desmesurada: Aurora Venturini frente a la crítica* (Albatros 2021).

enunciaciones literarias más actuales sobre temas todavía urgentes para los feminismos, como la distribución desigual de las tareas de cuidado en el ámbito doméstico, la feminización de la pobreza o los derechos reproductivos.

El análisis de estas autoras del *boom femenino* despliega una mirada que las ubica precisamente en el polo opuesto del *boom latinoamericano*: si se presta atención a la cultura material que fluye en sus narraciones, la materialidad narrativa de esos textos se presenta como una visión alternativa de la historia escrita con mayúsculas y desde las coordenadas de la identidad histórica, nacional y de género proyectadas por las necesidades del patriarcado capitalista. La serie conformada por *Las genealogías* (1980), de Margo Glantz; *Arráncame la vida* (1986), de Ángeles Mastretta; *Como agua para chocolate* (1989), de Laura Esquivel; *Zona de desastre* (1986), de Cristina Pacheco; *La familia vino del norte* (1988), de Silvia Molina y *Las siete cabritas* (2000), de Elena Poniatowska abre interrogantes sobre la relación entre historia, identidad (nacional y de género) y memoria, que tienen como punto de partida la materialidad cotidiana.

La propuesta de lectura que nos presenta Grażyna Walczak en este libro retoma a estas escritoras ciertamente canónicas desde la comprensión histórica del género textual/identitario. La autora parte de una observación similar a la realizada por Sara Castro-Klarén en *Narrativa Femenina en América Latina. Prácticas y Perspectivas Teóricas* (2002), a propósito de los interrogantes que surgen en distintas series textuales de la narrativa femenina en América Latina en las últimas dos décadas del siglo XX. El sentido de "ser mujer" está dado por el flujo constante y cambiante de la experiencia vivida, del cuerpo en tanto situación histórica (18). De este modo, el problema del género está inexorablemente entrelazado con el de la autoridad discursiva y, sobre todo, con el de la relación de poder entre quienes poseen los medios de representación y quienes son representados en, y por, los discursos que dan cuenta de la historia. Se explica entonces, que las mujeres se enuncien desde la heterodoxia de los géneros discursivos/literarios y rompiendo los moldes de la representación.

Walczak propone una lectura crítica interesante porque apela a conceptos acuñados en el campo de los estudios sobre la memoria histórica, e indaga desde allí las estrategias de las autoras para dar cuenta de la experiencia vivida, del cuerpo y de la corporalidad como situaciones sociales estrechamente entrelazadas con las formas en las que el patriarcado capitalista consolida los vínculos que instituyen la identidad más cotidiana del Estado nación: el matrimonio, la educación y la maternidad. El análisis textual no se asienta exclusivamente en la materia narrativa, sino en la materialidad narrativa y el material de la narrativa. Walczak pone su atención en el uso que las autoras hacen de recortes de prensa o del material periodístico, álbumes fotográficos, recuerdos personales, testimonios, diarios, recetarios o libros de cocina, mapas, registros laborales, etc. Es decir, Walczak se enfoca en la cultura material que se revela como la verdadera materialidad de estas narrativas. Ve allí un "archivo humano" que desplaza el sentido respecto de los ejes desde los cuales se edifica la retórica de la memoria oficial.

Los universos ficcionales son explorados con la mira en las situaciones cotidianas en las que se emplaza y se construye la experiencia vivida de las mujeres. Walczak ubica los sitios de memoria en un lugar opuesto al de los monumentos y la conciencia y/o discursos colectivos; les hace caso a las autoras y va a los sentidos construidos en la polifonía de voces que habitan los espacios y las labores cotidianas en las que las tradiciones, pero también los contradiscursos, construyen las tramas del género: las "tareas" y los "oficios femeninos", las cocinas, los cuidados, toda la periferia geográfica y simbólica alejada del mundo "letrado"; una cotidianeidad que se convierte en un archivo humano de los días y las horas, y donde habitan distintas imágenes de mujer.

En su análisis de *Las genealogías* de Margo Glantz, Walczak enfatiza el empleo de la cultura material como estrategia narrativa. La memoria aparece como cristalización de una identidad diversa y atravesada por coordenadas espacio-temporales. Objetos, fotografías y menús dejan de ser huellas del pasado y se instalan como sitios de memoria desde los que se re-inscriben los lazos de una filiación cultural múltiple. La autora señala que Glantz contesta así la lógica cohesiva y aglutinante de "la nación". Por otra parte, en su lectura de *Arráncame la vida*, de Ángeles Mastretta, se enfoca en la reconstrucción de un (E)stado de cosas político a partir del andamiaje emocional que toma forma en los vínculos entre mujeres (madre e hija, hermanas) y en las instituciones que le sirven de apoyo, como la educación, el matrimonio, la familia y la maternidad. Desentrañar esas redes de sentido a través del recuerdo se vuelve la estrategia narrativa por excelencia del texto, la cual, como señala Walczak, yuxtapone poder y recuerdo más allá de los confines de su(s) protagonista(s).

La fuerza desubjetivadora que tienen los sitios de memoria emplazados en lo cotidiano se hace patente en la exégesis de un texto revisado infinitamente, como lo es *Como agua para chocolate*, de Laura Esquivel. Si en Glantz el empleo de la memoria como estrategia narrativa desanda la retórica de la identidad nacional oponiéndole la historia de la filiación individual, y en Mastretta la armadura patriarcal de esa identidad nacional es contradicha por un soporte emocional que revela opresión y tensiones, Walczak propone ver en Esquivel la captura de un mundo femenino desatendido, hecho de las instancias domésticas y, sobre todo, de los trabajos femeninos cotidianos, rutinarios, más vinculados a los sentidos. Así, además de todo lo relacionado con lo culinario, se figura un deseo que es capaz de re-escribirse aún en/desde el seno de lo tradicional, como las labores de hilo: el tejido, los bordados y la costura. Estas actividades albergan otra temporalidad en la que es posible plasmar "otros" sentidos o estar en "otra parte". El trabajo físico en el rancho, las tareas de cuidado, la maternidad y la no-maternidad, y la cocina hacen visible un elenco de mujeres en los roles impuestos desde el entramado patriarcal, pero al mismo tiempo, en tanto sitio de memoria, lo cotidiano también aloja la posibilidad del contradiscurso.

En *Zona de desastre*, de Cristina Pacheco, Walczak se enfoca en la capacidad que la memoria tiene para emplazarnos en otro lugar y señala que, desde el universo ficcional, el recuerdo es una estrategia narrativa que sirve como mecanismo desarticulador de los discursos oficiales. A través de crónicas, testimonios inmediatos al terremoto dc 1985, programas de televisión, artículos periodísticos y entrevistas, la palabra asume una autoridad narrativa polifónica que revela el trauma colectivo de una ciudad que ha vivido, y vive, el abuso de poder, la desigualdad y la violencia como si fuera un cuerpo de mujer. Aquello que había permanecido oculto por causa de la desidia gubernamental se va haciendo visible a medida que el estupor colectivo por la catástrofe va cediendo paso al habla de las tragedias individuales, signadas más por la negligencia estatal que por los infortunios de la naturaleza. Este efecto visual y hablado del texto de Pacheco, Walczak lo explora en profundidad en su análisis de *La familia vino del norte*, de Silvia Molina, donde el resorte semántico de la narrativa fragmentada reside en el intertexto con fotografías y diarios. Mientras que la imagen funciona como un dispositivo disparador de recuerdos, los registros del diario (especialmente los que dejan los silencios) abren interrogantes y formulan insinuaciones a los lectores. Walczak propone ver en ese archivo privado donde quedan registrados los vínculos entre hijas, madres, empleadas domésticas, investigadoras y amantes los hilos de una memoria que contesta los discursos oficiales, pero que, sobre todo, revela a las mujeres como una fuerza social de la historia. Lo cotidiano adquiere una valoración distinta, mejor, porque aparece como emplazamiento de una memoria comunicativa asociada con lo pequeño, lo rutinario, la geografía de lo más próximo, haciendo que los recuerdos y las anécdotas se vuelvan fuentes de experiencias reveladoras. En esto se enfoca Walczak en el análisis de *Las siete cabritas*, de Elena Poniatowska, el último de este volumen. En las cartas, fotografías, entrevistas, fragmentos de memorias y de textos de ficción a los que apela Poniatowska al estilo de un *collage*, Walczak ve los hilos de una trama cultural y emocional que propicia tanto de amoldamiento a las imposiciones patriarcales, como la sororidad en la contravención de las normas por parte de mujeres "monumentales" o mujeres que activamente buscaron librarse de los mandatos sociales, como Frida Kahlo, Pita Amor, Nahui Olin, María Izquierdo, Elena Garro, Rosario Castellanos y Nellie Campobello.

Podría decirse que este libro aborda la relación entre historia, memoria, género y literatura. Con respecto a esta última, Walczak propone una lectura crítica que refuerza el papel que los universos ficcionales tienen en la reescritura social y colectiva del pasado y, especialmente, en la articulación de los hechos pretéritos en las tramas de sentido del presente. La autora señala con precisión que en el caso mexicano pensar la relación entre historia y memoria desde la literatura conlleva inexorablemente una revisión de la articulación de las nociones de identidad nacional y género. Señala también que es preciso prestar atención a las formas en que los discursos literarios condensaron un imaginario sobre/del género femenino que es en sí mismo una variable de ajuste ideológico-cultural de las tensiones raciales y sociales de origen económico. Pero, sobre todo, estos ensayos exploran críticamente la materia viva de toda narrativa, puesto que en ella se revela algo central: el entramado del mundo femenino como fuerza social.

Introducción

Helmer: –Si supieras emplear el dinero que te doy y comprar efectivamente alguna cosa, sí, pero desaparece en la casa, se evapora en mil pequeñeces, y luego tengo que volver a aflojar la bolsa.

Henrik Ibsen. *Casa de muñecas* (1879), acto I, escena 1. (Trad. Juan Andrés Piña)

La memoria es el cuidado del pasado – y del futuro

El mundo actual –según observa y analiza Pierre Nora en *Les Lieux de Mémoire*– se esfuerza cada vez más por cultivar la memoria, respondiendo al creciente sentido de inseguridad de la vida moderna, situación que impele a anotar y guardarlo todo para las generaciones futuras.[1] Cada vez se observa más distancia entre el ahora y la historia, sea por la preocupación –con o sin fundamento– de que esta se encuentre manipulada por los grupos en el poder, o bien por la multiplicación de soluciones tecnológicas para el registro y la documentación de los hechos, conducentes a la creación de las historias propias. Historias, hay que agregar, cuyo elemento más importante es justamente la memoria. El también historiador francés

1. Pierre Nora es un historiador francés, conocido principalmente por sus trabajos sobre la identidad y la memoria. Su obra más popular consta de ensayos publicados originalmente en francés y concentrados en tres tomos bajo su dirección, con el título *Les Lieux de Mémoire*, entre los años 1984-1992. El historiador hace en ellos un inventario de los lugares, objetos e idearios en los que se encarna la memoria nacional de los franceses. En mi trabajo me he apoyado en el sumario de esos ensayos, publicado en inglés: Nora, Pierre. "Between Memory and History: *Les lieux de mémoire*". *Representations*. 26 (Spring 1989); pp. 7-25.

Jacques le Goff inclusive afirma que el trueque de la historia por la memoria es una práctica común.[2]

Según Paul Ricoeur, la acción de recordar (*anamnēsis*) es más relevante que la afección (del griego: *pathos)*.[3] El enfoque en el aspecto activo de la rememoración significa reconocerlo como mecanismo de la percepción que construye significado. Ese acto de recordar, como tal, no "transfiere" el pasado al presente, sino que lo sustituye y en vez de él, instala una metonimia que ofrece la construcción. Evocar el pasado en la literatura abre, por tanto, la posibilidad de revivir lo que ya ocurrió y, en consecuencia, redescribir la realidad dentro de una historia nueva. *Ergo*: se convierte en su material constructivo.

Un papel relevante en la recuperación de la memoria –tanto colectiva, como individual– juega la literatura: esta no solamente construye los *lieux de mémoire* en el sentido en el que los define Nora, sino que también es transmisora de los recuerdos. El hecho de que en la literatura se incluyan cada vez más textos basados en la rememoración comprueba las teorías de los filósofos y de los investigadores literarios que sostienen que no es tanto la historia, sino la memoria la que responde a las necesidades de revisión del pasado por parte de los contemporáneos.

Siguiendo esta línea de comprensión del trabajo de la memoria, John S. Brushwood encuentra que en la literatura mexicana el interés por el pasado se manifiesta en dos tendencias: por un lado, se trata de representar los acontecimientos de los tiempos remotos, lo cual da inicio a la nueva novela histórica. Por el otro, múltiples textos de diversos subgéneros literarios se basan en la memoria individual o a veces grupal, concurriendo en la creación de la memoria colectiva, no muy lejana.[4]

La preocupación por el pasado es también una de las características más distintivas de la literatura latinoamericana de las últimas décadas. Influyeron en ello, sin duda, los acontecimientos sociopolíticos en diversos

---

2. Le Goff, Jacques. *History and memory*. Trads: Steven Rendall and Elizabeth Claman. New York: Columbia UP, 1992. También: Le Goff, Jacques. *El orden de la memoria. El tiempo como imaginario*. Trad. Hugo F. Bauzá. Barcelona: Paidós, 1977/1991.

3. Ricoeur, Paul. *Memory, History, Forgetting*. Chicago: U of Chicago P, 2004; p. 26.

4. Brushwood, John. *Narrative Innovation and Political Change in Mexico*. New York: Peter Lang, 1989; pp. 82-83.

países de América Latina en la segunda mitad del siglo XX, muchos de los cuales imprimieron una huella muy profunda en la percepción nacional y de diversos grupos sociales, frecuentemente traumados, cuestionando tanto su historia, como su identidad. Para México, después de la revolución de 1910-1917, que penetró profundamente la conciencia de los ciudadanos, tales acontecimientos precedentes a las obras estudiadas aquí son: la masacre de Tlatelolco el 2 de octubre de 1968 o el temblor del 19 de septiembre de 1985 –catástrofes que transformaron el pensamiento de los mexicanos, influyeron en su vida social y en su cultura.[5]

En la literatura mexicana sobresale la preocupación por la identidad nacional, lo cual se puede notar sobre todo en las obras relativas directa o indirectamente a la masacre de Tlatelolco. Al mismo tiempo se observa un incremento notable en el número de las mujeres que escriben.[6] El salto es tan drástico, que muchos investigadores se refieren a los años ochenta como la década del *boom* femenino. Tras los mayores números de las mujeres escritoras, viene también la diversificación de las perspectivas y el incremento del valor literario de las obras. De pronto, la posición marginal de su género se convierte en el enfoque central, por lo menos

5. Por ejemplo, Jean Franco escribe: "Nineteen sixty eight [was] rightly considered a key moment in Mexican history, a watershed dividing a period when the nation was considered to be united in moving toward a common goal of greater equality and social justice from a 'postnational' period when the apparent homogeneity of the state was shown to be mere appearance" (175-76). John S. Brushwood expresa una opinión parecida: "there is not the slightest doubt that the movement of 1968 altered the mores of the nation" y que ello se refleja "not necessarily in political doctrine, but in the complex of social attitudes promoted by the various movements of 1968" (*Narrative Innovation and Political Change in Mexico* 71). Julio Ortega coincide con esta idea y añade su opinión sobre el impacto sociocultural y político del temblor del 19 de septiembre de 1985 (introducción a *Mouth to Mouth: Poems by Twelve Contemporary Mexican Women* 19). Más sobre los efectos de ambos acontecimientos se puede encontrar en Cynthia Steele: *Politics, Gender, and the Mexican Novel, 1968-1988: Beyond the Pyramid* (1992); Kathy Taylor: *The New Narrative of Mexico: Sub-versions of History in Mexican Fiction*; Sara Sefchovich: *México: país de ideas, país de novelas: una sociología de la literatura mexicana* (1994) o los diversos ensayos publicados tras los simposios celebrados en la UC de Eichstät, publicados por Karl Kohut en *Literatura mexicana de hoy* en 1983 y en 1985.

6. Cf. Glantz, Margo. "Las hijas de la Malinche". *Literatura mexicana de hoy. Del 68 al ocaso de la revolución*. Ed. Karl Kohut. Frankfurt: Vervuert, 1995; p. 122.

en los textos escritos por ellas, puesto que no se puede evitar el conflicto con los estereotipos culturales que, como se explica adelante, siguen persistiendo. Las escritoras encuentran, además, muchos críticos entre sus colegas masculinos. La retórica y los ejes temáticos se ven, por tanto, influidos por los dos bandos.

Hasta ahora no ha habido un estudio completo que analizara los textos de escritoras mexicanas cuyas historias se basan en el uso de la memoria. En este trabajo se espera llenar por lo menos parcialmente ese vacío, particularmente porque el alcance y la relevancia de esta tendencia siguen creciendo.

En los capítulos a continuación se procura responder la pregunta principal: ¿qué y por qué recuerdan las narradoras y/o las protagonistas de la literatura escrita por mujeres? Además de analizar la memoria archivada, se ambiciona entonces descubrir el ya mencionado aspecto activo de recordar.

Los roles femeninos tradicionales propician la rememoración en textos de escritoras. Usando la memoria individual o colectiva ellas pueden regresar a la fuente de los conflictos, contradecir la versión de los hechos promovida por el discurso hegemónico y, además, crear una versión alternativa o paralela. Como dice la filósofa María Zambrano, la razón del recordar es: "siempre un desnacerse el sujeto para ir a recoger lo que nació en él y en torno suyo y, viéndolo, devolverlo, si le es posible, a la nada, o para rescatarlo de su oscuridad inicial y prestarle ocasión de que renazca, para que nazca de otro modo ya en el campo de la visión".[7]

Las escritoras utilizan entonces los recuerdos para justificar y agregar valor a su visión del mundo. Agreguemos: una visión novedosa, que requiere hablar de la historia de una manera diferente (y, frecuentemente, otra historia) a como ha sido narrada en el pasado. Una historia en la que la mujer ocupe uno de los motivos. El comienzo de tal aproximación es la masacre de Tlatelolco, considerada como el parteaguas de la historia del México moderno.

Solamente algunas de las escritoras indicaron claramente que usan la memoria como parte del proceso retórico y epistemológico. Se nota, sin embargo, en sus obras literarias que la memoria genera tanto la historia, como el conocimiento y la conciencia de la autora. El análisis de las obras

7. Zambrano, María. *Notas de un método*. Madrid: Mondadori, 1989; p. 81.

en las que las autoras enfocan el pasado con base en la rememoración va a ayudar a comprender de qué manera las escritoras representan a la Mujer y a la Historia en la sociedad androcéntrica.

Este trabajo no pretende, desde luego, definir las diferencias entre la literatura "femenina" y "masculina".[8] Se trata, más bien, de traer a la luz los textos en los que las autoras usan la *anamnēsis*, la acción rememorativa, para comunicar su visión del mundo y, por tanto, rechazar los estereotipos sobre la supuesta inferioridad femenina existentes en la cultura mexicana. Los textos seleccionados son ejemplos de las voces de las escritoras para las que la memoria se relaciona con la posición que ocupan en la sociedad.

El objeto de mi análisis son obras publicadas en el período del *boom femenino* hasta el final del siglo XX. Entre ellas se encuentra una autobiografía, una novela en primera voz, una novela en tercera voz, una crónica, una metanarración y un volumen de biografías noveladas: *Las genealogías* (1980), de Margo Glantz, *Arráncame la vida* (1986), de Ángeles Mastretta, *Como agua para chocolate* (1989), de Laura Esquivel, *Zona de desastre* (1986), de Cristina Pacheco, *La familia vino del norte* (1988), de Silvia Molina y *Las siete cabritas* (2000), de Elena Poniatowska. A cada una de estas obras se les dedica un capítulo. Antes de comenzar a examinarlas, se ofrece una introducción sobre la representación femenina en la literatura femenina posrevolucionaria. También se explican los términos principales relacionados con la memoria, así como un breve apunte sobre lo que ocurrió en Tlatelolco en el año 1968.

Las genealogías es una autobiografía familiar de Margo Glantz. La narradora escoge deliberadamente los lugares de la memoria que le permiten relacionarse con las culturas que enfoca, además le proporcionan una posibilidad de establecer su subjetividad como mujer. La identidad de la narradora se cristaliza en la intersección de la memoria individual y la cultural de dos grupos nacionales: el de los judíos y el de los mexicanos. El proceso de la selección consciente de los recuerdos convenientes para su historia, al tiempo de la exclusión de otros, demuestra la naturaleza plástica de la memoria y permite construir la subjetividad de la autora-narradora.

8. Sobre el peligro de diferenciar tajantemente lo "femenino" de lo "masculino" advierte, por ejemplo, Valentina Fenández Izquierdo en su artículo "¿Es feminismo machismo al revés?". Ver la bibliografía.

La protagonista de la novela *Arráncame la vida* de Ángeles Mastretta es un personaje ficticio que –narrando en primera persona– construye su identidad gracias a la memoria. La obra se estructura a la manera de un *Bildungsroman*: el viaje educativo de la heroína se realiza por medio de los recuerdos. Su memoria es una especie de archivo, que se puede consultar en cualquier momento, tan solo si es necesario en el proceso de construir su identidad. Uno de los asuntos que se destacan en la narración es la necesidad de educación para las mujeres. El argumento se vuelve de pronto parte del discurso que atenta en contra de las estructuras existentes: no solo es contrario al orden hegemónico, sino que revela la cara doble del discurso oficial, ya que contradice las historias del esposo de la narradora, miembro del gobierno posrevolucionario y un representante del patriarcado tradicional. La novela quebranta también los estereotipos culturales: la historia del crecimiento femenino se expresa por medio de un subgénero literario que tradicionalmente servía para representar el crecimiento y aprendizaje masculino.

Como agua para chocolate de Laura Esquivel muestra el mundo femenino de los principios del siglo XX en el rancho de una provincia norteña. La historia de un amor prohibido se presenta aquí como un contexto para ponderar el valor de las actividades ejercidas por aproximadamente la mitad de la población, consideradas hasta entonces de poca importancia, inferiores a las ocupaciones masculinas. El mundo femenino se presenta en la narración familiar no como el "otro", sino como coexistente, lleno de desafíos y complicaciones, así como de posibilidades artísticas. Al mismo tiempo, la narración transmite y fija en la mente de los lectores una percepción del valor de su trabajo, sus ambiciones y sus escalas de valores distintas de las que se han manejado en la literatura hasta entonces.

La crónica de Cristina Pacheco, *Zona de desastre*, permite la entrada a voces de los grupos antes silenciados –entonces las integra en el discurso–. Después del trágico terremoto en la Ciudad de México ocurrido el 19 de septiembre de 1985, la periodista y escritora comenzó a recoger las experiencias de las víctimas que hasta entonces eran invisibles en el espacio público, salvo escasas excepciones. Ellos –y, sobre todo, ellas– expresan sus preocupaciones, sus denuncias y sus demandas; en sus vidas han ocurrido tragedias, tan solicitadas por los medios, pero tras enfocar sus desgracias se asoma un mundo de pobreza y abandono, que no es tan mediático. La crónica de Pacheco es por ello un documento importante porque incluye la representación de los que no han tenido lugar en la literatura. Las más desatendidas han sido las mujeres, marginalizadas tanto por su clase social, como por su género. Pacheco les entrega la palabra: la multiplicidad y la diversidad de sus voces es una fragmentación narrativa aparente, puesto que es justamente esa polifonía la que magnifica la llamada *de profundis* en el discurso social y cultural.

La familia vino del norte, de Silvia Molina, es una metanarración sobre cómo se crea la Historia. Su texto denuncia tanto el discurso de los vencedores de la Revolución Mexicana que omite las verdades y tuerce los hechos históricos con el fin de mantenerse en el poder, como el de los medios masivos posrevolucionarios que se sirven de tácticas semejantes para usurpar el derecho de control de la información. La rememoración de la narradora y protagonista de este texto ilumina el hecho de que aún la llamada "prensa independiente" no está libre de manipulación por parte de los poderes centrales. Con su juego de varios niveles de recuperación de la memoria, Molina hace dudar tanto de la verdad de la Historia, como de la historia narrada, según acierta su personaje principal.

La última de las obras de esta selección, *Las siete cabritas,* de Elena Poniatowska, es el nombre de un volumen de biografías noveladas de artistas y escritoras o poetas mexicanas, cuya actividad se desarrollaba cerca de los mediados del siglo XX. Para la creación de sus retratos literarios Poniatowska usa diversas técnicas narrativas. Recordando a esas "siete cabritas" –Frida Kahlo, Nahui Olin, Pita Amor, Rosario Castellanos, María Izquierdo, Elena Garro, Nellie Campobello– restituye en la conciencia de los contemporáneos por lo menos a seis de ellas, puesto que Kahlo nunca ha sido olvidada, además, al finalizar el siglo XX se ha convertido en un ícono de la cultura mexicana y el feminismo. Todas ellas han tenido grandes aportes culturales, asimismo han contribuido al desarrollo de la lucha de las mujeres por un mundo más inclusivo. Poniatowska misma, siendo uno de los pilares de la literatura, construye esas siete historias con base en la memoria propia y de otros, expandiéndola a través de su arte de las palabras. De esta manera reconstruye no solamente sus personajes, sino también su relevancia en la vida cultural mexicana y el mundo en el que les tocó vivir.

En "Conclusiones" se resumen los rasgos más destacados del trabajo de la memoria en los textos de las seis escritoras. Asimismo, se pondera la relevancia que tiene para el desarrollo cultural y social la exposición del mundo femenino en la literatura mexicana.

Los estudios de la memoria en resumen

La reconstrucción del pasado atrae la atención de muchos investigadores. Uno de los primeros que comenzaron a estudiar la memoria como un discurso social fue el filósofo y sociólogo francés Maurice Halbwachs (1877-1945), cuyas ideas están reunidas en el volumen *Les cadres sociaux de la mémoire* (1925), publicado en inglés bajo el título de *On Collective Memory* (1992). Según el estudioso, se puede explicar la memoria colectiva con las ideas provenientes de la filosofía: 1) es un elemento que permite la persistencia del grupo, 2) no es un registro mecánico de los eventos, sino una reconstrucción del pasado y 3) la comunidad proporciona el marco que le da forma a las rememoraciones individuales. En otras palabras, la sustancia de lo que las personas recuerdan está en relación estrecha con la memoria del grupo al que pertenecen. La memoria colectiva es entonces un fenómeno social. De esta manera Halbwachs sintetizó el pensamiento griego que sostenía que la memoria era lo estable y el presente era lo cambiante con la concepción de Henri Bergson del principio del siglo XX, quien sostenía que el presente era la suma de los pasados. El pensamiento de Halbwachs establece que el pasado se actualiza por medio de recordar y gracias a ese esfuerzo se convierte en la actualidad.[9]

Un trabajo fundamental sobre la memoria constituye la obra en tres volúmenes *Les Lieux de mémoire* (1984-92), de Pierre Nora (nac. 1931), traducida al inglés como *Rethinking France* (1999-2010), que reune ensayos de historiadores e investigadores de los estudios culturales. En la introducción, publicada también por separado como un artículo, "Between History and Memory" (1989), Nora explica que el hombre actual sufre de ansiedad ante el futuro, debido al aceleramiento de la historia (*acceleration of history*), lo cual provoca a su vez la ruptura con la memoria verdadera o real, "entwined in the intimacy of a collective heritage".[10] Esa "memoria verdadera", según el filósofo, es objetiva, pero ya no existe en su forma original –espontánea y completa– , puesto que quedó deteriorada

9. Dupláa, Christina. "Memoria colectiva y *Lieux de Mémoire* en la España de la Transición". Ed. Joan Ramon Resina. *Disremembering the Dictatorship: The Politics of Memory in the Spanish Transition to Democracy*. Atlanta: Rodopi, 2000; p. 31.

10. Nora, Pierre. "Between Memory and History: *Les lieux de mémoire*". *Representations*. 26 (Spring 1989); pp. 7-8.

justamente por el aceleramiento de la vida en las sociedades modernas. Lo único que queda son los espacios en los que ocurre "the embodimient of memory", en los que persiste el sentido de continuidad histórica. A esos espacios Nora los llama "sitios de la memoria" –*lieux de mémoire.*[11]

El crítico y teórico literario Richard Terdiman (1942) de la Universidad de California atribuye la ruptura con el pasado a la modernización. Según él, la cultura tiene el fundamento en el pasado, sin embargo los valores de antaño entran en conflicto con el pensamiento moderno, creando lo que él llama "la crisis de la memoria". Como explica en su libro *Present Past: Modernity and the Memory Crisis* (1993), en Europa ese conflicto comenzó tras la revolución francesa de 1789 y la revolución industrial de la Gran Bretaña, cuyos inicios ubica en los finales del siglo XVIII: la modernidad implicaba rechazar todos los aspectos de las tradiciones, mientras que la cohesión nacional se lograba a través del pasado cultural e histórico común. En la época premoderna, los habitantes de las villas y de los pueblos estaban orgullosos de su pasado y de sus significados. Cuando las nuevas estructuras económicas provocaron la migración de la población provinciana a las ciudades, la situación de los paisanos cambió radicalmente: los nuevos grupos multiculturales dejaron de tener transparencia para ellos y no compartían los mismos valores. De allí que –para los campesinos radicados en las ciudades– la memoria comenzó a jugar un papel sumamente importante como el medio de definir la identidad, convirtiéndose así en el puente entre el presente y el pasado.

Las ideas de Terdiman consuenan con las investigaciones del historiador británico Eric Hobsbawm (1917-2012) y el antropólogo también británico, Terence Ranger (1929-2015), publicadas en *The Invention of Tradition* (1983). Estos investigadores analizan el mismo proceso de la creación de los recuerdos colectivos que Terdiman, enfatizando que la

11. Los "sitios de la memoria" que se describen en *Rethinking France* definen la identidad nacional francesa. Entre ellos se encuentran los que propiamente se han construido para la rememoración de los muertos (por ejemplo, el Panteón), así como los distintos museos, monumentos conmemorativos, archivos, piezas heráldicas o emblemas. También figuran instituciones (Académie Française o Collège de France); sitios geográficos naturales (bosques, la costa marítima) y artificiales (fronteras); textos (como el Código Civil); las categorías administrativas (como los départements); constructos mentales (por ejemplo: pinturas famosas de paisajes); prácticas culturales populares (proverbios, canciones) o sociales (conversación).

percepción de la memoria y la historia cambiaron a partir de la modernidad. Las tradiciones –orgullo de muchas sociedades, que las tratan como elementos portadores de su misma existencia y de su importancia– en gran medida ni siquiera se originan en el pasado remoto, sino que fueron acuñadas entre los siglos XVIII y XX, cuando los países europeos estaban consolidando su identidad al tiempo de crecer como potencias coloniales en Asia y en África. El amaño de la antigüedad de las tradiciones pretendía auxiliar la estabilización de la vida social en la época de los cambios rápidos e innovaciones. Un ejemplo de esas "tradiciones inventadas" puede ser el caso de los escoceses, que tienen como símbolos nacionales la gaita y la falda, cuyos colores y diseños pertenecerían a clanes. Sin embargo, según afirman Eric Hobsbawm y Terence Ranger, estas prácticas que hoy en día figuran en la memoria colectiva como una antigua tradición fueron inventadas recién en el siglo XVIII. Hobsbawm inclusive sostiene que detrás de la tradición inventada siempre existe una ideología, por ello no se debe confundir la tradición con las costumbres o los trajes, cuya función es de carácter técnico.[12]

De acuerdo con Hayden White (1928-2018), un historiador, filósofo, crítico cultural y profesor de Historia de la Conciencia y de Literatura Comparada, la cognición humana tiene carácter narrativo, por tanto, la línea divisoria entre la literatura y la historiografía –es decir, entre la ficción y la descripción objetiva– es fluida. El ser humano tiende a organizar y explicar los acontecimientos del pasado, lo cual conduce ineludiblemente a la subjetivación. Por ello, la historiografía debe ser estudiada como se estudia la obra literaria y durante su interpretación hay que tener en cuenta que el estudioso que narra el pasado usa cuatro tropos: la metáfora, la metonimia, la sinécdoque y la ironía. De allí viene el título de la obra de White, *Tropics of Discourse: Essays in Cultural Criticism* (1978), en la cual sostiene que esos tropos anteceden las fábulas, los argumentos y las ideologías. El "hecho" histórico es una ficción, puesto que las crónicas son un efecto de la interpretación, "contaminadas" por la percepción del historiador, que siempre va a mediar su discurso. Entonces, las

12. "The object and characteristic of 'traditions', including invented ones, is invariance. The past, real or invented, to which they refer imposes fixed (normally formalized) practices, such as repetition". Hobsbawm, Eric J. y Terence O. Ranger. *The Invention of Tradition*. Cambridge [Cambridgeshire]: Cambridge UP, 1983, p. 2.

narraciones históricas no "reflejan" la historia, sino que la crean. Por ello, en la examinación historiográfica deben aplicarse siempre los métodos utilizados en la interpretación literaria.[13]

Continuando en la misma vena, los estudios literarios también expresan cada vez más preocupación por el discernimiento de las verdades sobre el pasado. De acuerdo con algunos investigadores, la literatura basada en la memoria puede ser el método más eficaz de representar la verdad histórica sobre la coexistencia humana. Por ejemplo, Ugo Ricarelli y Luis Mateo Díez escriben en su ensayo sobre la literatura y la memoria:

> Ningún archivo documental, histórico, puede preservar más allá de un caudal infinito de datos e información sobre modos de vida, en todos los órdenes en que la vida humana se muestra, el sentimiento profundo de la misma... emociones, desazones, deseos... Sólo desde lo imaginario laten y perviven... La memoria imaginaria es la dueña de una sustancia muy peculiar de los recuerdos.[14]

Aunque colocar la literatura en la misma posición que la historiografía puede levantar críticas, la investigadora americana Dorrit Cohn (1924-2012) también defiende su validez: "we cannot conceive of any given text as more or less fictional, more or less factual, but that we read it in one key or the other –that fiction [...] is not a matter of degree but of

13. El pensamiento de White se resume en la siguiente cita: "The peculiar dialectic or historical discourse –and of other forms of discursive prose as well, perhaps even the novel– comes from the effort of the author to mediate between alternative modes of employment of explanation, which means, finally, mediating between alternative modes of language use or tropological strategies for originally describing a given field of phenomena and constituting it as a possible object of representation. [...] It is this linguistic self-consciousness which distinguishes them from their mundane counterparts and followers, who think that language can serve as a perfectly transparent medium of representation and who think that if one can only find the right language for describing events, the meaning of the events will display itself to consciousness". Ver: White, Hayden. *Tropics of Discourse: Essays in Cultural Criticism*. Baltimore: Johns Hopkins UP, 1978; p. 130.

14. Ricarelli, Ugo y Luis Mateo Díez. "Literatura y Memoria". *Encuentro literario hispano-italiano*. Roma: Casa delle Letterature. Marzo, 2001; p. 27.

kind, in first– no less than in third-person form".[15] De acuerdo con estas premisas, una verdad más observada por Ricarelli y Díez cobra particular importancia para el presente trabajo: "la literatura va forjando la memoria de ella misma".[16] El análisis de una obra literaria debe incluir entonces por igual el enfoque en el texto y en el contexto, para no perder de vista las interrelaciones de los elementos internos y externos.

La evolución de la imagen femenina en la narrativa mexicana contemporánea

Los fundamentos del México moderno fueron plasmados por la revolución de 1910-1917. Aunque el gran evento histórico movilizó masas y despertó grandes esperanzas, sus efectos finales decepcionaron, puesto que ni la estructura del nuevo gobierno, ni las demandas sociales han encontrado soluciones satisfactorias. Los beneficiados por la revuelta estaban conscientes de esa frustración y trataron de hacer lo posible para encubrir las fallas. Este es el momento en el que ocurre lo que Hobsbawm llama "la invención de las tradiciones": los gobiernos posrevolucionarios hicieron lo posible para promover un denominador común bajo el cual todos los mexicanos podrían identificarse con la nación y, consecuentemente, con su gobierno. Se promovió entonces el arte nacional y se crearon nuevos mitos. En este festival de mexicanidad lo más importante era resaltar y celebrar la revolución, los revolucionarios y los héroes nacionales. El Estado subrayaba su rol en la construcción de las nuevas alianzas sociales y las estructuras económicas novedosas. La estrategia debía ocultar las desproporciones sociales, étnicas y culturales, que después de la revolución seguían igual de pronunciadas como antes de ella.

En la glorificación de la revolución y de sus héroes faltó la mención de la gran participación femenina. Las mujeres de los diversos ambientes jugaron un papel importante en la contienda: se ocupaban de la logística, preparaban documentos, eran mensajeras, espías, enfermeras, cocineras, cargaban armas y municiones, y participaban en las luchas. Empero, su

15. Cohn, Dorrit. *The Distinction of Fiction*. Baltimore: The Johns Hopkins UP, 1999; p. 35.

16. Ricarelli, Ugo y Luis Mateo Díez. "Literatura y Memoria". *Encuentro literario hispano-italiano*. Roma: Casa delle Letterature. Marzo, 2001; p. 28.

contribución al movimiento armado ha sido ignorada o minimizada, reduciéndola al papel del telón de las acciones masculinas.[17] Después de la lucha armada se les negó prácticamente todo, incluyendo los derechos políticos. Uno de los postulados, que se adoptó como la base para la elaboración de la Constitución de 1917, era:

> Así, mientras las mujeres y los menores de edad, por ejemplo, gozan plenamente de los derechos del hombre, no poseen los del ciudadano. Estos últimos los confiere la Constitución [...] a los individuos que juzga más aptos para la vida pública, excluyendo a algunos como a los menores y a las mujeres, por no creerlos capaces para esas funciones, y a otros, como los extranjeros, por suponer inconveniente o peligrosa su intervención en ellas.[18]

Por otro lado, se argumentaba que el apego de las mujeres a la religión era un factor que podría frustrar los esfuerzos de separar la Iglesia del Estado y de esta manera retrasar el progreso nacional. En consecuencia, al denegar el voto femenino, México se estableció como un Estado patriarcal, en el que las mujeres quedaron colocadas en posición dependiente de los hombres.[19]

En los murales –gráficas de gran formato sobre las paredes exteriores e interiores de los edificios públicos, que cumplen las funciones de la propaganda más popular y efectiva, dirigidas principalmente al receptor masivo, frecuentemente analfabeta– las revolucionarias se presentan como prostitutas militares, "en forma despectiva y caricaturesca, borrachas, el rebozo caído, desaliñadas y fodongas al lado de sus hombres muy bien uniformados", como observa Elena Poniatowska en su introducción al álbum fotográfico *Las soldaderas.*[20] La escritora resalta también la "domesticación" cultural de las mujeres, cuya actividad durante la revolución preocupó a los nuevos organizadores de la sociedad: "la

17. Cf. los estudios históricos de la participación femenina en la Revolución Mexicana 1910-1917 de Ana Lau Jaiven y Carmen Ramos Escandón, de Elizabeth Salas, y de Shirlene Soto. Ver la bibliografía.

18. Rodríguez, Victoria E. *Women in Contemporary Mexican Politics.* Austin: U of Texas P, 2003; p. 93.

19. Ibid.

20. Poniatowska, Elena. *Las soldaderas.* México, D.F.: Era, 1994; p. 24.

imagen ideal de la soldadera la dieron Emilio "El Indio" Fernández y Gabriel Figueroa, al poner a María Félix, estatuaria y finalmente domada, siguiendo a pie a su hombre Pedro Armendáriz (a caballo) en la película *Enamorada*".[21] Se favoreció, en cambio, la figura masculina, a la cual se le promovió en todos los medios como un héroe revolucionario, "cuyo heroísmo se manifiesta principalmente en conquistar mujeres y asesinar a rivales", como acierta Jean Franco.[22]

Identificar al revolucionario como macho, que –habiéndose terminado la lucha armada– se convierte en el constructor de la nación posrevolucionaria, no es casual, ni desarticulado. Por el contrario, se trataba de la creación consciente de un mito que iba a cumplir un papel ideológico importante. En la cultura mexicana –tradicionalmente sexista y machista– la glorificación de la masculinidad de los revolucionarios, sobre todo los de las clases bajas, significaba un progreso frente a la conciencia social prerrevolucionaria. La investigadora de la historia política mexicana Ilene V. O'Malley inclusive sostiene que la apoteosis del machismo era una recompensa para los participantes masculinos en la contienda, sobre todo para los de las clases bajas: si no han logrado equidad socioeconómica, por lo menos se les otorgó el poder sobre las mujeres: "Luego ocuparon sus lugares, al menos en teoría, como iguales en la sociedad posrevolucionaria. Tal como lo concibieron, la hombría equitativa incluía las prerrogativas del patriarca. Eso implicaba la continua opresión de las mujeres como mujeres, aunque las mujeres compartían la mejor situación de sus clases".[23]

---

21. Ibid. Poniatowska se refiere a la película *Enamorada*, dirigida por Emilio Fernández (1946). En esta producción de Gabriel Figueroa los papeles principales fueron desempeñados por María Félix, Pedro Armendáriz y Fernando Fernández.

22. Franco, Jean. *Plotting Women. Gender and Representation in Mexico*. New York: Columbia UP, 1989; p. 184. La traducción del inglés es mía. Cita original: "whose heroism is mainly displayed in conquering women and murdering rivals".

23. O'Malley, Ilene V. *The Myth of the Revolution: Hero Cults and the Institutionalization of the Mexican State, 1920-1940*. Westport: Greenwood P, 1986; p. 136. La traducción del inglés es mía. Cita original: "They then took their places, at least in theory, as equals in the post-revolutionary society. As they conceived it, equal manhood included the prerogatives of the patriarch. That entailed the continued oppression of women as women, although women shared in the improved status of their classes".

Las primeras obras literarias mexicanas, escritas aun antes de haberse terminado la fase bélica de la revolución, eran inspiradas por las luchas, los eventos políticos y sociales. Las llamadas *Novelas de la Revolución* no idealizan la lucha como tal, sino que critican las contradicciones y los fracasos del proceso revolucionario. Sin embargo, retratan la figura del héroe, que –a pesar de sus dudas– está sujeto al proceso de autoformación, lo cual a su vez es una alegoría de las transmutaciones ocurridas durante la construcción de la identidad nacional. Lo más importante: resaltan la relevancia y la dignidad de los que lucharon por el bien del pueblo.[24]

Un ejemplo típico de la *Novela de la Revolución* temprana puede ser *Los de abajo* (1916), de Mariano Azuela. El protagonista, Demetrio Macías, es un hombre amable, valiente y lleno de virtudes. Se mantiene fiel a la causa, a pesar de su desencanto con la revolución cuyos ideales han sido devaluados por líderes corruptos. En la novela aparecen también dos personajes femeninos: las dos son caracteres negativos, débiles, ignorantes, supersticiosos, maliciosos y grotescos. A pesar de que ellas también participan en los principales eventos revolucionarios, el enfoque relacionado a sus personas recae sobre su libertinaje y su mezquindad. La revolución es para ellas tan solo la excusa para la rivalidad por un hombre. Camila, la amante del protagonista, es una mujer tradicional: dulce, tímida y, de acuerdo con el estereotipo que representa, simple y débil. Su rival es La Pintada: valiente, inteligente y agresiva. Estas características –según los criterios de la sociedad patriarcal– son positivas solamente si describen a un hombre; en caso de una mujer, son defectos inaceptables. Además, La Pintada es también celosa, cruel, codiciosa y vulgar –su imagen se ajusta a su apodo. Representa entonces una antítesis de la mujer modelo según las expectativas patriarcales. Azuela, para no dejar duda de ello, desacredita a La Pintada al hacerla asesinar por celos.

Las luchas revolucionarias han sido un tema recurrente en la literatura mexicana por mucho tiempo.[25] Dado el hecho de que el cuerpo militar

24. Krauze, Enrique. *Mexico. Biography of Power. A History of Modern Mexico, 1810-1996.* New York: Harper Collins Publishers, 1997; p. 394.

25. En su artículo "La novela de la Revolución Mexicana y su clasificación", Eugenio Chang-Rodríguez destaca las siguientes obras de la Novela de la Revolución que giran en torno a la etapa bélica: Martín Luis Guzmán, *El águila y la serpiente* (1928); Gregorio López y Fuentes, *Campamento* (1931) y *Tierra* (1932); José Rubén Romero, *Apuntes de un lugareño* (1932) y

de ambos lados estaba formado por los hombres, es entendible que los protagonistas de estas obras sean masculinos. Sin embargo, los números de las mujeres que acompañaron a sus esposos, padres o hermanos eran imponentes y se podría esperar que junto a los héroes aparecieran las heroínas, puesto que ellas también sufrían los mismos problemas que ellos: morían, estaban siendo heridas, sufrían las incomodidades de la vida en la campaña militar. A pesar de ello, las revolucionarias o no aparecen, o su participación se retrata de una manera inadecuada.[26]

La excepción de esta regla son las obras de Nellie Campobello. La protagonista de su novela *Cartucho* (1931) y de la colección de sus relatos *Las manos de mamá* (1937) es una revolucionaria que se presenta como un personaje enteramente positivo. En ambas obras se trata de la madre de la narradora, una partidaria fiel de uno de los líderes más populares de las tropas norteñas, Pancho Villa. Según los textos, ella era una mujer fuerte, valiente, tenía el don de la palabra y, siendo mujer adinerada, financiaba las acciones de los revolucionarios. Además, los recibía en su casa, fungía como su cocinera, su enfermera y su confidente. Es interesante que desde la perspectiva femenina la revolución se ve a una luz mucho más positiva que en las versiones masculinas. La narración tiene también más riqueza dimensional, puesto que abarca el espacio familiar, que los escritores parecen no tomar en cuenta. Para Campobello la casa es un sitio privilegiado: su narradora niña observa el mundo agitado desde la perspectiva de un lugar que siente como seguro, mientras que su madre revolucionaria encuentra refugio después de sus actividades peligrosas en el exterior; asimismo es el lugar donde encuentran refugio temporal los revolucionarios que necesitan ayuda. No es, por tanto, un lugar de confinamiento femenino, sino un resguardo para las dos protagonistas.

Desbandada (1934); Rafael F. Muñoz, ¡Vámonos con Pancho Villa! (1931) y *Se llevaron el cañón para Bachimba* (1941); Nellie Campobello, *Cartucho* (1931) y *Las manos de mamá* (1937); José Mancisidor, *La asonada* (1931); Xavier Icaza, *Panchito Chapopote* (1928) y *Trayectoria* (1936); Francisco L. Urquizo, *Tropa vieja* (1943); Francisco Rojas González, *La negra Angustias* (1943). Cf. Chang-Rodríguez, Eugenio. "La Novela de la Revolución Mexicana y su Clasificación". *Hispania*. 42.4 (Dec. 1959); pp. 527-535.

26. Guerrero, María. *La imagen de la revolución y de la mujer en la novela y el cine de la Revolución Mexicana*. Diss. U of Texas, 2005; p. 52.

Comenzando la década de los años veinte y una vez terminada la fase armada de la revolución, la narrativa mexicana empieza a ser dominada por los problemas relativos a la restauración del orden social y la organización de "un mundo feliz". Esa restructuración comienza por la familia, donde –desde luego– se coloca a la mujer en el lugar propio, según la idea patriarcal: en la posición totalmente subordinada al hombre. Esta tendencia tiene una lógica clara: las mujeres tenían que olvidarse de cualquier participación en la vida social y oportunidades que se les abrieron con la actividad revolucionaria. Debían regresar al lugar tradicional prescrito por la costumbre, la Iglesia y el Estado. El estereotipo no les dejaba alternativa: una mujer decente se desenvolvía únicamente en el espacio familiar, tenía que ser virgen o esposa y madre abnegada, y su valor –además de la fertilidad– se estimaba por el servicio y la entrega al hombre. Las que salían del hogar, aunque así fuera para buscar trabajo para mantener a sus familias, les esperaba mal final: convertidas en prostitutas, criminales y agentes de todo mal, terminaban invariablemente humilladas y/o muertas.

Una interpretación interesante sobre esa actitud muestra Octavio Paz en su análisis del carácter de los mexicanos en *El laberinto de la soledad* (1950). Según este pensador y poeta, el machismo es una actitud defensiva del mexicano ante el componente "femenino", identificado con el mito de la Malinche, que se ha convertido en una metáfora de la traición. Paz observa que el hombre mexicano siente una necesidad constante de dominar lo femenino porque representa una amenaza para su masculinidad y, tras ello, todo el sistema patriarcal, identificado como el aval de la existencia de la nación. Por tanto, la conciencia nacional mexicana registra dos estereotipos de la mujer, creada para el bienestar del hombre: prostituta y diosa.

Un elemento relevante para la literatura es el hecho de que después de la revolución muchas mujeres se quedaron sin medios para mantener a sus familias y se vieron en la necesidad de buscar cualquier posibilidad fuera de los hogares. Sus esfuerzos se han condenado. Como afirma Debra Castillo en *Easy Women. Sex and Gender in Modern Mexican Fiction*, la mujer que se desenvolvía en la esfera pública se consideraba una mujer pública, es decir: prostituta, por tanto, merecía ostracismo.[27] Al mismo

27. Castillo, Debra A. *Easy Women. Sex and Gender in Modern Mexican Fiction*. Minneapolis: U of Minnesota P, 1998; pp. 13-14.

tiempo, las mujeres "decentes" perdieron el derecho de expresar el deseo sexual, atribuido exclusivamente a las que se ofrecían por dinero. Las que eran de "buena familia" no suponían tener deseos corporales: tenían que cumplir su función reproductiva y satisfacer los deseos del macho que tenía exclusividad sobre su cuerpo. A salvo de escasas excepciones, la literatura posrevolucionaria resucitó el mito de la "domesticación" de las mujeres, en un esfuerzo de aniquilar el peligro que representaba para la estructura patriarcal la actividad social y económica de las mujeres, incluyendo en ello las expresiones de emociones eróticas femeninas.[28]

El ya mencionado en esta introducción investigador John S. Brushwood cita como ejemplo de la literatura posrevolucionaria la novela *La luciérnaga* (1932), de Mariano Azuela, que concierne varios problemas sociales de la época.[29] Los críticos literarios valoran en esa novela sobre todo la presentación del héroe, que, viniendo de provincia a la metrópoli, tiene que superar muchos problemas y conflictos relacionados a su dislocación. El protagonista se sobrepone al choque con la nueva realidad, sin embargo, no es así en el caso de su hija mayor, María Cristina, quien demuestra agencia, culturalmente permitida solo a los varones. Aunque el escritor la presentó con cierta complejidad psicológica,[30] la transgresión de los límites de acción permitidos para su género debe ser castigada. María Cristina no encuentra otra manera de conseguir medios para alimentar a la familia más que la prostitución, por ello el narrador tiene que condenar su actividad y –a pesar de los motivos que la impulsaban– castigarla con

28. Jean Franco destaca el problema de la identidad nacional que origina esta situación: "The problem of national identity was thus presented primarily as a problem of *male* identity, and it was male authors who debated its defects and psychoanalyzed the nation. In national allegories, women became the territory over which the quest for (male) national identity passed, or, at best, as in Juan Rulfo's *Pedro Páramo* (1955), the space of loss and of all that lies outside the male games of rivalry and revenge". Franco, Jean. *Plotting Women. Gender and Representation in Mexico.* New York: Columbia UP, 1989; p. 131.

29. Brushwood, John S. *La novela mexicana (1967-1982).* México, D.F.: Grijalbo, 1984; p. 94.

30. Según destaca Samuel Saldívar, los personajes femeninos de las novelas del siglo XX y los principios del XIX tenían un carácter unívoco, carecían de rasgos psicológicos complejos, eran pasivas y subordinadas al hombre. Saldívar, Samuel G. *Evolución del personaje femenino en la novela mexicana.* Lanham: UP of America, 1985; p. xi.

la muerte. Aun si se toma en cuenta la moralidad de la época y la regla de castigar a la pecadora, la sanción terminal de la conducta de María Cristina implica más que eso: su aptitud de conseguir los medios de supervivencia para su familia amenaza el orden patriarcal. Su independencia implica, además, la liberación del tabú erótico, por tanto, es un elemento más en contra de su actividad profesional fuera del hogar.

En la misma novela aparecen otras dos mujeres, cuyos caracteres y cuya suerte dependen de las estructuras patriarcales. La Generala es la dueña de un bar, de manera que transgrede los límites de la actividad femenina. Es fuerte e independiente, pero –con esa descripción– solo puede tratarse de una protagonista negativa. Y así es: La Generala se presenta como una persona de propensión criminógena: ella intenta convencer al protagonista que frecuenta su establecimiento a involucrarse en negocios turbios. La única solución es entonces eliminarla del campo narrativo.

La tercera mujer relevante en la novela es la esposa del protagonista. Ella sabe que no es su papel ganar dinero para mantener a la familia, entonces ni siquiera procura salir de la casa. Solamente deja el hogar cuando hay que rescatar a su esposo del hospital. Este es el papel digno de la mujer tradicional: cuidar de los miembros de su familia, particularmente de su esposo. Cuando el peligro pasa, ella desaparece entre las paredes de su casa. Por cumplir con el papel de esposa y madre de acuerdo con las expectativas del patriarcado, su actitud queda premiada: ella es la única de las mujeres de la novela que se queda hasta el "final feliz", que –para más engrandecimiento– resulta tan afortunado gracias a ella.

La etapa de desarrollo se relaciona en México con la presidencia de Lázaro Cárdenas (1934-1940). A pesar del peligro de una contrarevolución, Cárdenas y sus partidarios intentaron cumplir algunas de las promesas revolucionarias. Antes que nada, tuvieron que conciliar los intereses –contradictorios por naturaleza– de la clase gobernante con los de las esferas bajas. La base de ello sería el despertar de la conciencia nacional –el denominador común para todos los mexicanos. Por esta razón, en toda actividad artística de este período domina "la raza de bronce": una apoteosis del origen común, glorificación del trabajo y las costumbres del pueblo y enaltecimiento de las escenas históricas de la nación mestiza.[31]

---

31. Krauze, Enrique. Mexico. *Biography of Power. A History of Modern Mexico, 1810-1996.* New York: Harper Collins Publishers, 1997; p. 394.

La dirección nacionalista rechazaba al mismo tiempo todo lo que pudiera ensombrecer la imagen positiva o –más bien– idealizada del país, su historia y sus instituciones. Exponer la falta de emancipación femenina arruinaría este esfuerzo, por tanto, había que pretender lo contrario. Sin embargo, la realidad social proporcionó nuevas variables, modificando el curso de la Historia: la emigración de miles de mexicanos a los Estados Unidos para ocupar las vacantes desocupadas por los que se fueron a luchar en la Segunda Guerra Mundial abrió muchas posibilidades de trabajo asalariado para las mexicanas. Los nuevos empleos no eran solamente de maestras o enfermeras, sino también en profesiones consideradas hasta entonces como típicamente masculinas. Las nuevas oportunidades permitieron cierta emancipación en cuanto a las ventajas económicas, sin embargo en la esfera cultural continuó el curso de la "domesticación" de las mujeres como la herramienta más efectiva de control de género.

Los gobiernos consecutivos después de Lázaro Cárdenas continuaron la corriente nacionalista, aunque no hayan compartido la visión social de su administración. El desarrollo repentino de la economía de la posguerra, iniciado durante el "sexenio" de Manuel Ávila Camacho (1940-1946), ocasionó un rápido enriquecimiento de las clases altas. La capa social más influyente no estaba motivada en tal momento –si acaso lo estuviera en cualquier otro tiempo– de otorgar beneficios y libertades a otros grupos que se encontraban más abajo en la jerarquía social, puesto que mantener las inequidades sociales representa una de las herramientas más efectivas en el proceso de la explotación. Era entonces imprescindible enfocar en otra dirección la atención del pueblo, que seguía esperando el cumplimiento de las promesas de la revolución. Este cometido se vería bien apoyado por los mitos, que –como atina Roland Barthes– son muy convenientes para desviar la atención de la gente de la realidad social.[32] El mito que resultó particularmente útil en este caso era el de la supuesta superioridad del género masculino y la inferioridad de las mujeres, puesto que ya estaba enraizado en la cultura mexicana.

Una novela que ejemplifica la perduración del mito de la dominación masculina en la "era del optimismo" es *La negra Angustias* (1944),

32. De acuerdo con Barthes, una de las funciones del mito es deformar la realidad: "Myth hides nothing and flaunts nothing: it distorts [...]. Driven to having either to unveil or to liquidate the concept, it will naturalize it". Cf. Barthes, Roland. *Mythologies*. New York: Hill and Wang, 1957; p. 129.

de Francisco Rojas González. La obra alude al tema de las mujeres revolucionarias, recuerda las batallas y describe la sociedad que se formó en el resultado de la contienda. La protagonista se ha hecho revolucionaria por razones personales: siguió "la bola" para escapar los asaltos y las violaciones por parte de los bandidos que proliferaron en esos tiempos agitados. Angustias se muestra valiente e inteligente en la lucha, por lo cual asciende al rango de coronel. Empero, su independencia se ve limitada gradualmente: primero, el hombre del que se enamora. Manuel es un representante típico de los "catrines", como llama Sara Sefchovich a los que se pronunciaron vencedores de la revolución.[33] Él le enseña a leer y escribir a Angustias, al tiempo de encauzarla a cambiar de costumbres, es decir abandonar su independencia y comportarse de acuerdo con las normas prescritas para su género. De esta manera, de revolucionaria que luchaba por los derechos del pueblo, incluyendo los suyos propios, Angustias se convierte en un ama de casa explotada por el marido; en cambio él se aprovecha de los beneficios por los que ella peleaba.

Sefchovich encuentra un paralelismo entre la conducta del protagonista de *La negra Angustias* y el desarrollo de la misma revolución: "los catrines vencen, usurpan, domestican a las fuerzas de la Revolución. Calladamente el país se ha quedado en sus manos".[34] La transformación de la heroína y de la misma revolución era necesaria para modelar y acallar las voces de las excombatientes, quienes eran las miembros más activas del movimiento feminista. Las injusticias cometidas en contra de las mujeres, cuyos méritos no se han reconocido en el campo político ni económico, se han diluido y marginado en obras como la de Rojas González. Como observa María Luisa Sánchez, el autor ensalza la educación y el desarrollo intelectual de la protagonista, pero no dice nada al respecto de su pérdida de poder en la escena política y social.[35]

A pesar del nacionalismo cultural respaldado por el machismo, la "domesticación" completa de las mujeres no era posible. La porosidad del sistema, las deficiencias del gobierno y el creciente descontento social ante la falta de las reformas esperadas permiten que aparezcan cada vez

33. Sefchovich, Sara. *México: país de ideas, país de novelas. Una sociología de la literatura mexicana.* México, D.F.: Editorial Grijalbo, 1987; pp. 103 y 126.

34. Ibid; p. 126.

35. Sánchez, María-Luisa. *Revolución, familia y nación: Escritoras mexicanas contemporáneas.* Diss. New Brunswick, Rutgers University, 2000; p. 62.

más obras literarias que representan a las mujeres de otra manera que las acostumbradas en los textos de la primera época posrevolucionaria. Los ensayos de destacados intelectuales muestran preocupación por el *statu quo* resultante de los mitos nacionales: Samuel Ramos en *El perfil del hombre y la cultura en México* (1934) y Octavio Paz en *El laberinto de la soledad* (1950) analizan los traumas de los mexicanos y entre ellos, la situación de las mujeres. Nellie Campobello deja de ser la única voz femenina entre los escritores. La transformación se hace inminente para las generaciones nuevas, para las cuales la revolución es un evento de los libros de texto e inútil, dadas las separaciones cada vez más profundas entre las clases. Los escritores –incluso si escriben sobre la revolución– se ven impulsados a criticar la hegemonía del patriarcado y retratan a las mujeres como sus víctimas. En la novela *Al filo del agua* (1947), Agustín Yáñez realiza una crítica de la revuelta social sobre todo por la razón de los problemas de las mujeres. Critica la situación femenina tanto de antes como después de la revolución. Condena las prácticas represivas de la Iglesia y del Estado ante las mujeres en la provincia. La falta de educación, la explotación y las represiones a las que están sujetas ellas en todos los niveles se observan en la novela como el mal social provocado por los hombres. El autor cuestiona sobre todo la posición de los órganos del gobierno. También otorga voz a las víctimas de las prácticas represivas del sistema, enjuiciando las normas sociales dañinas y exigiendo una vida más digna.

En *La ciudad roja* (1932), llamada "novela proletaria", José Mancisidor critica la falta de solución a los problemas obreros a pesar de la supuesta victoria del pueblo en la revolución. En su obra aparecen también las mujeres trabajadoras que, al igual que los hombres, son víctimas de la explotación capitalista. Su papel en la novela es secundario, pero no se puede pasar por alto el hecho de que ellas también protestan en contra de las injusticias. Además, se registra que son víctimas en más de un sentido: una de ellas recrimina al jefe que la oprime como patrón y como el que ejerce su superioridad por ser el macho. Los personajes femeninos en esta novela se presentan de manera positiva, concediéndoles el derecho de exigir sus derechos.

Un escritor sobresaliente de la literatura mexicana, Juan Rulfo, cuya colección de cuentos *El llano en llamas* (1953) se ha hecho mundialmente famosa por representar la situación de los campesinos, así como por la manera novedosa del estilo narrativo, muestra su empatía con el problema femenino. En su narración "Es que somos muy pobres" levanta el problema de la prostitución, pero no la muestra como el resultado de la naturaleza pervertida de las mujeres, sino como el mal generado por la pobreza. La protagonista, una niña entrando en la adolescencia, llora desconsolada al ver que el río desbordado se lleva una vaquilla perteneciente a su familia. El animal era reservado para su dote y la niña sabe que su pérdida significa que ya no tendrá posibilidad de casarse y su única posibilidad de supervivencia como adulta va a ser convertirse en prostituta, tal como le pasó a su hermana mayor.

Los años cincuenta y el principio de los sesenta transcurren en México bajo el signo de "desarrollo estabilizador". El progreso económico y la estabilidad social permiten mirar hacia el futuro con optimismo y despiertan las esperanzas de entrar en la esfera del "primer mundo" –por lo menos así asegura la propaganda oficial. Sin embargo, la modernización tiene sus lados flacos y, por lo menos desde la perspectiva del Estado, conduce a mayor dependencia de la economía nacional del capital extranjero. La propaganda del éxito y del triunfalismo, aunque contagiosa, no engaña a los intelectuales, quienes al censurar la retórica vacía de los comunicados oficiales critican al mismo tiempo las fallas del sistema, entre ellas la situación femenina. Ellos registran también que la apertura hacia el mundo trae consigo la necesidad de "apropiarse del nuevo modo de ser, moderno y 'universal', apropiarse de los nuevos métodos y los nuevos lenguajes".[36]

Lentamente se va apagando la propaganda de lo mexicano: se rechazan el folclore y los regionalismos, mientras el interés se concentra principalmente en el estilo de vida de la nueva burguesía y las clases medias en la metrópoli, inspirado por el estilo "American way of life".

En los años cincuenta se da, por fin, el primer gran paso hacia la emancipación femenina: las mexicanas reciben el derecho de votar en 1953.

Los debates y las preocupaciones feministas continuan a lo largo del siglo XX, haciendo eco –hasta cierto punto– a las transformaciones norteamericanas y europeas. Cabe notar que en otros países de América Latina también se producen movimientos de mujeres que promueven la equidad de género, desafiando los valores, comportamientos, leyes y políticas patriarcales a través de la acción y la contienda colectivas,

36. Sefchovich, Sara. *México: país de ideas, país de novelas. Una sociología de la literatura mexicana*. México, D.F.: Editorial Grijalbo, 1987; p. 149.

alterando radicalmente la dirección de la sociedad con el tiempo.[37] En México, la proliferación de los grupos de auto-reflexión, la experiencia en sindicatos, los encuentros feministas, el activismo político, las marchas, la creación de programas gubernamentales y universitarios, los proyectos artísticos, entre otras actividades marcan la complejidad del movimiento en defensa de la autonomía de las mujeres.[38]

A pesar de todas esas transformaciones sociales, no se registran muchos cambios en cuanto a la representación femenina en la literatura. Los papeles que representan las mujeres en la mayoría de las obras son maniqueos o sin mucha influencia sobre la trama. Un ejemplo de ello puede ser la novela de Carlos Fuentes *La muerte de Artemio Cruz* (1962), que forma parte del canon literario considerado como el "*boom* latinoamericano". Artemio, un personaje rico y de mucha influencia, intenta hacer un balance de su vida, cuya parte transcurrió durante la revolución. Recuerda a su gran amor, una muchacha que murió en la batalla (¿un posible castigo por la emancipación?). Su esposa es hija de un aristócrata y lo desprecia por ser de clase baja, pero es demasiado pasiva para emprender cualquier acción. Su amante, que no tiene ninguna complejidad psicológica, no tiene nada que aportar. Las dos mujeres vivientes son apenas un fondo para las acciones arrogantes del protagonista. A su vez, en *Aura* (1962) del mismo autor, la figura femenina se presenta como una combinación entre bruja y vampiresa que despierta miedo en el protagonista-narrador, quien piensa que todas las encarnaciones son parte de la misma mujer.

En los años sesenta se registra una nueva tendencia literaria en México, llamada "la Onda" –un movimiento creado por los hijos de la clase privilegiada: ricos y rebeldes. El carácter de esta corriente se inspira en el movimiento contracultural pacifista de los hippies norteamericanos, cuyo lema principal es "sex, drugs and rock'n'roll". "La Onda" redefine el concepto de la mujer, pero a pesar del rechazo de los modelos tradicionales de las conductas –principalmente sexuales– la imagen femenina no gana nada. En la literatura escrita bajo la influencia de "la Onda" las mujeres

37. Cf. Bohn, Simone & Charmain Levy. *Twenty-First-Century Feminismos: Women's Movements in Latin America and the Caribbean*. Montreal/Chicago: McGill-Queen's U Press, 2021.

38. Nínive García, Nora, Marmara Millán, Cynthia Pech. *Cartografías del feminismo mexicano 1970-2000*. Mexico, D.F.: U Autonónoma de la Ciudad de México, 2007.

aparecen más que nada desorientadas: se rebelan en contra de los valores de sus padres, pero no encuentran otros que pudieran sustituirlos. Son principalmente objetos de apetitos sexuales de sus vanos y vanidosos compañeros, a quienes no les importa nada excepto el sexo, las drogas y el rock.

En el año 1961 se creó una nueva organización feminista, La Unión de las Mujeres Mexicanas, junto al ya existente Frente Único Pro Derechos de la Mujer (establecido en 1935). Las mexicanas se inspiraron bastante en las marchas de las feministas de los Estados Unidos.

Un mayor acceso a la educación general, que en teoría estaba garantizado desde los primeros años posrevolucionarios, así como la apertura de las carreras universitarias para las mujeres generó nuevos lugares de trabajo. En el periodismo, practicado hasta entonces por un número reducido de las hijas de familias privilegiadas, empiezan a trabajar las representantes de la clase media. En las instituciones culturales y universidades se ve cada vez más representantes del (mal)llamado "sexo débil". Las mujeres expanden su acceso a la palabra escrita y buscan las maneras de usarla para promover su empuje por más derechos. En la formación de la opinión pública comienzan a influir los medios masivos de comunicación y sus trabajadoras:

> A finales de los sesenta [...] había otras comunidades compitiendo con la nación y la religión por el poder interpretativo. Los medios de comunicación, en particular la radio, la televisión y la literatura de historietas, "internacionalizaron" la cultura de maneras que se consideraron subversivas a los ideales nacionales y al mismo tiempo liberadoras, ya que a menudo introducían elementos en contradicción con la ideología nacional dominante.[39]

En dicha época, América Latina se encontraba en el torbellino de luchas guerrilleras contra los gobiernos dictatoriales. El terror introducido

---

39. Franco, Jean. *Plotting Women. Gender and Representation in Mexico.* New York: Columbia UP, 1989; p. 175. La traducción del inglés es mía. Cita original: "By the late sixties [...] there were other communities competing with the nation and religion for interpretive power. The mass media, particularly radio, television, and comic book literature, "internationalized" culture in ways that were seen as subversive to national ideals and at the same time liberating, in that they often introduced elements in contradiction to the dominant national ideology".

en varios países tenía como objetivo pacificar cualquier oposición de la población civil. La represión se ejercía tanto en contra de los hombres, como de las mujeres: muchas de ellas peleaban en las guerrillas con las armas en las manos, otras sufrían por las vejaciones que tocaban a sus familias. El pavor ante las "desapariciones" embargaba a todos, no solamente a los de la oposición, como demostró el ejemplo extremo de la Argentina de los finales de la década del setenta, bajo el régimen del general Jorge Videla (1976-1981): la policía política secuestraba a las mujeres embarazadas para apoderarse de los hijos que estas parían y entregarlos a los miembros y partidarios de la junta militar, tras lo cual las madres biológicas eran eliminadas.

México evadió la ola de conflictos internos armados y se convirtió en un albergue importante para los refugiados políticos de otros países latinoamericanos. Los exiliados trajeron con ellos las experiencias de otros sistemas, nuevas maneras de percibir el mundo y otras perspectivas sobre muchos problemas, entre ellos la cuestión femenina. En Argentina y en Chile las mujeres tenían más privilegios sociales que las mexicanas y una vez en México, se les abrieron muchas posibilidades de trabajo en las casas editoriales y posibilidades de publicación de sus textos. Consecuentemente las mexicanas comenzaron a exigir los mismos derechos.

Una de las primeras escritoras mexicanas, que combinó la actividad pedagógica con la escritura y el periodismo, era Rosario Castellanos (1925-1974). En sus novelas *Balún-Canán* (1957) y *Oficio de tinieblas* (1962), cuya acción ocurre en Chiapas, su estado de origen, Castellanos expresa una crítica aguda de la demagogia estatal y la falacia con que se presenta a la población indígena. Los nativos, retratados por el discurso oficial de manera pintoresca y paternalista, aparecen en sus obras de una manera totalmente distinta, frecuentemente chocante y realista. En *Balún-Canán* la narradora es una niña, *alter ego* de la escritora: es hija de la familia Argüello, que posee una gran cantidad de tierras en la zona sureña. Su contacto con la servidumbre indígena es más fuerte que con sus padres y su percepción del mundo está influenciada principalmente por su nana. La brecha entre los indios y los mestizos o blancos es imposible de cerrar. La niña, sin proponérselo, es el puente entre los dos mundos, aunque no puede entender la complejidad de las relaciones entre ellos, ni los absurdos que rigen la explotación y todo tipo de jerarquías, que la autora expone sin piedad. La jerarquización de la vida influye no solo en las relaciones entre los grupos étnicos y las clases sociales, sino que también aniquila las posibilidades de relaciones espontáneas entre los esposos, los amantes, los hermanos y los familiares. Además, la niña Argüello sabe que es hija "de segunda categoría", puesto que el heredero que de verdad importa es su hermano mayor por ser varón. Ella lo toma como un hecho natural y cuando este muere, tampoco le sorprende sentir que su madre hubiera preferido que se muriera ella en vez de él.

Catalina, la protagonista de *Oficio de tinieblas*, es una "ilol" –poseedora de los poderes especiales, según creen los indígenas. Su historia constituye el argumento bajo el cual se retrata la sociedad indígena ignorada por el gobierno, explotada por los terratenientes y empujada a vivir en la pobreza. Aprovechando su autoridad de "ilol" Catalina incita a los indígenas a rebelarse. Su personalidad, sus valores intelectuales y su complejidad psicológica la colocan en una situación privilegiada, más alta que la de los hombres en la novela. Con esta posición Catalina abate los estereotipos sobre la pasividad de los indígenas, sobre todo de las mujeres. Junto a ella, otra protagonista contradice también los estereotipos: una niña indígena, Idolina, demuestra una actividad de valor y combate. En sus cartas al obispo presenta su versión sobre lo ocurrido durante una revuelta de los indígenas chiapanecos. Su reporte contradice las narraciones que eximían de culpa a los responsables de la muerte de varios nativos. Idolina, al igual que la nana en *Balún-Canán*, pasa del margen antes invisible al primer plano del enfoque literario. Siendo una niña minusválida, desde la perspectiva patriarcal ella no solo es un personaje de "segunda categoría", sino que se ubica en el margen vergonzoso. Su protagonismo rompe entonces no solo el principio de narrador único, sino que también infringe las normas sociales: siendo mujer, la narradora subvierte la hegemonía masculina y desvirtúa las historias oficiales y los estereotipos sobre su género.

Otro tipo de protagonistas introduce Elena Garro (1920-1989) en *Los recuerdos del porvenir* (1963), cuya acción se ubica en una ciudad pequeña del sur de México. La novela destaca el rol femenino en la construcción de la identidad nacional después de la revolución. El narrador es colectivo: la ficticia ciudad de Ixtepec, una alegoría del ser mexicano. Al comienzo de su relato, Ixtepec subraya que las desgracias regresan. Aunque se enfoca en solo un período histórico, el momento antes del estallido de la Guerra Cristera, los mecanismos que describe son universales. La personificación del mal en la novela es el general Francisco Rosas, que llega al pueblo para imponer su gobierno revolucionario, pero se aprovecha del poder que tiene y, junto con su tropa, manipula la estructura de la sociedad. Tanto él como sus subalternos no difieren en nada de los bandidos comunes que roban, matan, violan y siembran terror en el pueblo, sea por los fines políticos o personales. Esos hombres sojuzgan totalmente al grupo de las protagonistas.

Entre las mujeres de *Los recuerdos del porvenir* destacan dos grupos: las "queridas" de los militares, cuya mayoría es robada y violada, y las ciudadanas tradicionales, cuya posición subordinada es menos visible debido a las complejidades políticas y sociales existentes en el pueblo. Desde la época colonial la dominación masculina era considerada una norma, entonces la opresión nueva se confunde hasta cierto punto con la práctica anterior. Sin embargo, el cambio abrupto del poder y las prácticas abusivas de los nuevos opresores despiertan la rebeldía y todas las mujeres de la novela rechazan su sometimiento. Aunque pierden en el enfrentamiento con la autoridad, logran una victoria moral: demuestran su subjetividad y su autonomía, prueban que son individuos que piensan, sienten y tienen valor de expresar su sexualidad. Sus reflexiones sobre la moralidad, la justicia, las jerarquías sociales y la identidad nacional son un gran aporte al discurso nacional. La narrativa de Elena Garro adquiere entonces una importancia crucial, ya que antes de ella la literatura escrita principalmente por los hombres no incluía tales maneras de representación de las mujeres.

El número de las escritoras incrementa en los años cincuenta y sesenta. Entre las escritoras que publican en estas décadas se encuentran: Josefina Vicens con su novela *El libro vacío* (1958); Amparo Dávila con sus volúmenes *Música concreta* (1957) y *Tiempo destrozado* (1959); Luisa Josefina Fernández con sus novelas *La plaza de Puerto Santo* (1961), *La cólera secreta* (1964) y *La noche exquisita* (1965); Julieta Campos con su novela *Muerte por agua* (1965) y los cuentos *Celina o los gatos* (1968) –por mencionar solo algunas.

A finales de los años sesenta muchas mujeres ejercen el periodismo al mismo tiempo que la escritura de libros. Una de ellas es Elena Poniatowska, quien incluye el estilo periodístico en su narrativa. Entre sus obras que representan la evolución más contundente de la imagen femenina destacan *Hasta no verte Jesús mío* (1969) y *La noche de Tlatelolco* (1969).

En *Hasta no verte Jesús mío* Poniatowska narra las peripecias de vida de Jesusa Palancares, cuya historia corresponde a un personaje real, según afirma en la introducción. De acuerdo con su información, el texto se puede considerar como una "novela testimonio", aunque reconoce que las conversaciones que ha tenido con la misma no son transcripciones exactas porque nunca han sido grabadas.[40] De cualquier forma, la narración muestra las injusticias cometidas por parte de las autoridades en contra de la protagonista y de otras mujeres con las que ha tratado durante su vida. El lector sigue entonces las vivencias de una mujer del pueblo desde su infancia marcada por la muerte de su madre, hasta la edad madura y avanzada. Jesusa sufrió muchas injusticias cometidas por parte de las autoridades en contra de ella y de otras mujeres con las que ha tratado durante su vida, lo cual le permite a la autora desenmascarar varios estereotipos sobre sus congéneres: de las románticas "Adelitas", vampiresas, machorras y madres abnegadas. La vida forzó a Jesusa a desarrollar habilidades que le permitieran sobrevivir: es fuerte y combativa, pero al mismo tiempo se muestra sensible y solidaria, y tiene un alto instinto maternal que demuestra al ocuparse de los hijos ajenos, personas necesitadas y animales. Aunque se describe como una persona solitaria, tiene relaciones con muchas personas y es una vecina ejemplar. Jesusa tiene un alto sentido de justicia y dignidad, y guía su vida de acuerdo con el principio de respetar al prójimo al igual que a sí misma. Es un espíritu libre y amante de la libertad, lo que la hace indestructible. Como protagonista literaria crea un modelo femenino nuevo: positiva, fuerte, independiente y libre.

La segunda de las obras mencionadas de Poniatowska, *La noche de Tlatelolco: Testimonios de historia oral* (1971), ha sido considerada por la crítica literaria como una novela testimonial polifónica, aunque también se le cataloga como una novela periodística o testimonio polifónico. El evento histórico que enfoca la narración es la masacre de los estudiantes cometida por las fuerzas gubernamentales el 2 de octubre de 1968, en la cual murió una cantidad incierta de personas –diferentes fuentes mencionan entre varios cientos o miles de víctimas. El texto se conforma de fragmentos de lo expresado por las personas implicadas: participantes de la manifestación, funcionarios, periodistas, vecinos, testigos de los eventos y personas relacionadas, como los padres y los maestros de los estudiantes, además de trozos de lo que ha aparecido en los medios masivos, poemas, etc. La publicación del libro a menos de tres años de lo ocurrido era un acto de valor por parte de la escritora, puesto que el

40. Poniatowska, Elena. *Hasta no verte Jesús mío*. México, D.F.: Era, 1977; p. 10.

gobierno ha tratado por muchos años de mantener la idea de que "no ha pasado nada". Tan solo treinta años después de lo ocurrido, cuando cambió el partido en el poder central, se ha comenzado a investigar la masacre estudiantil en la Plaza de las Tres Culturas en Tlatelolco, que ha sido reconocida por el gobierno como una tragedia nacional, pero aún a pesar de las evidencias del asalto a los manifestantes pacíficos no armados, no se ha reconocido el genocidio.

Ante la inmensidad de la tragedia destacada en *La noche de Tlatelolco*, la autora no se ocupa de los problemas de género. Sin embargo, es significativo el hecho de incluir por igual las voces masculinas y las femeninas, además de que esas voces reflejan indirectamente la emancipación femenina y los cambios que han ocurrido en la sociedad mexicana. La mayoría de las mujeres citadas en la obra son estudiantes, es decir: la élite intelectual, pero también las que no tienen estudios se muestran como personas valientes, con puntos de vista definidos y casi revolucionarios. Todas demuestran sentir que son seres legítimos, partes integrantes de la sociedad, conscientes de su subjetividad e importancia.

Paradójicamente, la brutal pacificación de los estudiantes descubrió la debilidad de las autoridades. El movimiento estudiantil demostró que el gobierno no es capaz de controlar la diversidad de la vida mexicana.[41] Del control se escurrían también las organizaciones y movimientos femeninos, partes del mosaico mexicano. En 1971 se fundó el Movimiento Nacional de la Mujer (MNM), que en poco tiempo llegó a ser una de las organizaciones femeninas más numerosas. En 1976 le siguió el Movimiento Feminista Mexicano (MFM), en 1978, La Lucha Femenina y en 1979, el Frente Nacional por la Liberación y los Derechos de las Mujeres (Fnalidm). En los años ochenta y noventa del siglo XX, surgieron aún más de esos grupos y sus objetivos se diversificaron, como se puede notar desde sus nombres, por ejemplo: Mujeres en Pro de la Ecología. También a principios de los años ochenta comenzaron a operar las organizaciones mexicanas que defienden los derechos de los homosexuales, tales como Lambda, GOHL y otras.[42]

En 1977 surgió la revista mensual *fem*, que desde el primer número anunció la apertura a todas las opiniones y apoyó a todas las luchas

41. Franco, Jean. *Plotting Women. Gender and Representation in Mexico*. New York: Columbia UP, 1989; p. 175.

42. Pérez de Mendiola, Marina. *Gender and Identity Formation in Contemporary Mexican Literature*. New York: Garland Publishing, 1998; pp. 17-18.

políticas, sobre todo las de las clases subalternas. En los foros de esta revista se comenzaron a llevar a cabo discusiones referentes al movimiento feminista de toda América Latina.

Los eventos de 1968 fueron también el parteaguas para la cultura literaria. Comienzan a circular las publicaciones de escritores de provincia. En la cultura citadina aparecen nuevas formas culturales: las iniciativas y los movimientos culturales no relacionados con ningún partido expresan críticas de los ciudadanos comunes, no comprometidos –por lo menos teóricamente– con los intereses de ningún grupo político, por tanto, actuando en el interés social en general. En el espacio abierto para la reflexión crítica se encontraron, desde luego, las mujeres, de las cuales las primeras cimentaron su actividad desde el movimiento estudiantil. Muchas juristas y sociólogas acuden al auxilio de sus congéneres, siendo ellas los individuos más ignorados y vulnerables ante la explotación y el abuso. Las mujeres fundan periódicos, organizan conferencias, informan y educan. Su actividad en el campo literario concierne los problemas de la vida social, política, colectiva y privada. De esta manera, combinando la ideología con la práctica, logran que el rol femenino comience a verse de una manera diferente, alterando la consciencia social.[43]

Aunque las transformaciones ocurren casi en avalancha en los años ochenta y noventa, estas no se dieron repentinamente. Los cambios ocurrieron en el efecto de un proceso largo, en el cual evolucionaba el estatus de las mujeres en la sociedad mexicana. Un papel muy importante dentro de ese proceso jugó la literatura, principalmente –aunque hay que recordar que no exclusivamente– escrita por mujeres. Las obras de Nellie Campobello, Rosario Castellanos, Elena Garro o Elena Poniatowska, entre otras, publicadas años antes de los ochentas, dieron el impulso para erradicar los mitos y estereotipos sobre las mujeres, además crearon sus propias versiones del sujeto femenino, abriendo el camino para las creaciones futuras.

En este punto regresamos al tema del presente volumen: la memoria es no solo útil, sino necesaria para crear las imágenes nuevas. El presente es el resultado del pasado, al tiempo que influye el futuro.[44] Por ello es

---

43. Franco, Jean. *Plotting Women. Gender and Representation in Mexico.* New York: Columbia UP, 1989; p. 176.

44. Hirsch, Marianne y Valerie Smith. "Feminism and Cultural Memory: An Introduction". *Signs: Women in Culture and Society.* 28. 1 (2002); p. 12.

necesaria la revisión y la narración del pasado, que tradicionalmente servía al discurso dominante.

Las escritoras que publican en los años ochenta y noventa se nutren de los archivos de la memoria porque, como apunta Gayle este es "especialmente importante para cualquiera que se preocupe por el cambio, ya que el olvido nos condena a la repetición; y es de particular importancia para las feministas".[45] La rememoración se puede hacer de diferentes maneras. En los textos de las escritoras seleccionadas para este volumen la memoria no es algo almacenado que se trae mecánicamente al presente: se trata de la *anamnēsis*, la acción de recordar que, coordinada con la narración, le inyecta sentido. Esa creatividad le otorga poder a la memoria. Incluirla en la literatura implica ejercer influencia sobre la percepción de los lectores.

Con el acceso a las publicaciones por parte de las mujeres comienza a desaparecer el discurso hegemónico y con él, las perspectivas unilaterales. Las escritoras narran el otro lado de la historia, muchas veces muy diferente de lo que se imponía antes. Sus historias recuperan los eventos que desmitifican los valores ideológicos del régimen patriarcal. Con ellas, comienzan a contar en la discusión y en la lucha política y social.

La búsqueda de la identidad individual o nacional ya no se apoya únicamente en las premisas androcéntricas. La colectividad cuenta con dos elementos en vez de uno: el masculino y el femenino. Para sostenerla, se necesita el apoyo de la memoria, ya que la identidad siempre se sostiene en el grupo, aun si es tan solo para ser rechazada, como observa Hobsbawm. Por ello hay que referirse a los lugares de la memoria comunes para el individuo y la colectividad a la que este pertenece.

Anamnēsis, el acto de recordar, abre nuevos espacios narrativos para las escritoras, relacionados con el cuerpo y la experiencia femeninos. Hoy en día parece un elemento obvio y necesario para la creación de la realidad cultural, pero desde la perspectiva histórica hay una brecha muy profunda entre las imágenes femeninas de ahora y las de hace apenas un siglo. El cambio ocurrió cuando las imágenes creadas antes exclusivamente

45. Greene, Gayle. "Feminist Fiction and the Uses of Memory". *Signs: Journal of Women in Culture and Society*. 16.1 (1991); p. 291. La traducción del inglés es mía. Cita original: "especially important to anyone who cares about change, for forgetting dooms us to repetition; and it is of particular importance to feminists".

por los hombres comenzaron a enriquecerse por las versiones creadas por las mujeres.

Las escritoras cuyas obras se examinan en este trabajo toman una posición definida con respecto a la realidad. Se apoyan en el pasado que rememoran de acuerdo con su experiencia y los contextos históricos, sociales, políticos y económicos vistos desde sus perspectivas. Su lugar de enunciación frecuentemente choca con la consciencia social formada en el efecto del discurso de enfoque unilateral. Al reconstruir el pasado a través de sus protagonistas y sus narradoras, las escritoras se envisten de cierto poder transformativo. Sus estrategias de recordar, así como de echar en el olvido algunas cosas son significativas. A continuación, se hace un esfuerzo en descubrir esas estrategias y los significados de la rememoración activa en los textos elegidos.

Capítulo 1

Construyendo la identidad: *Las genealogías*, de Margo Glantz

Introducción

La memoria le hace posible al individuo definirse como parte de los grupos con los que tiene ciertas afinidades, por ejemplo según el género, la edad, la nacionalidad, la afiliación política o la religión. Sus recuerdos se nutren de la memoria colectiva y, a la inversa, el yo narra a los otros a través de su perspectiva subjetiva. El primero en describir este carácter de la rememoración fue el filósofo y sociólogo francés Maurice Halbwachs: "Es en la sociedad donde las personas normalmente adquieren sus recuerdos. También es en la sociedad donde recuerdan, reconocen y localizan sus recuerdos".[1] Por otro lado, según los psicólogos, poder relatar de manera coherente los sucesos de la vida propia es necesario para la salud mental. La falta de esta habilidad puede ocasionar consecuencias graves para el individuo.[2]

---

1. Halbwachs, Maurice. *On Collective Memory.* U of Chicago P, 1992; p. 38. La traducción es mía; en inglés: "It is in society, that people normally acquire their memories. It is also in society that they recall, recognize, and localize their memories".

2. También Michel Foucault sugiere que la historia continua es el correlato indispensable para la "función fundante" del sujeto. Citado por Nicolls, Peter,

Para muchos, la identificación con una cultura nacional es un hecho que no requiere de mayores definiciones: esta se comparte y se acepta desde el nacimiento. Sin embargo, este no es el caso de todos. Para Margo Glantz, quien nació en la Ciudad de México de padres judíos emigrados de Ucrania, tanto su "mexicanidad" como su "judeidad" precisan de una explicación.[3] En su obra autobiográfica *Las genealogías* (1981) es patente el sentido de su desarraigo. Glantz se percibe a sí misma como una "niña expósita", "única en especie".[4] Ante la perplejidad que le causa sentir que no encaja en ninguna comunidad, Glantz decide escribir su autobiografía:

> Alguien me dice que quizá todo se deba a esa sensación terrible de pertenecer al pueblo elegido o al sentimiento intenso de desolación que experimentaba cuando el 6 de enero me asomaba debajo de la cama y no encontraba ningún juguete [...]. Ningún regalo de Januka, ni las monedas de a peso de verdadera plata que nos daba mi tío Guidale [...] bastan para deshacer el recuerdo y la triste sensación de niña expósita que me ha atacado siempre y me ha hecho estudiar con verdadera obsesión

en "The Belated Postmodern: History, Phantoms, and Toni Morrison". Ed. Sue Vice. *Psychoanalytic Criticism: A Reader*. London: Polity P, 1996; p. 12.

3. Margo Glantz nació en la Ciudad de México en 1930. Sus padres llegaron a México en 1925 huyendo de Ucrania, donde las persecuciones de los judíos se intensificaron tras la Revolución Rusa.

4. En *Genealogías*, el sentimiento de estar siempre fuera se hace notorio: a la narradora no le gusta su nombre, su peinado está siempre o adelantado o atrasado con respecto a la moda, el color oscuro de su pelo es diferente del rubio de sus hermanas. Lo más grave es el sentido de no pertenecer por completo a ningún grupo cultural, por lo cual se autonombra una "cristiana subrepticia" y "una judía diferente". Como mexicana, se siente distinta por el bagaje de la otredad de su familia; como judía, no cumple con las expectativas de su estirpe porque ha roto con las tradiciones del pueblo hebreo: se bautizó en secreto, se ha casado con un goy (no judío), no aprendió a cocinar la comida típica judía ni habla el idioma de sus padres (ni el yidish, ni el ruso, ni el hebreo; solamente entiende algunas palabras "caseras" en yiddish). La autora confiesa, no sin tintes paródicos, este sentido de desarraigo: "Quizás haya oído muchas veces la voz de mi hermana gritando que yo no era hija de mis padres y su petición perpetua de que me echaran a la basura" y "[e]sta necesidad de explicarme el origen se ha recrudecido la última semana en que acompañé a mi hija Renata a ver *Remi*, una película de folletín japonés, hecha para el consumo occidental..." (154). El título original de esta película era *Remi, el niño sin hogar* y resulta tan sugerente que las explicaciones salen sobrando.

> *Los bandidos de Río Frío* y *Pedro Páramo* [...]. Quizás estas genealogías me ayuden a entenderlo. (156)[5]

El proceso de la *anamnēsis* que emplea Glantz en su texto requiere de una selección de las memorias y una estructura narrativa que van a permitirle autoidentificarse con su(s) comunidad(es). Hacerse consciente de compartir los elementos culturales con dos grupos nacionales le permite reconocerse como miembro de ambos. Al mismo tiempo, la construcción textual de su identidad le abre la oportunidad de subrayar otros elementos de convivencia, que le facilitan erigir una subjetividad femenina y de escritora.

En su búsqueda de afinidades identitarias Glantz visita múltiples "sitios de la memoria" o *lieux de mémoire* –para usar la expresión de Nora– que la remiten a lo que Benedict Anderson llama "comunidades imaginarias".[6] Con este término Anderson se refiere a amplios grupos de personas en los que se incluyen individuos que no tienen interacción directa entre sí, pero que en sus mentes retienen las imágenes mentales de su afinidad. El megagrupo de los judíos es conocido por esa capacidad admirable de mantenerse como una comunidad a pesar de sus varias diásporas que se han prolongado ya muchos siglos. La memoria colectiva del pasado común y las referencias culturales son las que han hecho posible la persistencia de esta nación. En la autobiografía de Glantz se pueden identificar varios de esos sitios que conectan a la narradora tanto con el pasado de la comunidad judía, como con la mexicana. Entre los principales se encuentran Ucrania, las fotografías, el comedor familiar, los artefactos culturales nacionales y religiosos, la Ciudad de México, los personajes que figuran centralmente en la historia latinoamericana y mexicana: Colón y Cortés, y personalidades del mundo artístico e intelectual tanto judío, como mexicano.

La diversidad y la rememoración de los sitios de la memoria no son casuales. Juntarlos dentro de un libro significa hacer un esfuerzo por construir una identidad cultural múltiple. Es decir, la conjunción y la

5. En este capítulo, los números entre paréntesis corresponden a citas del texto base de mi análisis, provenientes de la siguiente edición: Glantz, Margo. *Las genealogías.* (1981) México, D.F.: Secretaría de Educación Pública, 1987.

6. Cf. Benedict Anderson. *Imagined Communities: Reflexions on the Origins and Spread of Nationalism.* London: Verso Editions, 1983.

reelaboración de esos sitios exigen de agencia, puesto que los contenidos de los recuerdos no son los únicos factores que la construyen.[7] También cuenta la manera en cómo se posiciona el individuo frente a los procesos de la memoria, así como el acceso que esta nos da al pasado. La noción de la agencia y de la "discursividad" descrita por White en el capítulo anterior sugieren que se tomen en cuenta los recuerdos que la narradora "olvida", omite o suprime, exponiendo en cambio otros, particularmente los de su padre. Más aún, es importante detenerse a considerar la forma narrativa elegida por la escritora, ya que la misma no solo no está desligada del mensaje, sino que contribuye con un significado de alto valor.

Estrategia narrativa

El proyecto literario que emprende Glantz para aclarar su origen y los componentes de su identidad se lleva a cabo por medio de un subgénero literario que ha servido tradicionalmente para expresar la subjetividad masculina: la narración autobiográfica.[8] La suya es una de las primeras historias de vida publicadas por una mujer en México y la primera de una escritora judío-mexicana.[9] Con sobrada razón, este texto obliga a pensar en las motivaciones de su autorrepresentación y la forma que esta asume. Según afirman Smith y Watson, la narrativa de vida en primera persona es siempre una "re-presentación". Hay que notar que, a pesar de que su historia contiene hechos "reales", concretos y verificables, se trata

7. Marianne Hirsch denomina esa agencia como "performance" (*Family Frames*, 3). Linda Hutcheon la describe como: "Facts are not given but are constructed by the kinds of questions we ask of events" (*A Poetics of Postmodernism*, 123).

8. De acuerdo con Sidonie Smith y Julia Watson, la escritura autobiográfica se ha establecido desde el siglo XVIII como una forma particular y "soberana" de la narrativa de vida de un gran hombre. Después de la "canonización" de este tipo de escritura, en la cual tuvieron grandes aportaciones William Dilthey y Georg Misch, el debate de la estrechez de criterios para la admisión en el canon ha generado nuevas definiciones que amplificaron sus modalidades posibles, incluyendo distintos sujetos, actos, modos y enfoques. Smith, Sidonie y Julia Watson. *Reading Autobiography. A Guide for Interpreting Life Narratives*. Minneapolis: U of Minnesota P, 2001; p. 15.

9. Cortina, Guadalupe. *Invenciones multitudinarias: escritoras judíomexicanas contemporáneas*. Newark: Juan de la Cuesta, 2000; p. 41.

de una representación, es siempre un relato, una construcción narrativa que usa la memoria para contar la vida propia y ajena. Las autobiografías pueden aportar mucha información sobre el pasado, pero no son registros históricos. Todo lo contrario: en tales textos el lector debe buscar más bien la verdad subjetiva de los "hechos".[10] Como observa Sylvia Molloy, "la autobiografía no depende de los sucesos sino de la articulación de esos sucesos, almacenados en la memoria y reproducidos mediante el recuerdo y su verbalización". Sin embargo, continúa Molloy, la memoria –que es el mecanismo que hace posible reflexionar sobre el pasado– rara vez se cuestiona, aunque detenerse a pensar sobre la manera en la que el/la autobiógrafo/a elige para validar su relato puede enriquecer grandemente la comprensión de la obra.[11]

Las genealogías consta de setenta y cuatro capítulos, varios de los cuales fueron escritos originalmente como artículos por entregas para el periódico *Uno más uno*. En la "Advertencia" del texto, la escritora señala que hace adaptaciones de esos artículos para que sigan "los lineamientos" y "las formalidades de una edición" (11). Las diferencias entre esta autobiografía y las tradicionales son producto de una decisión consciente. Por ejemplo, los saltos cronológicos que diferencian esta obra de otras autobiografías no son casuales, sino intencionados, como lo son la fragmentariedad y la esporádica confusión de narradores.

Los editores de *Las genealogías* anuncian el libro como una "autobiografía familiar", ya que recupera el pasado de varias personas y además cuenta con varios tipos de registro textual, entre los que se cuentan transcripciones de las voces de sus familiares, descripciones de los hechos, diálogos, cartas, discursos y testimonios. Esta variedad, según el investigador de la autobiografía mexicana, Richard D. Woods, amerita catalogar a *Las genealogías* como un género híbrido.[12] Las editoras de la antología *Women's Writing in Latin America*, Sara Castro-Klarén, Sylvia Molloy y Beatriz Sarlo, la califican inclusive como una burla de las "clásicas" en las que los hombres usualmente hacen resaltar su grandeza:

---

10. Smith, Sidonie, y Julia Watson. *Reading Autobiography. A Guide for Interpreting Life Narratives*. Minneapolis: U of Minnesota P, 2001; pp. 8-10.

11. Molloy, Sylvia. *Acto de presencia. La escritura autobiográfica en Hispanoamérica*. México, D.F.: El Colegio de México, 1996; pp. 16-18.

12. Woods, Richard D. "Mexican Autobiography: An Essay and Annotated Bibliography". *Hispania*. Vol. 77, Num. 4, December 1994; p. 66.

> Como todos los textos de Glantz, *Las genealogías* debe leerse contra la corriente, en este caso contra la autobiografía. Burlándose de la autocomplacencia habitual que conlleva este tipo de ejercicios genealógicos cuando son escritos por hombres, al menos en América Latina, Glantz fragmenta caprichosamente su pasado de mujer judeomexicana, armando un mosaico de anécdotas triviales y eventos trascendentales, una evocación calculadamente desordenada. Eso es a la vez conmovedor e implacablemente irónico.[13]

La intención de esta obra es, sin embargo, la misma que hay detrás de todas las narrativas de vida: definir ante los lectores el "yo", dentro de un contexto familiar y social.

Escribir autobiografía en Hispanoamérica, según Molloy, es una tarea delicada: "La dificultad con que se afirman [las autobiografías] como formas viables, las burlas que provocaron y quizás sigan provocando [...], todo esto hace del autobiógrafo un escritor extremadamente precavido, consciente de su vulnerabilidad y de un posible rechazo por parte del lector".[14] Por eso, observa Molloy, la actitud ante el público, adoptada por muchos escritores, se puede ilustrar con la famosa frase de Victoria Ocampo: "Que me perdonen la vida".[15] El autobiógrafo espera que los receptores de su texto lo comprendan y que se muestren indulgentes ante sus posibles faltas. La frase de Ocampo expresa una súplica del autor al lector –al que le atribuye el poder de su juez y su verdugo– a que no lo ejecuten. La sospecha de haber hecho algo mal, haber enfocado algo de modo equivocado y haberse expuesto a un juicio muy duro, convierte al

13. La traducción es mía. El texto original en inglés: "As with all of Glantz's texts, *Las genealogías* should be read against the grain, in this case, against autobiography. Mocking the usual self-gratulation that goes into such genealogical exercises when they are written by men, at least in Latin America, Glantz whimsically splinters her Jewish-Mexican woman's past, putting together a patchwork of trivial anecdotes and momentous events, a calculatingly untidy evocation that is at once poignant and implacably ironic." Castro-Klarén, Sara, Sylvia Molloy y Beatriz Sarlo. *Women's Writing in Latin America. An Anthology.* Boulder: Westview P, 1991; p. 197.

14. Molloy, Sylvia. *Acto de presencia. La escritura autobiográfica en Hispanoamérica.* México, D.F.: El Colegio de México, 1996; p. 17.

15. Frase proveniente de *Autobiografía*, de Victoria Ocampo, citada por Sylvia Molloy; p. 17. Nótese también que esta oración tiene un sentido arrabalero, que sorprende en Ocampo. El lector se convierte en un "perdonavida".

autobiógrafo en un "eficacísimo autocensor". No debe extrañar, por lo tanto, que en su narración recurra a muchos silencios que le permiten ocultar lo que cree que sus lectores no recibirán bien.

Si para los escritores el exhibir su vida resulta difícil, más lo es para las escritoras. Por ser mujeres, su atrevimiento es aún más grande, puesto que al romper el silencio público sobre sus vidas infringen las leyes patriarcales establecidas desde la Biblia que las confinan al ámbito doméstico y privado. Según explica Sidonie Smith, "[c]omo género androcéntrico que es, la autobiografía exige ser la historia pública de la vida pública".[16] A pesar de las imposiciones del silencio, en la historia occidental se han dado varios casos de escritoras que han publicado sus vivencias.[17] En México el ejemplo más notable lo constituye "La respuesta a Sor Filotea", por medio de la cual Sor Juana Inés de la Cruz formula una defensa contra los que la acusan de actividades impropias de una monja, a la vez que constituye un alegato de los derechos de las mujeres a la educación.[18] Escribir sus vidas por parte de las mujeres culmina, sin embargo, siempre en una transgresión de las expectativas culturales.

Es fundamentado, por lo tanto, el temor expresado por Glantz frente a la publicación de su vida privada. Se compara con un personaje trágico masculino de la novela *Crimen y castigo* (1866), de Dostoievski: "arrodillada en la plaza pública y gritando al viento sus confesiones como lo hiciera alguna vez (con pésimos resultados para él) Raskolnikov y como lo hago ahora yo en estas páginas, *toute, proportion guardee*" (146). A pesar de que *Las genealogías* se publica en la segunda mitad del siglo XX, con menos

16. Smith, Sidonie. *A Poetics of Women's Autobiography, Marginality and the Fiction of Self-representation*. Indiana UP en 1987. El fragmento citado proviene de la traducción de ese texto por Lázaro Reyes, publicada como "Hacia una poética de la autobiografía de mujeres" en *Antropos: revista de documentación científica de la cultura. Suplementos*. Barcelona: Anthropos Promat, 1987-1995. Vol. 29 (Diciembre 1991). 93-105.

17. Entre los ejemplos tempranos de la autobiografía femenina Smith cita los relatos de las vidas de santa Teresa de Ávila y madame Guyon, *The Book of Margery Kempe*, *Revelations* de Julian of Norwich, *A True Relation* de la duquesa de Newcastle, y la *Vida* de Anne Bradstreet.

18. El escrito "Respuesta a Sor Filotea" era destinado a las autoridades eclesiásticas y estaba intencionado como documento vindicativo y autorreflexivo. Sylvia Molloy no considera que sea propio llamarlo "autobiografía" debido a que es un escrito autodefensivo.

impedimentos para la visibilidad pública de la mujer que en los siglos anteriores, aun para Margo Glantz destaparse ante el público resulta en la sensación de haber cometido un acto desafiante y peligroso.

El elemento que complica las confesiones de lo privado para las escritoras es, según Smith, el lenguaje. En el orden simbólico es el padre quien está autorizado a nombrar las cosas.[19] Para narrarse a sí mismas, las mujeres, históricamente confinadas al silencio y a la invisibilidad, necesitan apropiarse del lenguaje que ha sido "el instrumento de su represión". Esto implica infringir las leyes del poder de autocreación que la cultura patriarcal "ha depositado históricamente en las plumas de los hombres". Para escribir la autobiografía, la mujer inconscientemente toma el discurso del padre, asumiendo "la misma sexualidad, el mismo discurso, la misma economía, la misma representación, el mismo origen".[20] Por ello, el uso del lenguaje por parte de la autobiógrafa provoca la colisión de dos universos discursivos: el masculino y el femenino. Para su visión retrospectiva, la escritora tiene que encontrar entonces una fórmula que le permita "generar la verdad de su propio significado dentro de ella misma y contra una sentencia que la ha condenado a cierto tipo de ficcionalidad".[21]

De acuerdo con la ideología de la cultura androcéntrica, en la que se inscribe tanto la tradición judía como la mexicana, las mujeres no tienen nada interesante que decir.[22] Si no se pueden legitimar con acciones heroicas, como, por ejemplo, Juana de Arco (uno de los personajes históricos favoritos de Glantz), se supone que su trayectoria no interese. Esta preocupación se hace expresa: "Me gusta pensar en las bandas de judíos que asolaban los barrios de Odesa [...]. [M]e gusta recordarlos

19. Según el psiquiatra y psicoanalista francés, Jacques Lacan, el sujeto se constituye cuando entra en el orden simbólico –el dominio del lenguaje que existe antes del sujeto y que lo/la forma de acuerdo con sus exigencias–, es decir de acuerdo con la Ley del Padre.

20. Smith, Sidonie. *A Poetics of Women's Autobiography, Marginality and the Fiction of Self-representation.* Indiana UP en 1987. El fragmento citado proviene de la traducción de ese texto por Lázaro Reyes, publicada como "Hacia una poética de la autobiografía de mujeres" en *Antropos: revista de documentación científica de la cultura. Suplementos.* Barcelona: Anthropos Promat, 1987-1995. Vol. 29 (Diciembre 1991); p. 100.

21. Ibid.; p. 95.

22. Esta idea fue también observada por Guadalupe Cortina en *Invenciones multitudinarias: escritoras judíomexicanas contemporáneas* (46).

porque mi familia no tiene historias heroicas" (176). Viéndolo desde esta perspectiva resulta lógico que la autobiógrafa siente que tiene que hablar de una persona destacada. Así se explica que Glantz, quien a la hora de escribir *Las genealogías* ya era reconocida como ensayista y escritora, enfocara su texto en la figura de su padre y no en ella misma: "he seguido, como Telémaco las de Ulises, las huellas de mi padre" (137).[23] Hablar de él por lo menos no implica tener que transgredir las fronteras de género; le da, en cambio, una posición cómoda desde la cual puede hablar sobre sí misma.

Según estudios feministas, es muy común que las escritoras recurran a la figura de un hombre –por lo general el padre– para evadir el orden falocéntrico, a la vez que aprovecharse de él. La presencia masculina les otorga autoridad autobiográfica y les permite la entrada para escribir la historia de su vida. Por otro lado, varias feministas advierten que la adopción de esta táctica reafirma el orden patriarcal al dar la espalda al mundo materno percibido tradicionalmente como todo lo domesticado y devaluado. La identificación con el Padre, según esta postura enunciativa, equivale a la aceptación expresa de los mitos sobre la mujer, incluido el de su propia inferioridad y el del derecho exclusivamente masculino a la autorrepresentación y a los honores relacionados con tener una historia pública. Implica también aceptar que el hombre es el ideal más valioso al que se puede aspirar.

Para otras críticas, sin embargo, el enfoque en la figura masculina no es obstáculo para la autorrepresentación femenina. Ya en los años sesenta Mary Mason escribe que la autobiografía femenina frecuentemente incluye

23. Margo Glantz, nacida en la Ciudad de México en 1930, es una escritora y ensayista prolífica. Entre sus obras más conocidas, publicadas antes de *Las genealogías* (1981), se encuentran: *Las mil y una calorías (novela dietética)* (1978), *Doscientas ballenas azules* (1979), *Intervención y pretexto* (1980), *No pronunciarás* (1980). Otras obras, posteriores a *Las genealogías* incluyen: *La lengua en la mano* (1983); *Síndrome de naufragios* (1984), por el cual recibió el Premio Villaurrutia 1984; *De la amorosa inclinación a enredarse en los cabellos* (1984); *La Malinche, sus padres y sus hijos* (2001), *Esguince de cintura* (1995); *Sor Juana: ¿hagiografía o autobiografía?* (1995); *Sor Juana: saberes y placeres* (1996); *Zona de derrumbe* (2001); *El rastro* (2002), por la cual recibió el codiciado Premio de Literatura Sor Juana Inés de la Cruz 2003, *Saña* (2006), *La polca de los osos* (2008), *La desnudez como naufragio* (2004), *Y por mirarlo todo, nada veía* (2018), *El rastro* (2019), entre otras.

> la presencia real y el reconocimiento de otra conciencia [...]. Mientras que [Simone] de Beauvoir argumenta que los hombres han asignado a las mujeres el papel de 'el otro' que existe solo en relación con la identidad masculina, las mujeres [...] parecen reconocer la plena autonomía del 'otro' (en este caso, el hombre) sin destruir su propio sentido de identidad.[24]

Más recientemente, Smith dice algo parecido: "Sin embargo, quien se adelanta al centro de la escena no es un hombre; este es el *quid* de su situación".[25] Judith Butler coincide con esta opinión al apuntar que el lenguaje del ser marginado es el "disfraz" que implica la posibilidad de "agencia" dentro de la repetición: "El sujeto no está *determinado* por las reglas a través de las cuales se genera porque la significación no es *un acto fundante, sino un proceso regulado de repetición* que se oculta y hace cumplir sus reglas precisamente a través de la producción de efectos sustancializantes".[26]

En *Las genealogías* el enfoque está en la figura paterna y aunque no cabe duda sobre la importancia sentimental, moral e identitaria del padre para la escritora, su protagonismo se explica por la urgencia de la hija para configurar su propia subjetivad. Colocarlo en el primer plano le da a la autobiógrafa la posibilidad de ocultar lo que no quiere que sus lectores sepan de su pasado y de destacar lo que le pueda ayudar en su

---

24. La traducción es mía. La cita original en inglés, en el artículo de Stanford Friedman, es: "the real presence and recognition of another consciousness [...]. While [Simone] de Beauvoir argues that men have cast women into the role of 'the other' existing only in relation to the male identity, women [...] seem to recognize the full autonomy of the 'other' (in this case the male) without destroying their own sense of self." p. 78. Ver la bibliografía.

25. Smith, Sidonie. *A Poetics of Women's Autobiography, Marginality and the Fiction of Self-representation*. Indiana UP en 1987. El fragmento citado proviene de la traducción de ese texto por Lázaro Reyes, publicada como "Hacia una poética de la autobiografía de mujeres" en *Antropos: revista de documentación científica de la cultura. Suplementos*. Barcelona: Anthropos Promat, 1987-1995. Vol. 29 (diciembre 1991); p. 95.

26. La traducción es mía, el énfasis del original en inglés: "The subject is not *determined* by the rules through which it is generated because signification is not *a founding act, but rather a regulated process of repetition* that both conceals itself and enforces its rules precisely through the production of substantializing effects." Butler, Judith. *Gender Trouble. Feminism and the Subversion of Identity*. New York: Routledge, 1999; p. 185.

proyecto. Por ejemplo, silencia la historia de su propio matrimonio sin correr el riesgo de ningún reclamo por parte de los lectores. Solamente les deja saber, casi entre paréntesis, que se ha casado con un goim; en otra ocasión menciona que su hija mayor es mitad argentina; muchas páginas después, habla de los viajes a Argentina, sin más explicación. En cambio, procura poner de relieve otros recuerdos, que además de realzar la contribución de su padre a la cultura judía y mexicana, ayudan a edificar su imagen de escritora. Con este afán incita al padre para que hable de otros escritores y artistas.

Los sitios de la memoria

Haciendo uso de los recuerdos privados y familiares, así como de las referencias culturales, Margo Glantz busca continuidad en el pasado para defender tanto su identidad judía como la mexicana. La indagación de su parte "extranjera" es más intensa porque, por lo menos en cuanto a su ciudadanía mexicana es incuestionable y por ello, no necesita justificación, puesto que nació en México. Pero por el hecho de haber nacido en una familia judía, quedó inscrita también dentro de la cultura de este grupo, que quizás más que ningún otro merece el nombre de "comunidad imaginaria". Glantz cree que no ha cumplido con el mandato del *Zakhor*,[27] cuyo cumplimiento requiere de los judíos recordar para mantener su identidad aún a pesar de dos milenios de dispersión. Ella reúne en su casa –y en su vida– los elementos de culturas diversas, sitios de la memoria grupal:

> Yo tengo en mi casa algunas cosas judías, heredadas, un *shofar*, trompeta de cuerno de carnero, casi mítica, para anunciar con estridencia las murallas caídas, un candelabro de nueve velas [...]. También tengo un candelabro antiguo, de Jerusalén, que mi madre me prestó y aquí se ha quedado, pero el candelabro aparece al lado de algunos santos populares, unas réplicas de ídolos prehispánicos [...], unos retablos, unos exvotos, monstruos de Michoacán, entre los que se cuenta una pasión de Cristo con sus diablos. Por ellos, y porque pongo árbol de navidad, me dice mi cuñado Abel que no parezco judía, porque los judíos les tienen, como

27. *Zakhor* significa en hebreo "recordar". Yosef Yerushalmi puso este nombre a su libro sobre la relación entre la historia y la memoria de los judíos.

> nuestros primos hermanos los árabes, horror a las imágenes. Y todo es mío y no lo es y parezco judía y no lo parezco y por eso escribo –estas– mis genealogías. (16)

A lo largo del texto se encuentran aún más elementos que atestiguan su herencia judía y mexicana a la vez, pero no son los únicos sitios de la memoria que le permiten construir su identidad. Además de las pruebas tangibles, Glantz recurre a componentes intangibles y a veces difíciles de precisar, que sin embargo la sitúan en un contexto cultural definido y cuya relevancia se pondera adelante.

Los progenitores

Los sitios de la memoria más obvios e inmediatos para identificarse con un grupo son, por lo general, los que evocan a la familia, sobre todo los padres del individuo. Ellos, a su vez, pueden dar acceso a un grupo más amplio, con el cual son o fueron asociados. Glantz cultiva cuidadosamente los objetos que los evocan, tales como las fotografías y recuerdos materiales, así como las grabaciones de sus entrevistas orales con ellos. El primero en orden de importancia de esas entrevistas es aparentemente su padre.

Jacobo Glantz, nombrado también Yánkl o Yasha, o más familiarmente, Nucia, era un poeta reconocido en Ucrania. Una vez en México, además de poesía, escribía crítica teatral y era conocido en la comunidad judía por sus artículos publicados en los diarios y revistas *Die Voj* (*La semana*), *Der Weg* (*El camino*) y *Die Stime* (*La voz*). Instigado por la hija, el padre habla de muchas celebridades que conoció, de las que a veces recuerda anécdotas y a veces solo menciona. De Vladimir Mayakovsky, por ejemplo, recuerda que pasaron toda una noche caminando y recitando poemas, y discutiendo sobre los nuevos estilos poéticos (91); a Alejandra Kolontai la recuerda en varias excursiones a caballo y la describe como una mujer siempre elegante, "con guantes, aristócrata, no proletaria" (91); de José Clemente Orozco, dice que "era un hombre fuerte, rústico", hablaba de vez en cuando y pintaba con una mano (97); de Diego Rivera, recuerda que era "muy comunicativo" y que hablaba muy bien el ruso, aunque con acento (97); de Fernando Leal cuenta que pintó un fresco que tenía unas palomas copulando y tuvo que quitarlas, para restaurar el cuadro luego ya sin palomas (97). Ignacio Rosas, quien "era un buen retratista" le pintó uno de los mejores retratos (98); Pita Amor venía al restaurante Carmel "llena de pulseras y de joyas, y con un vestido de percal medio usado y hasta agujerado" (114); de su amistad con Marc Chagall dice con orgullo: "A nadie dejaba entrar a donde pintaba y yo sí entré. No entendía entonces la importancia de que me pintara" (124). La lista de las celebridades mencionadas es muy larga; además de los citados, incluye también a Manuel Felguérez, Lilia Carrillo, Omar Rayo, Leonel Góngora, Vlady, Guillermo Silva Santamaría, Ludwig Margules, Elías Breeskin, Juan García Ponce, Juan José Arreola, Gabriel García Carbajal, Armando Zárate, Luis Mario Schneider, Isaac Bábel, Isaac Bashevis Singer, Sergei Eisenstein, Nellie Campobello, y muchos más.

La inclusión de tantos personajes renombrados permite ver al señor Glantz como un individuo importante en el medio artístico e intelectual. Algo de esta importancia le debe tocar también a su hija, según sugiere Guadalupe Cortina.[28] En la voz de la narradora suena una nota de orgullo por esas relaciones de su padre con las celebridades: "me gusta Isaac Bábel, ese amigo de mi padre 'de estatura mediana, con los lentes gruesos que cuando leía metía los ojos muy adentro de la[s] páginas'" (51). Que su progenitor se relacionara con esos personajes importantes en la vida cultural judía y mexicana, y hasta internacional, y que ellos lo reconocieran como uno de ellos, establece una especie de genealogía para la hija.

La palabra "identificación" sugiere, sin embargo, una dialéctica entre identificación y diferenciación respecto a otro(s) individuo(s). Moya Lloyd en *Beyond Identity Politics* señala como una de las principales características de la formación del sujeto femenino el momento de pronunciar la diferencia.[29] Margo Glantz, a pesar del enfoque en el padre y a pesar de identificarse con él como escritora, marca sus diferencias desde el "Prólogo", anunciando que ella no es ni como él, ni como otros escritores judíos: "A mí no puede acusárseme, como a Isaac Bábel, de precisismo o de biblismo, pues a diferencia de él (y de mi padre) no estudié ni el hebreo ni la *Biblia* ni el *Talmud* (porque no nací en Rusia y porque no soy varón)" (13). Con esta cláusula subvierte la anunciada

28. Cortina, Guadalupe. *Invenciones multitudinarias: escritoras judíomexicanas contemporáneas.* Newark: Juan de la Cuesta, 2000; p. 49.

29. Lloyd, Moya. *Beyond Identity Politics: Feminism, Power and Politics.* London: Sage, 2005; p. 6.

adhesión a "las huellas" de su padre. Consciente de su marginalización como mujer, se va a apoyar en la autoridad paterna, pero va a contar las historias como mujer, lo cual la identifica con la madre.

Subvirtiendo también su declaración de seguir el pasado de su padre, la narradora le dedica mucho espacio a las remembranzas de su madre: Lucía o Elizabeth Glantz. No les atribuye la misma importancia que a las de su progenitor porque no desea adherirse al papel cultural de la mujer. Más bien quiere disociarse de este modelo que la confinaría al papel tradicional, como se ve cuando alaba el talento culinario de su madre, pero antes de colocar el punto final afirma que ella no lo ha heredado: "Mi mamá [...] ahora ya vendió el Carmel y prepara diariamente alguno de los platillos típicos que todas mis hermanas saben hacer, excepto yo" (111). A pesar de ello, como hija y como mujer, reconoce los esfuerzos de su madre y su contribución al bienestar familiar. Así, aprovecha las páginas de su libro para dar fe de su trabajo e intelecto que hacían funcionar los negocios consecutivos de la bonetería, la zapatería y el restaurante Carmel que administró.

Los recuerdos de Lucía parecen a veces triviales cuando detalla la ropa llevada por ella u otros en distintas situaciones o describe qué comían y dónde dormían. Pero dan constancia de su vivacidad y energía, dentro de su marginalización. En muy buena medida fue gracias a las preocupaciones existenciales de esta madre que la familia pudo tener una vida aceptable a pesar de las adversidades que les presentaba la vida como emigrantes. Además, fue gracias a Lucía que se salvaron los pasaportes y otros documentos personales cuando ella y su esposo huyeron de Ucrania. Preservarlos arriesgaba el éxito de su huida; sin embargo, los guardó para poder comprobar el pasado. Lo hizo como acto privado, pero serviría también para la comunidad porque estos documentos, junto con los libros de su esposo, formarían parte de la colección del museo judío, según anuncia el texto. Viéndolo desde esta perspectiva, la hija sigue las huellas de su madre: también documenta la historia familiar cuando transcribe las entrevistas con sus padres y hace permanente la historia oral dentro de su libro, convirtiéndola en un aporte a la memoria colectiva y cultural, accesible para las futuras generaciones.

Ucrania

La historia oral de los padres consta en gran parte de los relatos sobre la vida de sus familias y de ellos mismos en Ucrania. Este se convierte en uno de los principales sitios de la memoria que constituyen una referencia para la construcción de la identidad judía de Margo Glantz. Los lugares y las personas relacionadas con ese sitio son accesibles para la hija solo por medio de la memoria de ellos. Ni siquiera su viaje personal a Ucrania puede remediar este vacío, puesto que ni siquiera encuentra las estepas que tanta nostalgia le provocaban al padre (171).[30] Es entonces gracias a las remembranzas de sus padres que la hija se entera de quiénes eran y cómo vivían sus antepasados. Con el relato de ambos, ampliado por sus propios recuerdos y conocimientos, arma una historia que cubre más de un siglo: desde la niñez de sus bisabuelos hasta el momento de la narración, que termina con la versión final del manuscrito en México de 1981. Recordar las personas y los hechos del pasado es importante para conformar su subjetivad porque, según dice, la memoria "se liga a la identidad" (129). Por eso instiga a Lucía y a Nucia a que hablen, aunque a veces tiene que vencer su resistencia.

La rememoración del pasado familiar en Ucrania es un acto tanto personal como cultural ya que constituye un registro de varios aspectos de marginalización y persecución de los judíos de Europa Oriental, que convirtieron a muchos en víctimas y a otros los llevó al exilio como efecto de los *pogroms*.[31] Glantz absorbe los recuerdos familiares y los reelabora,

30. De la gente que encontró en Ucrania, el que entabló una relación con ella fue un judío de apellido Perelman, quien –irónicamente –se moría de nostalgia por México.

31. El término *pogrom* viene del ruso "погром" y se usa para la violencia masiva, espontánea o premeditada, originalmente en contra de los judíos, pero también se ha extendido a atrocidades cometidas en contra de otros grupos minoritarios. Los *pogroms* implican muchas formas de violencia, incluyendo la destrucción de las viviendas y pertenencias de los perseguidos, la muerte de personas individuales y masacre de comunidades enteras. Levantamientos antisemíticos se han registrado desde los tiempos del Imperio Romano, sin embargo la palabra *pogrom* tiene su referente en los violentos ataques a los judíos que habitaban el imperio ruso en el siglo XIX. Los *pogroms* se fueron intensificando con las revoluciones de 1905 y 1917 en Rusia, y fueron practicados también por los nazis durante la Segunda Guerra Mundial. Las acciones violentas en contra de la

ejerciendo lo que Marianne Hirsch llama "posmemoria". Según Hirsch, aunque se trata de una forma de la memoria cultural diluida por el tiempo, secundaria, la "posmemoria" sigue siendo un medio de conocimiento muy poderoso, "porque su conexión con su objeto o fuente no está mediada por el recuerdo, sino por una inversión y creación imaginativas".[32]

La perspectiva de "hoy" permite que los hechos narrados encuentren una interpretación que los haga comprensibles. Cuando Jacobo Glantz narra las experiencias suyas y las de sus familiares, comenta los hechos y adopta una actitud crítica frente a los juicios históricos de otros. Al hablar del resonado pogrom del año 1905, en el que murió la madre de su cuñada, reprueba el juicio del poeta Jaim Najman Biálik quien "imprecaba a los jóvenes judíos que permitieron a los cosacos violar muchachas y matar judíos". Él no está de acuerdo con la interpretación de Biálik y justifica la actitud de esos jóvenes: "Claro, si no se hubiesen escondido los hubiesen matado a ellos". A la vez emite juicios sobre el trasfondo de la situación de los perpetuadores de esas atrocidades: "Los cosacos servían para la protección nacional. [...] Les daban lo que querían para que estuvieran contentos. Sobre todo y después de una revuelta como la [fallida] del 5. ¿Qué podía haber en las aldeas judías, además de un candelabro del sábado?" (23). El espacio que le otorga Margo Glantz a su padre para que cuente su versión subjetiva de los acontecimientos se encuentra entonces en el cruce de la memoria personal con la colectiva. Ella la legitima al incluirlo en las páginas de su libro.

No siempre le es posible a la hija imaginar el mundo que recuerdan sus padres. Por eso recurre a la literatura y en su mente hace una mezcla del conocimiento de lo que oye y lee: "Muchas veces tengo que acudir a ciertos autores para imaginarme lo que mis padres recuerdan" (30). La intertextualidad supone ayudar también a los lectores para que asimilen más fácilmente el contenido de los recuerdos. Por ejemplo, la narradora interrumpe el relato del papá para explicar al lector con sus propias palabras cómo sobrevivieron su abuela y sus tías maternas. Para ello, se sirve de las

población judía tuvieron lugar en varios países de Europa Oriental, Alemania, y algunos países de África del norte.

32. La traducción es mía. En el original: "because its connection to its object or source is mediated not through recollection but through an imaginative investment and creation". Hirsch, Marianne. *Family Frames. Photography, Narrative and Postmemory*. Cambridge: Harvard UP, 1997; p. 22.

imágenes que se presentan en la novela de Günther Grass, *El tambor de hojalata.*[33] La obra del alemán comienza con un pasaje cómico en el que el narrador cuenta sobre el primer y último encuentro de su abuelo con su abuela, cuando este huía de la policía y se escondió bajo las amplias faldas de la buena señora que en medio del campo desierto asaba las patatas en una fogata. La narradora apela al conocimiento de sus lectores de esta obra que en el año 1980 estaba de moda entre el público educado de México por el éxito de su versión fílmica de Volker Schlöndorff, por eso dice: "Mi abuela materna usaba esas faldas anchas que ahora todos conocemos, después de leer o ver *El tambor de hojalata*; debajo de ellas escondió a mis dos tías, Jane y Mira, de dieciséis y diecisiete años" (43). En otra ocasión cita un cuento de Isaac Bábel, lleno de humor y picardía a pesar de aludir a los recuerdos macabros de los pogroms (51-52).

Con los elementos intertextuales Glantz suaviza los efectos inquietantes de las traumáticas experiencias evocadas. El mismo resultado tiene la estrategia de trenzar las voces de sus padres dando dos versiones distintas del mismo acontecimiento. La emplea en la evocación del pogrom en la Ciudad de México, cuando ella era pequeña. En enero de 1939 su padre fue víctima del grupo fascista llamado "Camisas Doradas" que lo confundió con León Trotski, entonces refugiado en México. La primera versión de los hechos es contada por la escritora misma, apoyada en la versión de la madre y, posiblemente, en otras fuentes. En el siguiente capítulo vuelve a contar la misma historia, pero esta vez le cede la palabra al padre. Las versiones son tan distintas que parecen ser dos acontecimientos diferentes (93-96). A pesar de la seriedad de lo narrado, se crea un efecto cómico. El humor logra despertar cierta empatía y distancia a la vez, con lo cual se disipa la gravedad de las vivencias.

Tal modificación del pasado no es esporádica, según afirma Mieke Bal en *Acts of Memory*, y ocurre con más intensidad en el caso de los recuerdos traumáticos. La narración de una historia (sea en forma oral, textual o visual) permite incluir al público lector como testigos de la representación y hacer que comparta la angustia vivida. La rememoración de los momentos traumáticos tiene poder curativo ya que convierte la experiencia del trauma vivido a solas en un acto de intercambio

33. La novela de Günther Grass, *El tambor de hojalata*, fue publicada por primera vez en 1959. La película bajo el mismo título, filmada por Volker Schlöndorff, se estrenó en 1979.

comunicativo: "Los destinatarios del relato realizan un acto de memoria que es potencialmente curativo, ya que llama a la solidaridad política y cultural al reconocer la situación de la parte traumatizada. Este acto es potencialmente sanador porque genera narrativas que 'tienen sentido'".[34]

Los momentos traumáticos pueden tener efecto curativo no solamente para las víctimas, sino también para los que sufren el efecto de la "posmemoria".[35] Por eso, la rememoración de lo que les pasó a los padres se puede ver como una estrategia curativa también para la misma Margo Glantz. En *Las genealogías* la escritora se hace la pregunta en varias ocasiones sobre qué hubiera sido de su vida si sus padres no hubieran emigrado de Ucrania.

Las diferencias entre la versión de la madre y la del padre ameritan para la hija una reflexión sobre la naturaleza de la memoria: "¿Será el recuerdo un goce debilitado? Se debilita quizá por el extenso manoseo al que se lo somete" (96).[36] La conciencia de la falibilidad de los recuerdos hace más importante la función de la escritura. Cita para ello Glantz a Isaac Bashevis Singer: "Los judíos no registran su historia, carecen del

34. La traducción del inglés es mía. En el texto original: "The recipients of the account perform an act of memory that is potentially healing, as it calls for political and cultural solidarity in recognizing the traumatized party's predicament. This act is potentially healing because it generates narratives that 'make sense'". Bal, Mieke. "Introduction". *Acts of Memory. Cultural Recall in the Present.* Eds. Mieke Bal, Jonathan V. Crewe y Leo Spitzer. Hanover, NH: Dartmouth College, UP of New England, 1999; p. x.

35. Según observa Dori Laub, citada por Hirsch & Smith, los hijos frecuentemente cargan con el síndrome de culpa: "esto pudo haberme pasado a mí" a la vez que: "qué bueno que no fui yo". Hirsch, Marianne y Valerie Smith. "Feminism and Cultural Memory: An Introduction". *Signs: Women in Culture and Society* 28. 1 (2002); p. 6.

36. En su intuición, Glantz coincide con varios estudiosos de la memoria. Primo Levi, por ejemplo, sugiere que las memorias evocadas o narradas varias veces toman formas que distorsionan la memoria "original". Además, según él, "[i]t is also true that a memory evoked too often, and expressed in the form of a story, tends to become fixed in a stereotype, in a form tested by experience, crystallized, perfect, adorned, which installs itself in the place of raw memory and grows at its expense" (King 25).

sentido cronológico. Parece como si, instintivamente, supieran que el tiempo y el espacio son mera ilusión" (32).[37]

El humor judío

Para Margo Glantz, identificarse como judía no viene expresamente por el derecho sanguíneo sino por las características que comparte con la cultura. De hecho, se burla de la idea del "pueblo elegido" y no quiere que se la asocie con la actitud soberbia que, según su texto, tienen algunos judíos radicales. Desde el principio de su libro lo anuncia: "Yo desciendo del Génesis, no por soberbia sino por necesidad" (13). En otras partes usa con sarcasmo el término "el pueblo elegido". Ella ha crecido entre dos culturas y la adhesión a las formas esenciales de los nacionalismos, cualesquiera que sean, le resulta limitante. Recuerda con simpatía las manifestaciones culturales "típicas" de sus familiares ("recuerdo a mi tío Mendel rezar junto a la ventana con sus *tales* y su *yamelke* pero sin patillas, y moverse al son de las oraciones como sacudido por la risa"), pero ella misma no continúa las tradiciones (15). De los judíos le atrae el colorido y el humor, "lo abigarrado" y "lo grotesco"; sin embargo, no lo siente suyo más que desde una "parte aletargada" (14). Su disociación es la continuación de las acciones de su madre: "Mi madre no separaba los platos y las ollas, no hacía una tajante división entre los recipientes que podían albergar carne de aquellos que se llenaban con los productos de la leche. Mi madre nunca usó, como mi abuela, esa peluca que ocultaba su pelo porque solo el marido puede ver el pelo de su mujer legítima" (15).

A pesar de esas diferencias, Glantz es continuadora del carácter cultural judío. Un aspecto que se puede señalar es su particular sentido del humor, herencia de su padre, quien a su vez lo tiene de su padre. En el libro transcribe la historia que cuenta Jacobo Glantz sobre su desafortunado intento de cobrarle a un cliente la deuda por los panes que él vendía como empleado de la panadería de su primo. Cuando fue a la

37. Isaac Bashevis Singer recibió el premio Nobel de literatura en el año 1978 "for his impassioned narrative art which, with roots in a Polish-Jewish cultural tradition, brings universal human conditions to life" (página oficial de la Fundación Nobel <www.nobelprize.org/prizes/lists/all-nobel-prizes-in-literature/>).

casa del moroso por el dinero, el cliente lo maltrató, hecho que a pesar de su seriedad comenta de una manera cómica: "No me pagó nunca, solo con las cachetadas" (85). La que registra esa historia la remata añadiendo su propia ironía: "Así cumplió mi padre con los preceptos bíblicos y ganó el pan con el sudor de su frente" (85). El humor es parecido al conocido temple de los judíos quienes saben mofarse de sus propias desventuras. La historia del abuelo Mótl también tiene tonos parecidos. Jacobo cuenta que este tuvo renombre en toda la comarca por su humor y alegría que le ganaron la fama de aconsejar a los campesinos "que pidieran tierra hacia lo hondo y no hacia lo ancho" (20-21).

En Europa del Este es conocido este ingenio del pueblo hebreo.[38] Como afirma Eryk Lipiński en la introducción a la colección de chistes, anécdotas, monólogos y diálogos judíos de esas latitudes, *Tylko bez cudów* (trad. propia: ¡Sin milagros, por favor!) (1985), este humor surgió de la sabiduría popular de las clases bajas que lo han usado como mecanismo de defensa ante las discriminaciones y ofensas de las que eran víctimas. Abundante en paradojas y pensamientos abstractos, era una actitud ante la vida, resultante de una observación aguda de la realidad; era la respuesta a las tensiones y angustias que provocaba su condición de marginados.

Margo Glantz, como su padre y su bisabuelo, adopta el gesto autoirónico para contar su relato. Un ejemplo es cuando habla de su "conversión" al cristianismo, llevada a cabo en secreto por "unas vecinas piadosas". Narra la historia con tonos carnavalescos, revelando que la memoria de la experiencia de sus clases de catecismo está ligada a la de las películas de King Kong y otros monstruos porque la oportunidad de tomar clases de catecismo solo se le daba con el pretexto de salir al cine. Este "cristianismo maravilloso", según dice, se le acabó con las palizas de su madre cuando esta descubrió el complot (166).

Las burlas de sí misma y de su comunidad son frecuentes. Toda su narración está salpicada con expresiones pícaras, como mofarse de su cuerpo

38. En los países de Europa del Este se reconoce lo específico del humor judío dentro de una especie de subgénero del humor circunstancial. Los llamados "chistes judíos" son muy populares tanto en la versión oral como en la escrita. Entre los volúmenes más conocidos en Polonia cuentan, por ejemplo *Przy szabasowych świecach* (1981) de Horacy Safrin, *Tylko bez cudów* (1985), de Rajmund Florans y Szymon Kobyliński o *Obyś żył w ciekawych czasach* (2002), de Janusz Wasylkowski, por mencionar solo algunos.

"agrasado" –creando un neologismo paródico del adjetivo "agraciado"; compararse con la Santa de Gamboa por "rondar" "de barrio en barrio, de escuela en escuela" cuando se refiere a las múltiples mudanzas de la familia (144); afirmar que "[l]os judíos son llorones y las judías aún más" (160); sentenciar que "yo también necesitaba anteojos pero mi mamá no me los compraba porque temía que yo, con los antecedentes masoquistas del pueblo elegido, no quisiera verme fea" (159). Ella también acalla sus desventuras por medio de sus bromas. Con la adopción del papel masculino y con su sentido de humor la hija se asemeja a la línea de los bromistas judíos y se establece como digna sucesora de la estirpe.

La comida

Otro de los elementos culturales que la narradora registra en su memoria, relevante para su identificación con la cultura judía, es la comida.[39] Muchos antropólogos, sociólogos y otros estudiosos han señalado el hecho de que el acto de comer no es para los seres humanos una actividad que consiste solamente en asegurar la sobrevivencia, sino que está cargada con significados sociales y con su propia historia. En la elección de los productos, la preparación y las maneras de consumirlos, la práctica y la memoria individual se entrelazan con la memoria colectiva, estableciendo así vínculos de pertenencia al mismo círculo cultural gastronómico.[40] A pesar de las variaciones individuales o locales, los miembros de los macrogrupos participan en una práctica común que la memoria colectiva define como "nuestra comida". Basta mirar los títulos de muchos libros de cocina para confirmar que este es uno de los marcadores de las distintas comunidades y que sirven como referente identitario para sus miembros.

39. Sobre el tema de la comida en la obra de Margo Glantz escribí también un artículo en el volumen de *¿Dentro/Fuera?* (2011), publicado por Agnieszka Flisek y Katarzyna Moszczyńska. Véase la bibliografía.

40. Sobre la conexión entre la comida y la memoria se ha escrito mucho. Entre la abundante literatura se pueden consultar tales textos como: *Distinction: A Social Critique of the Judgment of Taste*, de Pierre Bourdieu (1984); *Recipes for Reading: Community Cookbooks, Stories, Histories* (1997), de Ann Bower; *The Anthropology of Food and Body: Gender Meaning and Power* (1999), de Carol Counihan; *In Memory's Kitchen: A Legacy from the Women of Terezin* (1996), de Cara DaSilva, por mencionar solo algunos.

Glantz demuestra estar consciente de esto cuando dice: "Sin cocina no hay pueblo. Sin pan nuestro de cada día tampoco. Por eso dice Bernal Díaz refiriéndose a la tortilla 'el pan de maíz que ellos hacían'" (110).

La conciencia de pertenecer a un grupo cultural nace cuando se entra en contacto con otros. Es la típica situación de los exiliados. En su artículo sobre libros de cocina de los emigrados del Oriente Medio, Carol Bardenstein delibera sobre la adquisición del posesivo "nuestro/a" de algunos platillos de aquella zona. La investigadora sostiene que cierto tipo de comidas se convirtieron en símbolos unificadores de la cultura nacional de origen, es decir la del país que dejaron atrás. Las habas, por ejemplo, que en Egipto son alimento de la gente pobre, llegaron a ser "nuestro" platillo para los emigrados egipcios, independientemente de la clase social a la que pertenecían antes. Las nuevas condiciones que viven como emigrantes, según Bardenstein, afectan su memoria y su identificación con la gente, que no ocurrirían si no se produjera la experiencia de desarraigo (355). El exilio añade un nuevo significado a los alimentos que se asocian con lo familiar. Estos simbolizan el territorio perdido, la "casa" a la cual se pertenecía alguna vez, que se añora y se quiere extender por medio de la comida como la de entonces.

Este aspecto de apropiación del significado cultural de la comida es un ejemplo de la orientación de la memoria hacia el presente, ya que su construcción –individual o colectiva– está ligada inseparablemente a la construcción de la comunidad imaginada del presente. Como señala Maurice Halbwachs, "cada grupo desarrolla la memoria de su propio pasado que destaca su identidad única frente a otros grupos. Estas imágenes reconstruidas dan cuenta al grupo de su origen y desarrollo y así le permiten reconocerse a sí mismo a través del tiempo".[41] La asociación de la comida con el espacio original produce frecuentemente en los desplazados un sentimiento de cierta complicidad, unidad y una nostalgia por el terreno perdido.

Muchos de los platillos mencionados por Glantz en *Las genealogías* no eran originalmente judíos, sino propios de la cultura gastronómica de

41. La traducción es mía. Cita en inglés: "every group develops the memory of its own past that highlights its unique identity vis-á-vis other groups. These reconstructed images provide the group with an account of its origin and developments and thus allow it to recognize itself through time". Halbwachs, Maurice. On Collective Memory. U of Chicago P, 1992; p. 86.

los pueblos de Europa Oriental. Los hebreos los adoptaron y los llevaron consigo a otras partes del mundo como propios. En los lugares nuevos comenzaron a funcionar como metonimia del espacio perdido y de los lazos con la comunidad judía proveniente de aquella zona del mundo.

En casa de los Glantz la comida es el contexto y frecuentemente el tema de las rememoraciones. Los platos que se sirven tienen nombres que suenan exóticos en México: "blintzes", "gribelaj", "jolodoetz", "gefilte fish", "vareniques", "tcholnt". Para los comensales, estas comidas los unen en una tradición, distinta a la del mundo de afuera. Compartirlos es, en las palabras de Svetlana Boym, "a strategy of a survival, a way of making sense of the impossibility of homecoming" (xvii). La experiencia de comer y de recordar es una experiencia compartida por todos en la casa de los Glantz: "La conversación es de sobremesa y la comida ha sido familiar. Los diálogos van y vienen de quién sabe qué bocas. Los transcribo" (116). Las reuniones alrededor de la mesa son momentos apacibles y aportan el sentimiento de calidez y seguridad que da el pertenecer a una comunidad.

La continuación de la memoria colectiva depende de la práctica individual: los miembros de la comunidad no deben ser solamente receptores, sino también transmisores de la tradición a las generaciones nuevas. Glantz absorbe las costumbres gastronómicas, pero cree haber fallado como transmisora porque no ha aprendido a preparar los platos típicos que cocinaba su madre (111). Pero la ruptura con la tradición no es completa, ya que a pesar de que ella no cocina, sigue transmitiendo la memoria culinaria de sus ancestros al incluir las recetas en su libro. Aunque es la voz de la madre la que proporciona las recetas, la hija es la que las transmite: "–Bueno, mamá, pero el jolodietz sí lo haces rico. Dime, ¿cómo lo haces?" [...] Y los vareniques, ¿cómo los haces? [...] Lo último, de veras lo último, ¿y los gribelaj?" (113). Documenta todas las respuestas de la madre y las transmite en una forma duradera: por medio de la palabra escrita.

Pierre Bourdieu afirma que la identificación cultural gastronómica se consolida desde la niñez: "It is probably in tastes in food that one would find the strongest and most indelible mark of infant learning, the lessons which longest withstand the distancing or collapse of the native world and most durably maintain nostalgia for it. The native world is, above all, the maternal world, the world of primordial tastes and basic foods" (79). El lugar materno se puede entender en el sentido amplio: el "hogar" para la protagonista de esta autobiografía es sobre todo la casa familiar, pero también lo es el Carmel –el restaurante de comida judía que abrieron sus padres– donde "se hacía los mejores pasteles de México": "cuernitos, pasteles de moka, napoleones, pasteles de dátil, de chocolate, beigle con lox y crema, polvorones con mermelada y fresa, y mil cosas más, había en las mesas del Carmel" (58). Y también lo es México, que la adscribe a otro grupo de cultura que sus papás, ya que además de la comida judía Glantz recuerda con nostalgia la mexicana: tamales y champurrado (141), y los dulces de la niñez que compraba en su tienda favorita (144).

Por el lado de la tradición culinaria, la autora se presenta a sí misma como más heredera de la cultura judía que mexicana: "casi puedo decir que por mis venas corre harina" (109-110). Pero aún aquí, su "judeidad" es diferente de la clásica. Su comida preferida es un platillo híbrido mexicano-judío: "las enchiladas al estilo judío que preparaba la Mayora Rosa" (56). Es continuadora y a la vez descontinuadora de la tradición, nutriéndose de dos memorias culinarias, la judía y la mexicana, a la vez.

Glantz escribe de otras discontinuidades en las tradiciones familiares; sus padres, por ejemplo, dejaron de ser *kosher* a pesar de que el resto de la familia sigue siéndolo. La práctica culinaria kosher requiere separar las comidas de carne de los lácteos; comporta también usar distintos utensilios y comer solo carne certificada, proveniente de animales sacrificados de acuerdo con los rituales prescritos en los libros de la Torá. Para muchos judíos observar estas restricciones dietéticas es un mandato absoluto. La narradora recuerda que cuando su abuela vino a México de visita, su esposo no le permitió quedarse en la casa del hijo, puesto que allí "la comida era *treif* (impura)" (24). No obstante estas desviaciones de lo más tradicional judío, no faltan elementos de identificación con el grupo.

Las fotografías

El sentido de continuidad se facilita por la memoria material. Glantz incluye en su libro 23 fotografías que en su mayoría muestran imágenes de su familia: sus abuelos paternos y maternos; sus padres en varias épocas; ella y sus hermanas de niñas, acompañadas de los padres; tíos y tías; eventos especiales en los que se reúne toda la familia. También incluye reproducciones de los documentos de Lucía y Nucia Glantz, que los ligan con su pasado extranjero, y una fotografía de la portada del poemario de su padre con la dedicatoria ilustrada por Marc Chagall.

Las fotografías, según afirma Hirsch, son los medios de conexión entre las primeras y las segundas generaciones; conectan las memorias y la "posmemoria".[42] Son unos *lieux de mémoire* por excelencia que, en palabras de Nora, "block the work of forgetting".[43] Su función es precisamente contribuir al sentido de la continuidad, tan necesaria para la construcción de la identidad. Hirsch señala que la inclusión de fotografías en las autobiografías interesa de manera especial a los exiliados, emigrados o trasladados de sus lugares de origen porque les otorga una ilusión de continuidad en el tiempo y en el espacio.[44] Aunque el mundo mostrado en ellas ya se haya acabado, la existencia de esos retratos prueba la existencia del pasado y de nuestra conexión con él.

De las imágenes visuales se puede sacar mucha información: todas cuentan alguna historia, pero además revelan otros datos, tales como los rasgos étnicos de los retratados o, frecuentemente, su estatus social. Pero, según explica Roland Barthes en *Camera lucida*, las imágenes sin texto o contexto están estancadas, insignificantes; las llama "flat death". Para darles movilidad, fluidez y, en última instancia, vida, precisa narrarlas.[45] Las imágenes de *Las genealogías* no revelan en sí mismas la complicada historia de la familia Glantz: la pérdida del territorio original, la emigración y sus consecuencias. En coordinación con el texto, sin embargo, ofrecen una estructura representativa adecuada para el ejercicio mnemónico. Aportan información, por otra parte, sobre la composición de la nación mexicana, que de ninguna manera es uniforme según la quería mostrar el gobierno nacionalista posrevolucionario. Aunque, en México, el grupo de origen semita es reducido, su presencia se constata a través de esta memoria. Para usar las palabras de Andrés Avellaneda al respecto de *Mestizo* de Ricardo Feierstein, Margo Glantz crea textualmente "una identidad [...]

42. Hirsch, Marianne. *Family Frames. Photography, Narrative and Postmemory.* Cambridge: Harvard UP, 1997; p. 23.

43. Nora, Pierre. "Between Memory and History: *Les lieux de mémoire*". *Representations.* 26 (Spring 1989); p. 19.

44. Hirsch, Marianne. *Family Frames. Photography, Narrative and Postmemory.* Cambridge: Harvard UP, 1997; p. xi.

45. Barthes, Roland. *Camera Lucida: Reflections on Photography.* New York, NY: Hill and Wang, 1981, p. 12.

abierta a la fusión y a la mezcla",[46] con lo cual contribuye el proverbial "granito de arena" al total de la conciencia nacional.

En la selección, la reproducción y el comentario de lo recordado se observa la actitud de la autora. Entre los retratos familiares Glantz incluye uno de su padre en el que este viste el traje mexicano. La inscripción dice: "Jacobo se mexicaniza", señalando la adaptación de su padre a la nueva cultura. La hija continúa este proceso: no solamente nació mexicana, sino que se percibe como tal, como se puede ver en la percepción que tiene de su físico. No incluye su propia fotografía, pero en una especie de écfrasis disipada a lo largo del libro se caracteriza a sí misma como mexicana: de cabello oscuro, se ve como una de las personajes nacionales mexicanas de los frescos de Orozco: "a veces cuando me miro al espejo me doy cuenta de que así, ojerosa y pintada, soy el vivo retrato de algunas de las inmisericordes que dejó por el muro el magnífico manco" (157). Con el enlace del parecido físico se inserta en el espacio cultural mexicano y se apropia de la historia del país pintada por el famoso muralista.

Además de las fotografías reproducidas, Glantz también comenta otras del álbum familiar. Los detalles de su vida adulta aparecen muy medidos, como escritos en clave descifrable solo por ella y por las personas que la conocen. Escribe, por ejemplo, de una fotografía que le tomaron en el parque San Martín de Buenos Aires y dice que dos personajes relacionados con esta foto ya han muerto: uno de verdad, y el otro "para mi vida".[47] No explica más, ni cuál de los personajes murió de verdad y cuál de manera simbólica. Se puede conjeturar que el que murió "de verdad" es el viejo polaco que le había tomado la foto y el otro, significativo en su vida:

---

46. Avellaneda, Andrés. "*Mestizo*, de Ricardo Feierstein: la confusa marca en el umbral". *Feierstein, Ricardo. Mestizo*. Buenos Aires: Milá, 1988; p. 329.

47. "También hay una foto muy especial, la que casi ya no se ve por el papel, de inusitado y envejecido y anacrónico color sepia, que me fue tomada con un grupo en el Parque San Martín de Buenos Aires: dos de los personajes han muerto, uno de verdad, y el otro para mi vida (¡qué cursi! Y ¿qué bonito suena, no?), el que ha puesto el dedo en el operador, viejo polaco, emigró como mis padres a hacer la América, pero por allá de los años 10 del siglo, antes de la guerra; es polaco, no judío, y nos habla, un poco triste, pero como quien ve llover, de esa familia suya que se quedó esperándolo en un pueblo de Polonia a que él hiciera la América, aunque fuera con moderación, con la moderación necesaria para poder pagar, por lo menos en viaje sencillo, los pasajes de ese barco wagneriano. Es el año de 1969" (181).

posiblemente su (¿ex?) esposo, quizás el padre de su hija mayor (181). Con su pintura verbal Glantz se muestra experta en el manejo de la memoria. Solo permite cierto acceso al pasado, procurando que lo que no convenga se pierda por siempre en el olvido, por lo menos ante el público lector.

La Ciudad de México

La asimilación con la cultura mexicana se hace más evidente con la progresión de los capítulos, en los que el foco de la atención pasa del padre a la hija. En estos capítulos la narradora construye su identidad tomando como referencia el espacio en el que vive y escribe sobre el pasado de su familia. Esta heterogeneidad de los sitios de la memoria se sugirió ya en el prólogo, cuando describe los artefactos religiosos judíos junto con los prehispánicos y los nacionales mexicanos (16).

Un lugar particular entre los *lieux de mémoire* ocupa en *Las genealogías* la Ciudad de México. Glantz revela una urbe de dos caras: la de "ahora" y la de "antes". La del momento de escribir es una ciudad desquiciada por el tráfico y por las eternas obras de mejoramiento urbano. Es un lugar del que dan ganas huir: "¡Con decir que hasta los borrachos de la pulquería El Combate se han puesto cabizbajos!" (153).

Ante las incomodidades que ocasiona la acelerada vida citadina, Glantz encuentra consuelo al evocar la ciudad de antes: "no puedo menos que abandonarme a la nostalgia, sobre todo cuando viajo al centro" (153). La ciudad que evoca es ese "país lejano" al que se refería David Lowenthal en *The Past is a Foreign Country*, que es la niñez. Como afirma este estudioso, la infancia es el país más lejano porque el adulto lo añora, pero jamás puede regresar a él.[48] Esto ocasiona dolor, pero la expectativa de recuperarlo por medio de la memoria es placentera. Los dos sentimientos juntos convergen en lo que se llama la nostalgia.

Muchas feministas han criticado la memoria nostálgica; la consideran conservadora y escapista.[49] No obstante, la nostalgia no carece por

48. El título del libro de Lowenthal es tomado de la primera frase de la novela *The Go-Between* (1953), del escritor británico L.P. Hartley: "The past is a foreign country. They do things different there".

49. Janice Doane y Devon Hodges, en *Nostalgia and Sexual Difference: The Resistance to Contemporary Feminism*, describen a la nostalgia como "a frightening

completo de positivos; en el caso de *Las genealogías* estos incluyen su contribución a la formación de la identidad. Como ha señalado en *Hotel Bolivia* (1998) Leo Spitzer, la añoranza por el "regreso a casa" puede servir a fines políticos, como en el caso de los judíos austriacos quienes se exiliaron en Bolivia en las vísperas de la Segunda Guerra Mundial, recreando allá la cultura de su país nativo. Practicaban las costumbres austríacas, que por el hecho de ser judíos les fueron prohibidas en aquel país de la era nazi: vestían los trajes austriacos, celebraban las festividades y cantaban las canciones del país abandonado. Spitzer señala que optaron por suprimir las memorias de la persecución étnica y por desarrollar la memoria altamente nostálgica, caracterizada por "el énfasis selectivo de lo que era positivo en el pasado" (153).[50] Esta memoria cumplía, según el estudioso, una función muy importante: adscribirlos a un círculo cultural que les fue negado en otro tiempo.

De manera parecida se pueden ver los recuerdos de Margo Glantz, quien evoca la ciudad natal de su niñez con nostalgia, fijando así su propio lugar: "Todavía recuerdo con nostalgia esas mañanas cuando nos dirigíamos a pie rumbo a la escuela, alrededor de las 7 y media. La ciudad era suave y transparente, hacía un frío helado y el sol iluminaba las montañas. Apenas había coches y muchos niños nos dirigíamos solos a la escuela" (143). El pasado era mejor que el presente: "Los helados Holanda eran italianos y verdaderamente sabrosos, no como los helados de colores que se venden ahora en Plaza Universidad o en Perisur" (157). No obstante incomodidades como la falta de drenaje y de vías transitables, las emociones positivas suavizan el recuerdo: el hedor del exceso de agua en las calles lo cubre el olor maravilloso del árbol de hueledenoche; las molestias de no poder cruzar la calle inundada se borran ante la emoción de ser cargada en la espalda del tameme: "Nosotros pasábamos la calle sobre las espaldas del tameme, [...] cuando al olor del lodo se mezclaban el maravilloso aroma de los hueledenoche y los ladridos de nuestro General"

antifeminist impulse" (citadas por Greene, 296). También para *bell hooks* la nostalgia es contraproducente para la causa femenina; esta escritora incita a la rememoración activa, una "politization of memory that distinguishes nostalgia, that longing for something to be as it once was, a kind of useless act, from that remembering that serves to illuminate and transform the present" (*Yearning...* 147).

50. En el original inglés: "the selective emphasis on what was positive in the past".

(142). Los padres tienen recuerdos de la ciudad que refuerzan la nostalgia de la hija: cuando su madre recuerda al pueblo de Xochimilco que ahora forma parte de la ciudad, observa que "[...] entonces era muy grande, muy hermoso, lleno de flores y de canoas con verduras" (72).

La época en la que se sitúan esas memorias felices corresponde a la presidencia de Lázaro Cárdenas (1934-1940): "Mi infancia, la verdadera, transcurrió completa durante la presidencia del general Cárdenas" (142). Este presidente fue muy popular en el pueblo mexicano puesto que durante su mandato el país logró, por primera vez desde la revolución, una estabilidad política y comenzó muchas reformas esperadas por los revolucionarios.[51] Eran "los años hermosos en que gobernaba don Lázaro, justo medio año después de la expropiación" (147). La nostalgia que expresa en las páginas de su libro es también una crítica de la política actual del gobierno, tan distinta de la de entonces.

Glantz defiende su añoranza de la ciudad recordada aun en contra de la visión discrepante de José Emilio Pacheco en *Las batallas en el desierto* (1981). Confiesa que esta novela le provocó un sentimiento de desolación por su pesimismo ante el devenir histórico de la ciudad. Pacheco evoca una época posterior a la que Glantz recupera en sus memorias: ella habla principalmente de los años correspondientes a la presidencia de Lázaro Cárdenas (1934-1940), mientras que él se refiere al período de la presidencia de Miguel Alemán (1946-1952). No obstante, los dos hablan desde la perspectiva de los años ochenta y se refieren al pasado de la misma ciudad; las dos épocas –no tan lejanas entre sí– se funden en un solo "antes". Por lo menos así lo califica Glantz: "yo también oía la radio, o mejor la XEW [...]. También viajaba [...] con Flash Gordon hasta Mongo" (153-54). Pero mientras ella idealiza aquella ciudad del pasado, Pacheco la retrata como un lugar corrupto, cuyos habitantes cegados por las nuevas modas de

51. Gracias a la política del presidente Lázaro Cárdenas disminuyeron considerablemente los asesinatos políticos y se atenuó el caudillismo; cesaron también el hostigamiento de la Iglesia católica; se nacionalizó la mayoría de las vías férreas y el petróleo; se frenó considerablemente la invasión de la industria extranjera; se restableció el ejido; se reanudó la reforma agraria y se modificó la Ley Agraria; se crearon los sindicatos de campesinos y de trabajadores; se amplió la red de carreteras y se promovió el desarrollo de la cultura. Las características de los períodos históricos discutidas en esta tesis se pueden consultar en diversas publicaciones. En la elaboración de mis notas me apoyé principalmente en los textos de Meyer and Sherman, Krauze y Łepkowski.

consumismo se han vuelto receptores y reproductores de las ideologías imperialistas norteamericanas y se muestran desleales a las tradiciones propias. La política alemanista de la época descrita por Pacheco favorecía la inversión privada y trajo como resultado el desarrollo rápido de la industrialización, crecimiento de las ciudades y construcción de diversas obras públicas; por otra parte, ocasionó cambios en las costumbres de vida. El florecimiento de la inversión extranjera y los negocios con los norteamericanos produjeron, por ejemplo, el gusto por los bienes de consumo: juguetes, automóviles, aparatos electrodomésticos, etc., lo cual afectó muchas tradiciones mexicanas. Las habituales aguas frescas y las tortas fueron sustituidas por la Coca-Cola y las hamburguesas; la herencia indígena quedó despreciada.[52]

Glantz, como Pacheco, ve con ojos críticos la caótica urbe de ahora, por ello critica a las autoridades de su país que se jactan de liderazgo ante los otros países latinoamericanos, pero no resuelven los problemas de ingeniería y tráfico citadinos:

También Lima está horrible, también se destruyen calles en Buenos Aires y se tiran edificios *art nouveau* en Montevideo, pero esos son países que van en vías del desarrollo. También Caracas tiene embotellamientos y sus edificios se superponen a los árboles y las montañas (como nuestro Ajusco) desaparecen del horizonte, aunque pareciera imposible, pues

52. La Ciudad de México en la que transcurrió la niñez de Margo Glantz era todavía una ciudad tranquila, de tamaño mediano: en 1940, es decir cuando Glantz tenía 10 años de edad, el número de habitantes no rebasaba de 1.6 millones. Debido al dinámico desarrollo capitalista, comenzado con el gobierno de Miguel Alemán, la urbe sufrió una transformación dramática y profunda. Como resultado de las políticas que favorecieron la concentración de la producción industrial en la capital, la urbe multiplicó el número de habitantes en muy pocos años. A pesar de que José Emilio Pacheco es solamente 9 años menor que la escritora, cuando él alcanzó la edad de 10 años, la ciudad ya sobrepasaba 3 millones de personas. El período de apogeo económico de los años cincuenta y sesenta, conocido como el "Milagro mexicano", aumentó el proceso y llevó a una urbanización sin precedentes en el país. Para el año 1980, cuando comenzó la escritura de *Las genealogías*, la metrópoli contaba ya con más de 14 millones de habitantes. Resulta lógico que la capitalización y la rápida expansión del *habitat* repercutían en la calidad de vida de los citadinos. Entre otros aspectos, la industria manufacturera de bienes de consumo fue sustituida por la producción masiva, capaz de abastecer las necesidades de grandes números de personas.

Venezuela es apenas un país petrolero y el nuestro tiene muchos recursos (153).

No obstante, ella insiste en recordar la ciudad de antes, que para Pacheco es "maldita Ciudad de México. Lugar infame, Sodoma y Gomorra en espera de la lluvia de fuego, infierno donde sucedían monstruosidades nunca vistas";[53] insiste en recordarla como la región "suave y transparente", en la cual "hacía un frío helado y el sol iluminaba las montañas. Apenas había coches y muchos niños nos dirigíamos solos a la escuela" (143). Los lugares transitados por ella eran bellos, aunque no hubiera en ellos agua potable y la población sufriera de frecuentes inundaciones: "El mercado era hermoso. Cocinábamos en hornillas de carbón, y no teníamos agua. La comprábamos a los aguadores [...] Yo compraba chocolates de cereza en El Paraíso, tienda que lo será siempre en mi memoria. Era la perfección increada [...]" (144).

La razón para esa idealización es, como ella misma declara, "porque por encima de todo era un lugar geográfico llamado México que terminó". La discontinuidad es un aspecto de los *lieux de mémoire* señalado por Nora. El pasado perdido –y este es implacablemente el caso de la niñez– es irrecuperable. Ahora solo puede existir en la memoria y por eso "hay que recordar", como la narradora repite frecuentemente. Recordar la ciudad de manera idealizada es recuperar por un instante "ese pasado tan acariciado" que es la niñez; la nostalgia conjura el dolor de la pérdida. Pero aún más, la Ciudad de México es un lugar que Margo Glantz puede llamar suyo. Por ello, a pesar de coincidir con Pacheco en las quejas por el malestar que aporta la urbe de "ahora", no concuerda en todo con él y le replica: "puedo terminar este texto como termina el suyo José Emilio: 'de ese horror [¿]quién puede tener nostalgia?', pero yo le agrego la interrogación" (154).

Esta obstinada evocación de una Ciudad de México desaparecida podríamos llamar, siguiendo a Leo Spitzer, "nostalgia de resistencia". Glantz, como los protagonistas pintados por el austriaco, se empecina en sus recuerdos idealizados porque con ellos define su identidad, independiente de la de sus padres cuyas infancias y juventudes transcurrieron en otras tierras. Para ella, México es "mi tierra". Las palabras de Brushwood sobre las novelas mexicanas del período 1967-1982 son aptas para describir

53. Pacheco, José Emilio. *Las batallas en el desierto*. México, D. F.: Era, 1981; p. 50.

la autobiografía de Glantz; para la narradora, la Ciudad de México es "uno de los factores que procuran sostener la identidad contra el efecto corrosivo de la identidad inestable producida por la vida moderna" (26).

La metrópoli es el presente de la narradora, pero también es su pasado y la narradora desea preservar su memoria para el futuro. Al transitar por sus calles registra cómo se llaman los edificios, los barrios y las avenidas para que, tan siquiera, sus nombres perduren. Según dice, esos nombres "recuerdan la historia de la ciudad: La Corregidora, Soledad, Mesones, Regina, donde se instalaron las primeras casas de tolerancia después de la Conquista" (165). También reflejan el esfuerzo del gobierno posrevolucionario por impregnar la memoria de imágenes nacionalistas: la calle de Capuchinas cambió a Venustiano Carranza, La Piedad a Cuauhtémoc, Niño Perdido a Lázaro Cárdenas, etc. (130). Además, Glantz cuenta el aporte de la cultura judía a esta ciudad: la construcción de la sinagoga y del panteón judío, y la fundación de algunos periódicos (100).

La labor de documentación está relacionada con la conciencia del paso del tiempo y del olvido. Un ejemplo explícito de ello es la conversación con su padre, que Glantz reconstruye en una de las últimas etapas de la vida de este. Según se percibe, la memoria de su progenitor es ya errante y tiene lagunas. En sus recuerdos, el hombre se repite, se le cruzan algunas memorias con otras que las contradicen y no concuerdan cronológicamente (79-82).

Los personajes-símbolo de la historia mexicana y latinoamericana

Los *lieux de mémoire* que encarnan los personajes-símbolo del descubrimiento de América y la Conquista –Cristóbal Colón y Hernán Cortés– también atañen a su identidad mexicana. Estas figuras establecen para Glantz una especie de parentesco con ellos por la similitud de sus experiencias. Los dos sirven primero de modelos de referencia e identificación para el padre: "Todo emigrante que viene a América se siente Colón y si viene a México quiere ser Cortés. Mi padre prefirió a Colón y como Carpentier, escribió un poema épico lírico sobre el navegante genovés" (109).[54] Luego los adopta como modelos la hija, empero su identificación lleva tonos de parodia y humor:

> Dos veces en mi vida me he sentido Colón [...]. La primera, cuando viajé al Cercano Oriente con Paco López Cámara y solo teníamos una beca [...] y tuve un acceso de escorbuto, y la otra cuando atravesé el puente de Verrazano Bridge, aunque nunca he podido pronunciar con propiedad las *ees* y las *is* inglesas y nunca me entienden los vigilantes de la policía estadounidense. Afortunadamente, en esa ocasión se trataba de bridge y no de sheet [...]. (135-36)

Margo Glantz se siente Colón sobre todo cuando hace su propio viaje de descubrimiento a Rusia,[55] o sea un viaje en sentido inverso al del capitán genovés:

> Sí, fui a Rusia para convertirme en la primera persona de la familia (mexicana) en rehacer el trayecto para repasar las huellas que mis padres dejaron [...]. [M]is hermanos me miran y me dicen que soy valiente: aventurarme así y elegir expediciones tierra afuera es siempre una marca de descubridores y como siempre y por variar soy Colón, quien al igual que mi abuelo Osher o mi abuelo Mijail, preside las navegaciones. (171)

Compararse con uno de los personajes clave de la historia occidental quizás le parezca a Glantz mucha transgresión. La narradora no solamente rebasa los límites de la modestia, sino que otra vez se adueña del papel que no le corresponde por su género: los descubrimientos han sido tradicionalmente la hazaña de los hombres. Posiblemente por esta razón, para hacer aceptable su osadía, hace la comparación de manera humorística:

> [T]odas las mujeres tenemos algo de Colón (o mucho): todas tenemos que ver con el huevo, a todas se nos ha ocurrido, antes que a Colón, resolver el famoso enigma placentario. A todas se nos ha pasado, si no

54. Esta idea también aparece en Verena Dolle, "La construcción ..." (154).

55. Tras la autora, uso el nombre popular con el que se denominaba en español a la Unión de Repúblicas Socialistas Soviéticas (URSS) en los años correspondientes al viaje de Glantz (presumiblemente 1980 o 1981). Ucrania comenzó a formar parte de la URSS después de la Revolución Rusa de 1917 y permaneció así hasta el año 1991, en el que recobró su independencia.

> por la cabeza, sí por otra parte, resolver prácticamente la dicotomía y hemos conjuntado huevo y gallina hasta en la escritura. (136)

Una vez adoptado el tono del humor, la narradora lo aprovecha para apropiarse de otros terrenos, de los que tampoco le corresponde hablar por ser mujer: la insinuación del interés sexual femenino, al que aluden las asociaciones de las palabras en el fragmento.

También la comparación con Cortés está hecha con humor. La narradora relaciona su propia hazaña de circular por las embotelladas avenidas de la ciudad con la conquista de hace varios siglos: "Decidirse tomar por la calzada Ermita Iztapalapa, pasar por la Villa, seguir un largo trecho y entrar por la calzada R. Gómez y llegar, por fin, pasando por varias fábricas de transnacionales, hasta la UAM (Universidad Autónoma Metropolitana) de Iztapalapa es casi ser Cortés. Y así me siento en femenino [...]" (137-38).

La autora-narradora emplea lo carnavalesco porque le permite individualizarse y narrar las historias desde una perspectiva no tradicional, subjetiva, femenina. Según afirma Elżbieta Skłodowska, la parodia "[se] convierte en un recurso idóneo para cumplir con los objetivos del discurso femenino".[56] No obstante, este entramado o *emplotment*–según la terminología de White– Glantz se identifica con las figuras que personalizan la memoria cultural mexicana. Cabe anotar que se trata de las figuras masculinas. De esta manera se apropia de la historia del país, androcéntrico por tradición, y encuentra una continuidad –primero para su padre y después para ella. Gracias a esta estrategia la historia cultural mexicana constituye otra de sus genealogías *sui generis*.

El resultado del proceso de recordar

Al término del libro la narradora se encuentra en Acapulco, recién regresada de su viaje a Rusia. Es allí donde su autoconstrucción alcanza el punto final, estableciéndose en su cuerpo. En estos últimos capítulos el proyecto de identificarse con las dos culturas, que le ha ocupado gran parte del

56. Skłodowska, Elżbieta. "La parodia en la nueva novela hispanoamericana (1960-1985)". *Purdue University Monographs in Romance Languages, v. 34*. Amsterdam: J. Benjamins Pub. Co, 1991; pp. 143-144.

libro, parece dejar de preocuparla. Solo queda una reminiscencia de ese proyecto, visible en su recuerdo del judío que conoció en Ucrania. Su atención, en cambio, se vuelve a las sensaciones de su cuerpo:

> Estoy en Acapulco, pienso en Perelman, en su Kiev natal repleto de álamos y de castaños, cerca del Dniéper; yo sentada sobre unas rocas en la playa La Condesa [...]. Pasan unos lancheros muy quemados, casi negros, habituales, con el pelo oxigenado por el aire marino [...] y en ese momento pasan unos muchachos güeros, muy bronceados, ("Skol? ¿Aceite de coco?"). El mar me baña, también a ellos y llena de espuma las pepsicolas que están bebiendo, ríen, son hermosos, visten unos semibikinis rojos [...] el mar sigue bañándome, dejándome un sabor salado en la boca y arena en los ojos y en el traje; orino, feliz, me siento parte del mar, estoy en el origen, me asumo en él y las olas lamen mis muslos. (¡Qué padre!, decirlo así, tranquilamente, cursimente, por fin algo vivo y salado me lame los muslos). (173-174)

La concentración en sus percepciones eróticas y fisiológicas le aporta un sentimiento de alivio y felicidad. Parece liberarla de su sublime y compleja tarea intelectual de construir su identidad en referencia a las culturas nacionales. Estando en el agua se siente "en el origen", sin necesidad de definiciones. La conciencia de su cuerpo le aporta el sentimiento de estabilidad. Este sentir es quizás producto de su catarsis autobiográfica. Después de revisar los sitios de la memoria relativos a múltiples grupos puede permitirse abandonar el tema y concentrarse en su físico, aunque de manera un tanto burda. Cuando se observa en el espejo, se compara con otras gentes en la playa y por fin se acepta. Se mofa de su perfil, su cuerpo "agrasado" y sus pechos caídos, pero su aspecto físico ya no es motivo de su inconformidad. Se calma y la narración concluye con una poética expresión de satisfacción por el establecimiento de la subjetividad, en la que la narradora se muestra integrada con la naturaleza:

> Voy a la playa. Ya es de noche. El mar aligera los recuerdos y la brisa. [...] me conformo con la arena y con la espuma [...], rehago mentalmente mis genealogías, recapitulo, es hora de darles un punto, si no aparte, al menos suspensivo [...]. (183)

La mención del "punto suspensivo" sugiere que la tarea de precisar su identidad ha concluido por el momento –como autodefinición textual–

pero no queda fija para siempre. Un ser humano razonable es una persona en proceso de formación: una persona que juega papeles diferentes en sintonía y armonía con el ambiente cambiante. Una de las características del individuo sano es su habilidad de adaptación al ambiente y eso requiere de una flexibilidad y no de una identidad fija. En la persona de Margo Glantz confluyen múltiples elementos culturales que la hacen parte de varias comunidades, pero no se excluyen. Estos simplemente existen y para sentir la unión con ellos solo "hay que hacer memoria" porque "el linaje y la falta de linaje son relativos", como ella misma observa en otra parte del libro (48).

La lectura de *Las genealogías* indica que recordar no es una restauración de la identidad original que alguna vez se tenía, sino que es un proceso continuo de *rememoración*. En su actividad de búsqueda de la continuación Glantz integra el concepto de Foucault, para quien la genealogía consiste en la constitución de conocimiento, apropiación de los discursos, etc., sin la necesidad de hacer referencias lineales al sujeto trascendental a través de la historia.[57] Para identificarse, Glantz se sitúa en el contexto familiar judío por un lado y en el nacional mexicano por el otro. Su intención la lleva a explorar diversos *lieux de mémoire* que comparte con los dos grupos. Sus recuerdos privados, familiares, se cruzan con los sitios de la memoria colectiva de las comunidades con las que está relacionada por el hecho de haber nacido dentro de una de ellas y por vivir en el espacio de la otra. Ella se encuentra en una relación doble hacia la memoria cultural de ambos: por un lado, la hereda, por el otro, la reelabora.

Los sitios que conectan a Glantz con la cultura judía vienen por medio de los recuerdos de sus padres, que ella reescribe, completa con el

57. Michel Foucault sostiene que la búsqueda de los orígenes destapa un pasado plurificado, a veces contradictorio, con señas de influencias ejercidas por la hegemonía. La genealogía, según el filósofo, deconstruye las verdades, descubriendo que estas son respaldadas por la operación del poder o por las consideraciones del interés (*Language, Counter-Memory, Practice: Selected Essays and Interviews*. Ithaca, N.Y.: Cornell UP, 1977; 139-164). Tomando en cuenta el amplio conocimiento de Margo Glantz de las teorías filosóficas, quien además de ser escritora, es también una reconocida académica y ha escrito decenas de ensayos, es altamente probable que el título de su obra contenga la sugerencia de que se le asocie con la idea de este pensador. En todo caso, su idea es apta para pensarla como una de las razones por las que Glantz expresara su título en plural.

conocimiento de otras fuentes y comenta en su libro. Con la *posmemoria* referente al pasado familiar en Ucrania no solamente registra la historia privada, sino que graba la historia colectiva de los judíos marginados y perseguidos en la época posrevolucionaria en Europa Oriental. De esta manera la rememoración personal que hace en el texto se convierte en un acto de la memoria cultural de la comunidad judía.

A este acto contribuyen también los documentos personales y las fotografías familiares. Estos "cachitos de vida" son tanto pruebas de la existencia del pasado, de los recuerdos familiares y de la verdad de lo que cuentan sus padres, como portadores de información sobre el modo de vida del grupo semítico, primero en Ucrania, luego como inmigrantes en México. Además, según las observaciones de la misma autora, las diferencias entre las imágenes más antiguas y las más modernas contienen también datos sobre el desarrollo de la técnica fotográfica. Muchos de esos recuerdos –privados desde la perspectiva de la narradora– formarán parte de la colección del museo judío como parte representativa de la "posmemoria" de este pueblo.

Las costumbres culinarias y el tradicional humor de los judíos son quizás los sitios de la memoria cultural que quedaron arraigados más profundamente en la identidad de Margo Glantz en tanto que fueron adoptados inconscientemente. Su contacto natural con ellos la confirma en su *judeidad*. Aun a pesar de que ella misma no hace comentarios sobre su herencia del temple autoirónico de los semitas europeos orientales y, a pesar de que cree haber fallado en la transmisión de las tradiciones de cocina, en realidad no interrumpe la tradición. Continúa el genio de su padre y de su abuelo, así como –usando la voz y el conocimiento de su madre– disfruta de la comida "típica" judía y transmite la memoria culinaria al incluir las recetas en su libro. Con ello mantiene viva la memoria cultural de esta comunidad, pero también contribuye a la cultura mexicana.

El lugar que ancla a Glantz en el contexto nacional es sobre todo la Ciudad de México. Su obstinada nostalgia por la ciudad de su niñez es una práctica en la que la narradora establece un sitio en la tierra que puede identificar como "mi tierra", por usar la expresión de Brushwood. La suya es una nostalgia de resistencia que le permite gozar del privilegio de sentirse parte de la comunidad mexicana, para la cual es hipotéticamente ajena por la otredad de su familia. Por eso ella persevera en retener la imagen de esa ciudad de su niñez como el lugar ideal aun a pesar de las evidencias de que esta distaba mucho de la perfección. En su libro recuerda cosas relacionadas con la vida de la ciudad y del país de la época de su niñez, así como del momento de la escritura: los nombres de los cines, edificios y calles, las películas y los programas de la radio, las reformas gubernamentales, las golosinas para niños, las lecturas que hacía, etc. Estos recuerdos son personales, pero también contribuyen a la memoria cultural mexicana, siendo compartidos por su generación.

Glantz se reconoce como heredera del patrimonio mexicano y latinoamericano cuando se identifica con Colón y Cortés, figuras que personalizan parte de la historia de este lado del mundo. Aunque lo hace de manera paródica, estos personajes-símbolo son referencias que la conectan con la historia del lugar donde vive. Igualmente se reconoce como continuadora de la cultura local cuando se describe como una de las mujeres de las pinturas nacionalistas del gran muralista Orozco. Su autodefinición como mexicana y latina se reconfirma cuando al final se ve reflejada en su hija, su continuación natural, "convertida en una Lolita cualquiera" (183).

La memoria cultural tanto del grupo judío como del mexicano implica también "recordarse" en el papel genérico. Margo Glantz ha negociado su derecho de escribir la autobiografía ocultando su género tras la personalidad del padre. Por un lado, recordar a su padre –poeta y escritor, amigo de los famosos artistas judíos y mexicanos– le aporta un contexto. Con ello la autora logra construir una continuidad –su "genealogía"– literaria. Por el otro lado, la identificación con él supone negociar "el perdón": por atreverse a hablar de lo privado usando el lenguaje que según la ley de la sociedad patriarcal en la que vive es la herramienta masculina y por la parte "no mexicana" de su identidad. A pesar de ello la verdadera protagonista de esta obra es ella misma. Coincido con Jorge Ruffinelli en que "no es necesario convocar permanentemente al yo para hablar sobre sí mismo. Somos ante todo lo que nos hizo ser".[58] La posición del padre en el orden falocéntrico y su visibilidad pública proporcionan a la hija un argumento suficientemente importante para permitirle al lector la entrada en su mundo, siendo este un terreno compartido por los dos. Aunque tiene que narrar su vida como una intrusa, trenzándola con la

---

58. Ruffinelli, Jorge. "Al margen de la ficción: Autobiografía y literatura mexicana". *Hispania*. 69.3 (September) 1986; p. 515.

de su padre, Glantz puede exhibir lo privado, presentar su universo a la consideración de los lectores y compartirlo con ellos.

La ingeniosa estrategia de enfocar la figura masculina le permite indagar sobre sus orígenes sin transgredir demasiado las reglas patriarcales, pero también le da flexibilidad para subvertir el discurso masculino e identificarse con lo femenino. A pesar de su anuncio de seguir las huellas de su padre, dedica mucha atención a su madre. También, una vez concluida su tarea de definir sus filiaciones culturales, habla más claramente de su identidad genérica y del deseo erótico. La maestría que demuestra Margo Glantz en el manejo de la memoria textual en *Las genealogías* la confirma como continuadora y descontinuadora de las culturas judía y mexicana a la vez. Si bien es cierto que es "una judía diferente" y "una cristiana subrepticia", su habilidad de relacionar los recuerdos personales con la memoria cultural de ambas comunidades la inviste de poder para mantener las dos identidades juntas.

Con su propia voz: extractos de las conversaciones con Margo Glantz

En sus textos se nota mucho interés por el pasado. ¿De dónde viene este interés?

Bueno, en este libro (*Las genealogías*), como se da cuenta, escribo sobre la historia de mis padres y también sobre la historia de sus padres que vivieron en Ucrania. Yo quería escribir sobre su vida allá y luego su llegada a este país, su encuentro con la otra cultura, la otra lengua, etc., el nacimiento mío y de mis hermanas aquí, la diferencia flagrante y el contraste que se marcaba entre el pasado de mis padres y mi propio pasado. Un pasado que no era solo el tiempo, sino también el territorio, un pasado geográfico, un pasado cronológico y un pasado lingüístico, que yo tenía que recuperar. Es natural.

No todos son tan meticulosos sobre el pasado. Según he visto en los Estados Unidos, donde yo vivo, mucha gente de segunda generación ya no tiene idea de dónde eran sus padres, ni qué idioma hablaban. No les interesa.

Es diferente en los Estados Unidos, donde los inmigrantes tenían la necesidad de incorporarse inmediatamente al país y los hijos de ellos trataban de no apegarse al pasado sino al futuro del país al que habían llegado. Cuando yo empecé a escribir sobre el pasado, mis padres ya estaban muy viejos. De hecho, mi padre murió como a los dos meses después de que yo publicara *Las genealogías.* Tenía más de ochenta años y ya estaba muy enfermo. Yo escribí primero en un periódico, por entregas. En este tiempo él todavía estaba bien. Tenía muy buena memoria y recordaba perfectamente bien muchas cosas de su pasado, pero luego le vino una embolia mientras yo estaba justamente en la Unión Soviética, en Ucrania, tratando de conocer el país donde ellos habían nacido y también tenía que encontrarme con familiares míos allá en Odessa y en Leningrado, que antes era San Petersburgo. Tuve esa oportunidad de ir y la tuve que aprovechar; fui la única de mi familia que fue a la Unión Soviética y conoció el lugar donde habían nacido mis padres. Pero cuando yo llegué, ya no llegué al país que tuviera que ver con mis padres. Era y no era: todavía tenía los monumentos históricos que yo recordaba de las películas como *El acorazado Potemkin*, donde estaban las escaleras de Odessa, etc., pero en ese sentido era una memoria falsa porque era una memoria que provenía de una nueva cultura y de una película. Y mi mamá nunca me habló de eso. En realidad, mi madre hablaba muy poco del país donde había nacido. Mi padre también hablaba poco. Él escribía versos. Escribía en yiddish. Era el idioma que hablaban entre los dos. También hablaban en ruso. Yo no entendía ninguno de los dos idiomas. Mis padres cuando hablaban de su infancia o de su territorio en que habían crecido, yo no tenía con eso ningún contacto real.

¿Fue lo que impidió que sintiera ese territorio como un poco parte suya?

Bueno, si era una parte de mis padres y yo era hija de ellos, de alguna manera yo tenía que ver con eso. Hace poco me encontré en Nueva York con un chofer rumano que había inmigrado a los Estados Unidos hacía como veinticinco años durante la época comunista y que tenía hijos que habían nacido ya en los Estados Unidos, y para él eran completos desconocidos porque no tenían nada absolutamente que ver ni con el idioma, ni con el país, ni con las inquietudes, ni con los problemas de los padres. Entonces me decía que mejor se regresaba a Rumanía. Pero yo le dije que entonces iba a regresar a un país que tampoco va a reconocer porque ese ya cambió, y que mejor que se quede ya en los Estados Unidos, que por lo menos conoce. Pero él decía que ya no tenía nada que ver ni con sus hijos, ni con su exmujer y además vivía una memoria falsa. Qué triste, ¿no? Pero nosotros en México, sí teníamos interés en el pasado de nuestros padres. Probablemente por el tipo de la emigración. Creo que la cultura de los Estados Unidos es una que devora a sus inmigrantes. Es un país que pone mucha presión en sus inmigrantes que tienen que apurarse para integrarse al país. Aquí también, pero creo que hay más posibilidades de mantener ciertas características. Cosas que en los Estados Unidos los inmigrantes viejos también trataban de mantener, pero los hijos trataron de no mantener.

Usted se integró muy bien con la cultura.

Sí, con la mexicana y con la judía, y de origen ucraniano. Yo no niego ninguno de mis orígenes. Yo estoy completamente consciente de ambos, los respeto y me siento descendiente de dos tradiciones por lo menos.

Usted como académica ha hecho mucha investigación histórica sobre las historias de México. En varios de sus textos habla de Sor Juana y de otros personajes. Pero este libro es diferente.

Sí, yo creo que este libro es mucho menos académico que cualquiera de mis libros. Porque es un libro más bien doméstico. Yo trataba de averiguar lo que eran mis padres desde el punto de vista más entrañable y más íntimo, que no tenía nada que ver con la academia, aunque de repente la academia aparece porque es natural en una familia más o menos letrada: mi padre era poeta, mi madre era una mujer muy culta y yo me crié desde niña, y mis hermanas también, en una casa donde teníamos libros siempre. La cultura se impone, pero se impone como una doble cultura, entonces están presentes ambas. Y claro, de repente emergen fragmentos en donde la cultura reaparece. Pero no era mi intención primera. Mi intención primera era reconstruir de alguna manera un pasado que era el de mis padres, pero por otro lado es un pasado marcado profundamente por una mirada, que es la mía propia. A pesar de que hay toda una serie de cosas que provienen directamente de mis padres, porque es un libro hecho con grabadora. Son transcripciones de la grabadora, la mayor parte de los textos. Tiene mucho que ver con ellos, con su forma de hablar el español, que no lo hablaban muy bien, etc. Pero también tiene mucho que ver con la organización mental que le dio la estructura al libro.

Y allí mismo aparece usted misma, como por detrás de la grabación de sus padres. Más al final, que es cuando se adueña del texto. Es interesante cómo empieza usted con la figura de su padre, pero poco a poco va saliendo la imagen de su madre, lográndola cada vez más firme. ¿Podemos considerar que usted siempre expone la figura de la mujer, la realza a pesar de las otras figuras de las que habla?

En mi familia éramos cuatro hermanas y mi madre, y mi padre como el único varón de la familia. Era complicado para él y complicado para nosotras. Mi padre fue una figura muy importante para mí y yo creo que yo fui su hija preferida. Eso fue una cosa negativa y positiva para mí: tuve un gran Edipo y hasta más tarde, cuando ya fui madre yo, comenzó mi madre a significar más y más para mí y poco a poco la fui respetando y amando más. La amaba siempre, pero fui tomando más consciencia de ese amor y de esa figura tan entrañable: una mujer de gran entereza, muy inteligente, muy fina, muy bella de joven. Tenía muy buen gusto, era una mujer discreta que tuvo una vida difícil, nunca volvió a ver a sus padres, ni a sus hermanos, ni volvió a ver su ciudad natal. Bueno, mi padre tampoco. Pero yo creo que fue una figura capital en mi vida y en la vida de mi padre porque sin ella yo creo que todos hubiéramos ido al garete.

¿A su madre le gustó la idea de que usted se hiciera escritora?

Yo empecé como académica. Fue algo casi natural. Comencé en París. Trabajé en el departamento de historia, investigando sobre los viajeros franceses que venían a México en el siglo XIX. Hice mi doctorado en París. Cuando regresé a México, ingresé en la Facultad de Filosofía y Letras, pero empecé a trabajar en el departamento de teatro, donde di clases de arte dramático. Con el tiempo, conseguí dar cursos de literatura. Primero en la Escuela Preparatoria Nacional y luego empecé a dar cursos de literatura latinoamericana y comparada en la facultad de Filosofía y Letras. Con el tiempo también empecé a dar literatura mexicana del siglo XIX y XX. Seguí también con la literatura colonial. Luego me especialicé en Sor Juana. Y bueno, la literatura mexicana y la carrera académica son muy importantes para mí.

La Ciudad de México parece ser muy importante para usted. En su libro registra la vida de la ciudad con mucho detalle.

Mi familia nunca tuvo demasiada bonanza económica. Este hecho, como puede ver en Las genealogías, nos obligó a mudarnos de barrio en barrio de la Ciudad de México. Cuando mi padre llegó aquí, la ciudad era muy pequeña, ahora ya es un monstruo, pero al crecer yo, fui conociendo diversos lugares de la ciudad que influían mucho en mi vida cotidiana. Es decir, en aquella época no se usaban los coches personales, los coches privados, sino que se viajaba en autobús o se marchaba a pie, así que conocíamos muchos barrios de la ciudad. Ahora desde hace muchísimos años vivo en Coyoacán y no me muevo mucho de aquí, pero de niña recorría toda la ciudad. Indirectamente, cuando uno lee el libro se da cuenta que la ciudad es muy, muy importante, pero es que es parte de la vida de uno, no es intencionalmente, o sea no es consciente.

En sus textos se detecta mucho humor. Lo usa hasta en sus títulos. ¿Cómo lo explica?

Bueno, yo creo que es cosa de familia. Mi padre tenía mucho sentido de humor. Mi madre tenía un sentido de humor más secreto, pero muy, muy importante. Mis hermanas también lo tienen. Creo que hay una tradición de humorística judía. Ha habido escritores humoristas judíos. Como Kafka, que escribía con mucho humor, ¿no?

Es un humor muy peculiar.

Dicen que escribía para que la gente se riera, pero también para que la gente viera. Para eso también le servía el sentido del humor. Depende de las personas. Pero yo creo que a mí me viene de mi familia.

Dicen algunas malas lenguas que las mujeres no tienen sentido del humor. Usted que escribe mucho de las mujeres, ¿cree que las mujeres no tienen sentido del humor?

No creo que las mujeres estén exentas de nada. Probablemente la necesidad de insertarse en un mundo que no era femenino y que era como patrimonio masculino, como lo era el mundo de la literatura, obligó a las mujeres por un lado a trabajar mucho la vida cotidiana e íntima, y por otro lado, quizás darle un sentido más dramático a esa vida cotidiana que no es épica. Al contrario: muy pocas veces las mujeres tienen una vida épica, aunque cuando participan en la guerra, por ejemplo, hay mujeres tan entrañadas en México y tan poco reconocidas hasta hace muy poco tiempo como Nelly Campobello, que en sus escritos sobre la Revolución Mexicana tiene un sentido del humor impresionante. Es un sentido del humor que está vinculado con la muerte. Entonces yo realmente creo que decir que las mujeres no tienen sentido del humor es un estereotipo. Probablemente en la producción de escritura femenina de los últimos tiempos habrá menos mujeres que tengan sentido del humor, pero creo que lo irán teniendo cada vez más, ¿no? Ahora que lo pienso bien, creo que, por el contrario, las mujeres tienen mucho sentido del humor. Como Nelly Campobello que ya le dije o Elena Garro que tiene muchísimo sentido del humor.

En la academia norteamericana se habla mucho de las tradiciones de escritura femenina. ¿Usted considera que existe tal tradición en México?

Bueno, me gustan mucho estas ideas. Ahora tenemos que replantearnos esa tradición y a replantearnos la idea de la genealogía femenina porque constantemente nos olvidamos de las mujeres. En México cada vez hay más retroceso en este aspecto. Las mujeres tienen cada vez menos posibilidades de expresarse, cada vez hay más violencia física y psicológica contra las mujeres. Por eso sí, es importante que las mujeres nos asentemos en un terreno firme en donde las tradiciones y las genealogías tengan una vigencia relevante. Sin que esto impida sentir la tradición de las escrituras mucho más amplia. Yo leo muchísimo.

¿Usted se siente parte de la cadena de las escritoras mexicanas?

A mí me parece que en la tradición mexicana hay mujeres de una importancia enorme que por alguna razón no tienen la visibilidad suficiente, que es una tradición paternalista que sigue existiendo muy violentamente. Por ejemplo, acaba de entregarse el XIX Premio de la Feria de Guadalajara de Rulfo y de diecinueve premios ha habido dos mujeres nada más. Pero en América Latina hay muchísimas mujeres que lo merecen, hay unas mujeres extraordinarias, unas poetas, por lo menos seis que son de una altura increíble. Además, tienen también gran sentido del humor.

¿Mantiene contacto con otras escritoras? ¿Qué tal la generación más joven?

Sí, mucho. Por cierto, hace dos meses fui miembro de un jurado de un premio que se instituyó por la muerte de una joven escritora que estaba juntando apenas las primeras páginas y se murió casi ahogada: una ola le rompió la columna vertebral. Tenía treinta años y empezaba a escribir muy bien, y entonces su marido, que es un escritor norteamericano muy importante, Frank Goldman, instituyó premio en su memoria. Yo fui la presidenta del jurado y estuve con otras cuatro mujeres, mucho más jóvenes que yo: la que seguía en edad, que es mucho más joven que yo, Cristina Rivera Garza, que es una escritora muy importante, y las otras aún más jóvenes, pero son todas escritoras de mucho talento y yo mantengo contacto con ellas. Y con muchas más.

¿Cree que la escritura de usted y la investigación que usted hace también las influye a ellas?

No sé. Creo que lo que escribo tiene alguna importancia y la gente lo lee, pero creo que me leen mejor fuera de México. Donde creo que más influyo es en mis estudiantes. Yo llevo cincuenta y algo años enseñando y tengo muchos alumnos y alumnas que son ahora ya profesores en la universidad. Gente que ya casi tiene mi edad y que fueron mis alumnos. Hay muchas mujeres. La carrera de filosofía y letras se está volviendo cada vez más una carrera femenina.

¿Qué lecturas de niña o de jovencita le influían más?

Mis lecturas fueron muy mezcladas porque mi padre tenía una biblioteca bastante amplia, pero muchos textos venían en ruso o en yiddish. Tenía también mucha poesía en español. Muchas antologías que yo leía. Tenía a Shakespeare, tenía Calderón de la Barca, tenía mitología griega, recibía periódico de la Argentina, tenía sus momentos literarios muy inteligentes, que los veíamos mis hermanas y yo. Desde muy niña yo empezaba a leer todo lo que me caía en las manos. Leí mucho Julio Verne, Alejandro Dumas, muchos libros de aventuras, novelas rosa. Pero muy pronto también ingresé a un movimiento sionista y socialista, y tenía una biblioteca ambulante muy importante, y empecé a leer literatura norteamericana y literatura alemana –leí a Tomás Mann, a Kafka en una traducción de Borges: la *Metamorfosis*, que leí a los quince años. Leí a Faulkner y a muchos de los escritores de los cuarenta y cincuenta de los Estados Unidos. Leí también a muchos de los escritores que tuvieron que emigrar de Europa por el nazismo: a Hermann Broch, a Thomas Mann y más. Leí mucha literatura francesa también a los veinte años o poco antes quizás: a Flaubert, a Balzac, ya más tarde leí al que fue importantísimo para mí, Marcel Proust. Lo leí como a los veinte años, pero no le entendí o no me interesó, pero cuando lo volví a leer como cinco años después, me causó mucho impacto. Costard, Shaw, Voltaire, Diderot. También *La princesa de Clèves*, de Madame de La Fayette. Luego me pasé cinco años en Francia. Desde el punto de vista teórico, fue muy importante para mí Roland Barthes, quien ya era conocido en Francia cuando yo llegué en el '53 y él escribía para el teatro. Así que yo lo leí desde el principio.

Y cuando Foucault publicó su libro sobre la locura,[59] lo leí enteramente en francés porque yo estaba suscrita a un periódico francés, y fue muy importante para mí teóricamente. Y bueno, ahora leo muchísimo y a muchos autores, todo depende mucho de la época en que estoy leyendo.

Usted estaba en una situación privilegiada. Por lo menos en los cincuenta, pues no toda la gente tenía acceso a tanto libro y todo este ambiente de cariño a la literatura.

Mi familia, cuando yo era niña, tenía muchos problemas económicos, pero mis padres estaban vinculados a la costura y viajaron con muchos libros, y cuando nos mudábamos de casa, que nos mudábamos a cada rato, yo creo que siempre venían llenos de libros. Era algo muy recurrente que no teníamos muchas cosas, pero los libros los había siempre en la casa. Mi padre estaba muy vinculado y mi madre también estaba muy vinculada. En este sentido sí, fuimos muy privilegiadas. Y luego tuve la oportunidad de tener acceso a bibliotecas ambulantes que me prestaban libros como los prestan en los Estados Unidos o en Inglaterra, entonces yo podía leer los libros que yo quería porque había muchos que me atraían mucho.

Entre los nombres que usted menciona, no hay muchas mujeres escritoras. En todo caso, antes de los setenta no se habían publicado muchas.

Pero hay algunas muy importantes. En España ya había María de Sayas en el siglo XVI, en Inglaterra, la hermana de Shakespeare, varias francesas en el siglo XVII, XVIII, XIX. Desde luego que había menos mujeres que hombres, pero hay una tradición de escritura femenina importante.

¿Y en México? ¿Usted cree que el factor principal es la necesidad de ocuparse de la casa, de los hijos, etcétera?

Yo creo que es más fácil en la clase media y es porque se tiene más ayuda familiar: con los hijos, etcétera.

59. Foucault, Michel, *Historia de la locura en la época clásica*. Título original en francés: *Folie et déraison: Histoire de la folie à l'âge classique* (1961).

Capítulo 2

Contradiciendo el discurso dominante: *Arráncame la vida*, de Ángeles Mastretta

Introducción

La memoria no solo tiene la capacidad de construir y sostener la conciencia y el conocimiento de las personas, discutida en el capítulo anterior, sino que también puede servir al propósito de responder al discurso dominante. Tales instancias suelen ocurrir en los regímenes autoritarios, donde las versiones del pasado acostumbran ser uniformes, sin embargo, no lo son. Según las explicaciones de Antonio Gramsci, esos regímenes no requieren del uso de la fuerza para ejercer el poder. La hegemonía se sostiene por el poder que un grupo o clase social ejerce sobre otros al permear con su ideología todos los estratos sociales. Tal grupo se adueña del liderazgo intelectual y moral, y su poder se lleva a cabo por medio de la coacción y consentimiento más que por el uso de la fuerza.[1] Los que están en el poder procuran homogeneizar la historia y silenciar las voces discordantes, alejando los recuerdos que no convienen a sus intereses políticos. La memoria que emplean es altamente selectiva, retiene solamente lo que le conviene a la hegemonía y suprime o silencia lo que podría constituir una amenaza para su existencia.

1. Bates, Thomas R. "Gramsci and the Theory of Hegemony". *Journal of the History of Ideas*. 36, 2 (Apr.-Jun. 1975); pp. 351-366.

El pasado, sin embargo, no se evapora y la verdad no es unívoca. No se pueden silenciar totalmente todos los recuerdos incómodos. El pasado persiste, puede ser recuperado y puesto en evidencia. Cuando esto sucede, se produce un discurso contrario al hegemónico o –adoptando la terminología de Michel Foucault– un contradiscurso.[2] Cuando los silenciados comienzan a hablar, observa el filósofo francés, entran en una dinámica de resistencia ante el poder que los oprime. Hablar se convierte en un acto político que altera su estado de subalternos. La memoria deviene en este caso como problema, como sitio y vehículo de la conmoción cultural.

Los contradiscursos también se sustentan en la memoria: en la forma marginalizada, suprimida, liminal de esta. Rescatarla puede resultar peligroso, como observan Lourie, Stanton y Vicinus: "decir lo que es, lo que va a ser y lo que ha sido antes"[3] es pedir cuentas al pasado, lo cual puede subvertir y hasta transformar el régimen actual. Paradójicamente, según señala Richard Terdiman, los contradiscursos revelan más vigor y potencial de cambiar el mundo, que sus oponentes: "El privilegio de los contradiscursos es el anverso de su limitación: porque no se han vuelto todavía triunfantes ni transparentes, tienen un poder analítico y una capacidad de reorientar la percepción y la comprensión que sus dominantes antagonistas no pueden mostrar".[4]

En la literatura mexicana de la segunda mitad del siglo XX surgen muchos textos literarios escritos por mujeres que cuestionan las narrativas oficiales y culturales sustentadas por los escritores posrevolucionarios. Una de las características de estas obras es hablar desde el otro lado del

2. Deleuze, Gilles y Michel Foucault. "Intellectuals and Politics". *Language, Counter-Memory, and Practice.* Ed. Donald F. Bouchard. Ithaca: Cornell UP, 1977; 205-17.

3. Lourie, Margaret, Domna C. Stanton y Martha Vicinus, eds. "Women and Memory". *Michigan Quarterly Review.* 26.1 (Winter 1987, Spec. issue); p. 3. La traducción del inglés es mía. Cita original: "to tell what is, what is to be and what it was before now".

4. Terdiman, Richard. *Discourse/Counterdiscourse.* Ithaca: Cornell UP, 1985; p. 19. La traducción del inglés es mía. Cita original: "The privilege of counterdiscourses is the obverse of their limitation: because they have not yet become triumphant or transparent, they have an analytic power and a capacity to resituate perception and comprehension that their dominant antagonists cannot exhibit".

discurso hegemónico, patriarcal y oficial, subvirtiendo sus valores. Hacer memoria es un factor esencial en esta empresa, puesto que es el medio de enfrentamiento con las exclusiones y las marginalizaciones del pasado. Es por medio del recuerdo que muchas protagonistas y narradoras de los textos femeninos se conectan con los "sitios de la memoria", tanto individuales como colectivos, y toman posición frente a ellos.

El presente capítulo examina el uso del recuerdo como una práctica discursiva en la obra *Arráncame la vida,* de Ángeles Mastretta. Publicada en 1986, esta novela alcanzó rápidamente una gran popularidad en México y –traducida a más de diez idiomas– en el extranjero.[5] La obra narra la vida de una mujer que busca camino para liberarse de las ataduras patriarcales y encontrar reconocimiento para su subjetividad. Cabe aclarar que los personajes que la protagonizan son ficticios, aunque se inspiran en personas reales. El político que sirvió de prototipo para construir el personaje principal masculino fue Maximino Ávila Camacho, quien gobernó el estado de Puebla a partir del año 1937 y, como consecuencia de una política muy hábil, extendió su poder por muchos años. Su esposa, Margarita Ricardi, es la figura femenina en la que se inspira Mastretta para construir su personaje femenino protagonista, según confirma la escritora en varias entrevistas, incluyendo la que acompaña el presente capítulo.

El hecho de cambiar los nombres y varios otros detalles de la vida de los modelos destaca que Mastretta no pretende hacer una historia referencial. Su narración tiene más bien ambiciones de verosimilitud y no de exactitud histórica de las personas. En su esfuerzo por lograr esa verosimilitud recrea el fondo histórico con alta fidelidad. Precisamente esta reconstrucción es de interés para el presente capítulo, ya que permite el análisis de la novela desde la perspectiva de la respuesta literaria al discurso dominante de la sociedad mexicana real.

Estrategia narrativa

La trama de la novela se sitúa en la época de las décadas de 1930 y 1940, conocidas como la "formación nacional", que siguieron a la Revolución

5. Lavery, Jane Elizabeth. *Anales de literatura hispanoamericana.* 30 (2001); pp. 313-40.

Mexicana de 1910. En esos años, que contribuyeron a definir los papeles sociales, el lugar central de la novela lo ocupaba el macho, como se explicó en la "Introducción". En contraste, la figura femenina estaba relegada al segundo plano, siempre subordinada al hombre. Su papel estaba definido claramente en una alternativa: mujeres decentes estaban confinadas al espacio doméstico o no eran decentes sino villanas que terminaban mal. Aunque *Arráncame la vida* aparece en la época "posnacional", cuando las mexicanas ya habían conquistado varios bastiones de la vida pública, la percepción de la mujer decente aún seguía afectada por los estereotipos definidos por el nacionalismo cultural de las primeras décadas del México moderno. Al ubicar a su personaje en los años treinta y cuarenta, Mastretta acude al sitio de la memoria común de sus connacionales, una experiencia compartida que ha repercutido en la conciencia social del momento de la escritura, y ofrece la posibilidad de revisarlo y reconstruirlo de otra manera para que no siga afectando de manera negativa en el presente. La recuperación de las voces silenciadas en la época pasada brinda una posibilidad de repeler el discurso hegemónico presente y, quizás, construir otro alternativo.

Siendo una narración retrospectiva, *Arráncame la vida* reúne muchas características de la novela en primera persona del desarrollo individual conocida como *Bildungsroman*, tras el modelo de relato iniciado por el alemán, Johann Wolfgang Goethe, con su novela *Wilhelm Meisters Lehrjahre* (1774). Esa "novela de aprendizaje" retrataba tradicionalmente el proceso de desarrollo masculino, "dentro del marco de una sociedad ya establecida o en vías de establecerse".[6] El héroe del *Bildungsroman* clásico es un individuo que reproduce y refuerza la estructura social tradicional, en la que queda clara la división de papeles de género y no contempla la emancipación de la mujer.

Con la profusión de las mujeres en la escritura se modifica la narración sobre la autoformación del sujeto para que sea aplicable a los individuos de sexo femenino. La búsqueda de la identidad por parte de las jóvenes solo al principio coincide con la de los jóvenes: para que ellas encuentren su identidad, tienen que liberarse o destruir las estructuras del mundo patriarcal, pero a partir de allí la formación femenina difiere de la masculina. Dado que el mundo de la mujer está tradicionalmente

6. Jiménez, Reynaldo L. "Don Segundo: razón y signo de una forma narrativa". *Cuadernos Hispanoamericanos*. 432 (1986); p. 71.

en lo doméstico, una de las características principales del *Bildungsroman* femenino es la exteriorización de lo privado y doméstico. Rita Felski señala esta como una de las características principales de las novelas de autoformación femenina: "Esto representa el cambio de los confines de la esfera doméstica al mundo público como un proceso de emancipación, aunque problemático".[7] La *anamnēsis* juega en ello el papel fundamental: es en la memoria donde se lleva a cabo el trayecto de aprendizaje de la narradora. Los hechos del pasado se rescatan para traerlos al presente y enfrentarse a ellos desde una posición diferente. Al contrario del hombre, la mujer no aspira a regresar al seno de su sociedad como punto final de una integración armoniosa porque hacerlo la forzaría a volver a ocupar el lugar subalterno. Muchos investigadores señalan también que, en el caso de la mujer, el conflicto yo-Mundo se presenta mucho más tarde que en el caso de los hombres. Leasa J. Lutes capta esta diferencia:

> Los conflictos y prohibiciones del padre parecen servirle al niño para incitarle a buscar y realizar [...] otras posibilidades. O sea, al niño le sirven como medio y no como objetivo. Para la niña, las prohibiciones que encuentra por lo general sirven como una negativa definitiva. [...] Además, para ella el intento de abrirse al mundo surge mucho más tarde en la vida, después de haber cumplido ya con las expectativas sociales de que ella se case, críe niños y cuide la casa de su esposo. Por lo tanto, es el esposo de cuyas restricciones ha de escapar en lugar del padre.[8]

Siguiendo el patrón descrito por Lutes, *Arráncame la vida* comienza cuando la protagonista ya es una adolescente: su formación se lleva a cabo en el marco de su vida de casada, con la excepción de la iniciación sexual durante su noviazgo. La rebelión de Catalina es, efectivamente, en contra de su esposo y no en oposición a su padre, para quien ella siempre seguirá siendo la "pequeña princesita". Como se verá a continuación, su transformación ocurre después de que haya cumplido con las diferentes

7. Felski, Rita. *Beyond Feminist Aesthetics: Feminist Literature and Social Change*. Cambridge: Harvard UP, 1989; p. 142. La traducción del inglés es mía. En el texto original: "It depicts the shift from the confines of the domestic sphere into the public world as an emancipatory, if often problematic process".

8. Lutes, Leasa Y. Allende, Buitrago, Luiselli. *Aproximaciones teóricas al concepto del "Bildungsroman" femenino*. New York: Peter Lang, 2000; p. 7.

expectativas en sus papeles de madre, esposa y figura pública, debido a la posición de su marido.

La historia de *Arráncame la vida* es diferente de las que hasta entonces circulaban en casi todas las novelas que trataban del período en cuestión, ya que se enfoca en la vida de la esposa de un político importante y no en la de él. La centralidad de la figura femenina representa una ruptura ideológica con el discurso dominante: "masculino, patriarcal, burgués".[9] Catalina Guzmán, quien narra y protagoniza la novela, es hija de una familia modesta de unos campesinos de Puebla. A la edad de catorce años la seduce el que luego se convertiría en su esposo, el general Andrés Ascencio, que le doblaba la edad. Este también era de origen humilde, pero en el momento que conoce a Catalina, gracias a "todas sus casualidades y todas sus astucias", ya es jefe de las operaciones militares del Estado y pronto se convertiría en gobernador de Puebla para luego llegar al puesto de asesor del presidente de la nación. La novela muestra así dos biografías: la de ella y la de él. Si aquella es una autobiografía ficticia, esta es más bien una *antibiografía* de su esposo, puesto que como político que ocupaba un lugar destacado en la historia nacional él ya tenía una imagen pública.

Según la terminología de Gérard Genette, *Arráncame la vida* es una narrativa autodiegética, o sea una novela en primera persona en la que la narradora es la "heroína en acción", o protagonista. De acuerdo con el criterio de este teórico literario, es mejor no hablar de la narración en primera o tercera persona porque toda narración se entrega, en realidad, en primera persona, puesto que siempre existe un narrador que puede intervenir como un "yo". Para lo que tradicionalmente se llama la novela en primera persona, Genette propone usar el término homodiegética, dentro de la cual distingue dos clases:

> una, donde el narrador es el héroe de su propia narrativa [...] y otra, donde juega solamente un rol secundario [...]. Para la primera variedad (que hasta cierto punto representa el grado fuerte de homodiégesis) vamos a reservar el inevitable término de autodiegética.[10]

---

9. Skłodowska, Elżbieta. *La parodia en la nueva novela hispanoamericana (1960-1985)*. Purdue University Monographs in Romance Languages, v. 34. Amsterdam: J. Benjamins Pub. Co, 1991.

10. Genette, Gérard. *Narrative Discourses*. Ithaca: Cornell UP, 1980; p. 245. La traducción del inglés es mía. En el texto citado: "one where the narrator is the hero of his narrative [...] and one where he plays only a secondary role [...].

Se puede decir que la persona que narra es y no es la misma que la protagonista porque el yo compartido entre ellas es doble. Identificar la separación entre la narradora y la heroína en acción es importante porque permite entender la estrategia que usa la narradora-protagonista para representarse como un ser individual y social.

Al ser ficticia, la autobiografía de Catalina no tiene referente en el mundo real, pero ello no quiere decir que se necesite cambiar la estrategia de las indagaciones sobre la construcción de la identidad. En esta sección se asume que el mecanismo de la representación de las autobiografías "reales" y "ficticias" es el mismo, puesto que recordar significa reinterpretar el pasado de "una" vida. Como se ha visto en la sección anterior, narrar la historia de una vida significa emprender un proceso de selección y énfasis de los momentos vividos. Es decir, la rememoración implica agencia. Por ello mismo, se deben tomar con cautela las afirmaciones de algunos investigadores que opinan que el hecho de elaborar sus memorias en una especie de confesión o diario mental, que no se dirigen a nadie más que a ella misma, inviste a la narradora de credibilidad.[11]

Las historias de vida se constituyen por las memorias que se presentan desde cierto ángulo, dependiendo de los objetivos que se pretendan lograr. Este ángulo aporta la perspectiva del supuesto otro, incluido en nuestra propia percepción. John Berger opina que tal perspectiva es propia de la naturaleza social de las mujeres. En *Ways of Seeing* sostiene que las mujeres se perciben a través de la mirada del otro, es decir que siempre tienen un público. Por eso, según el estudioso, la conducta femenina es siempre performativa:

> Haber nacido mujer significa haber nacido en un espacio limitado y confinado, bajo la vigilancia de los hombres. La presencia social de las mujeres se ha desarrollado como un resultado de su ingenuidad en vivir bajo tal tutelaje dentro de tal espacio limitado. Pero ello ha sido a costa de la división del ser femenino en dos partes.[12]

For the first variety (which to some extent represents the strong degree of the homodiegetic) we will reserve the unavoidable term authodiegetic."

11. Por ejemplo, García, Kay. *Broken Bars. New Perspectives from Mexican Women Writers*. Albuquerque: U of New Mexico P, 1994; p. 97 y 101.

12. Berger, John. *Ways of Seeing*. London: Penguin, 1972; p. 46. La traducción es mía. En el texto citado: "To be born a woman has been to be born, within an allotted and confined space, into the keeping of men. The social presence

No se necesita la presencia física de nadie para vigilarla porque el público ante el cual se desempeña está integrado en su percepción. Es, además, un público masculino, es decir, autoritario:

> Las mujeres se miran a través de ser miradas. Ello determina no solamente la mayoría de las relaciones entre hombres y mujeres, sino también la relación de las mujeres hacia ellas mismas. El ente que inspecciona a la mujer dentro de ella es masculino; el inspeccionado, es femenino. Por tanto, ella se torna en un objeto –y más específicamente, en un objeto de la mirada: una vista.[13]

A pesar de la complicación de la autoobservación, la emancipación de la mujer es posible, como lo demuestra el caso de la protagonista de *Arráncame la vida*. Siendo al mismo tiempo heroína en acción y narradora, el personaje tiene el poder de moldear su imagen. No hay duda de que en la selección de las memorias, la secuencia de los eventos recordados y el uso del lenguaje de Catalina-la narradora ejerce su poder de autorrepresentación. Al contar su vida desde la perspectiva de adulta, es capaz de distanciarse de su yo en las distintas etapas de la vida. Cuando habla de sus experiencias de niña, adopta la perspectiva infantil, pero cuando relata su vida de casada, su lenguaje cambia a un registro de persona adulta y además adquiere un tono cínico a veces. Es precisamente en la manera de recordarse donde reside el discurso textual de la formación femenina contrario a las versiones anteriores: el hecho de revelar ante el público imaginario la transformación de una niña sometida a la obediencia en una mujer que establece su subjetividad significa exigir el reconocimiento del otro por haber logrado adquirir control sobre su mundo.

---

of women has developed as a result of their ingenuity in living under such tutelage within such a limited space. But this has been at the cost of a woman's self being split into two".

13. Ibid; p. 47. La traducción del inglés es mía. En el texto citado: "Women watch themselves being looked at. This determines not only most relations between men and women but also the relation of women to themselves. The surveyor of woman in herself is male: the surveyed female. Thus, she turns herself into an object –and most particularly an object of vision: a sight".

Los sitios de la memoria

En la evocación de su pasado, Catalina Guzmán de Ascencio visita lugares y reconstruye eventos que en ciertos contextos podrían ser de interés para la identificación con la cultura mexicana. En *Arráncame la vida* no faltan elementos que definen por lo menos una parte significativa de esta cultura, tales como las calles, los parques y los edificios notables de las ciudades como Puebla y la Ciudad de México, los pueblos como Cuetzalan, la comida típica, la música, los personajes notables de la cultura nacional, los espacios domésticos y las ocupaciones propias para la época, entre otros. Sin embargo, el enfoque de los recuerdos no está dirigido a la representación de ninguno de esos objetos o sujetos, pues la intención de la narradora no es la identificación con la colectividad donde habita –como lo era en el caso de *Genealogías,* discutido en el capítulo anterior– sino más bien la contestación ante el sistema de la sociedad que la define en su rol estereotipado de mujer sin darle posibilidad de voz ni voto.

Para disociarse de las estructuras simbólicas de la sociedad, Catalina recurre a la rememoración de las etapas y roles de su vida que han sido significativos para su formación y su función social. Por tanto, los sitios de la memoria que se examinan en este capítulo enfocan la figura de la protagonista como niña, adolescente, esposa, madre, acompañante del servidor público, primera dama y amante. Al retratar varios detalles de su vida, la narradora contesta las imágenes femeninas definidas antes por otros. Hablando de su persona, junta los espacios privados y domésticos con los públicos, puesto que siendo esposa de un funcionario público queda incluida en ambos. Estas esferas estaban tradicionalmente separadas y la participación del género femenino estaba restringida únicamente a la primera de ellas. Sus memorias evidencian el engranaje entre ellas y rebaten las imposiciones de una sociedad autoritaria y represiva que mantiene fuera de la participación a las mujeres en uno de estos espacios. El examen de los aspectos privados y públicos de la narradora imaginaria sobre su vida que transcurre en el contexto de la cultura mexicana permite entonces presentar una voz femenina discordante desde las dos plataformas y erigir un sujeto femenino diferente al que formulaba el discurso dominante.

La niñez

El recuerdo de la niñez de Catalina no viene de manera típica para un *Bildungsroman*, es decir no es una narración cronológica, sino que se produce como un salto temporal de otras memorias, producidas en los momentos de infelicidad en su vida de casada:

> Me gustaba besar a mi papá y sentir que tenía ocho años, un agujero en el calcetín, zapatos rojos y un moño en cada trenza los domingos. Me gustaba pensar que era domingo y que aún era posible subirse en el burro que ese día no cargaba leche; caminar hasta el campo sembrado de alfalfa para quedar bien escondida y desde ahí gritar: A que no me encuentras, papá. Oír sus pasos cerca y su voz: ¿Dónde estará esta niña?, ¿Dónde estará esta niña?, hasta fingir que se tropezaba conmigo, aquí está la niña, y tirarse cerca de mí, abrazarme las piernas y reírse: –Ya no se puede ir la niña, la tiene atrapada un sapo que quiere que le dé un beso. Y de veras me atrapó un sapo. (10-11)[14]

El uso del imperfecto para describir este recuerdo es una señal del ejercicio repetitivo que convierte la recreación imaginativa en algo permanente, lo cual es típico de la nostalgia. La experiencia que afirma vivir la narradora de niña es idealizada y parcial. Muchas críticas feministas consideran que la reconstrucción nostálgica distorsiona el pasado y provoca estancamiento; por esta razón, descartan su uso del discurso feminista. Annette Kuhn, por ejemplo, aboga por un trabajo más productivo de la memoria que elimine este tipo de recuperación del pasado: "[aun] la rememoración radicalizada puede crear un entendimiento nuevo del pasado y del presente, siempre y cuando rechace la nostalgia que preserva el pasado en su forma perfecta, irrecuperable".[15] A su vez, Gayle Greene reconoce que la nostalgia es ejercida tanto por los hombres, como por las mujeres, pero advierte: "las mujeres tienen poco sobre que

14. En este capítulo, los números entre paréntesis corresponden a citas del texto base de mi análisis, provenientes de la siguiente edición: Mastretta, Ángeles. *Arráncame la vida*. México, D. F.: Alfaguara, 1986.

15. Kuhn, Annette. *Family Secrets: Acts of Memory and Imagination*. New York: Verso, 1995; p. 8. La traducción del inglés es mía. En el texto citado: "radicalized remembering can create new understanding of both past and present, while yet refusing a nostalgia that embalms the past in a perfect, irretrievable, moment".

sentirse nostálgicas, pues los buenos días del pasado cuando el pasto era más verde y los jóvenes sabían su lugar eran también los tiempos en los que las mujeres sabían su lugar, y ese no es el lugar al que la mayoría de las mujeres quisiera regresar".[16] Greene también rechaza el uso de la nostalgia en los textos feministas, considerándola improductiva y hasta dañina para las mujeres que quieren liberarse de las estructuras del pasado:

> [...] mirarás hacia atrás y pensarás "Yo era feliz entonces", porque hay algo en la memoria que edita los detalles desagradables –la ansiedad, la irritación, la fatiga, el aburrimiento, la impaciencia y el dolor de la existencia diaria– a beneficio del panorama general, el cual siempre se termina con una pincelada favorecedora. La nostalgia es una aceptación acrítica de esta reescritura.[17]

En el caso de Catalina, el recuerdo nostálgico de la niñez solo a primera vista puede parecer escapismo. Mirándolo en el contexto de las riñas con el marido, las imágenes felices de antaño y el sentimiento de alivio que la protagonista encontraba en el abrazo de su padre contrastan fuertemente con su condición de casada, que también pertenece al pasado. Sin embargo, yuxtaponer las dos situaciones aporta significados nuevos a la narración. Como observa Elspeth Probyn, la nostalgia puede usarse para alterar los significados del presente:

> Las imágenes de la infancia, originadas en la infancia, nos retrotraen a un espacio que no se puede volver a visitar; nos lanzan a un devenir presente, perturbando profundamente cualquier orden cronológico de la vida y del ser. Y como argumentaré, una de las líneas que se pueden

---

16. Greene, Gayle. "Feminist Fiction and the Uses of Memory". *Signs: Journal of Women in Culture and Society.* 16.1 (1991; p. 296. La traducción del inglés es mía. El texto original: "women have little to be nostalgic about, for the good old days when the grass was greener and young people knew their place was also the time when women knew their place, and it is not a place to which most women want to return".

17. Ibid; p. 297. La traducción del inglés es mía. En el texto citado: [...] you will look back and think 'I was happy then', because there is something about memory that edits unpleasant details –the anxiety, irritation, fatigue, boredom, impatience, and pain of daily existence –in favor of the big picture, which is always done over with a flattering brush. Nostalgia is an uncritical acceptance of this rewriting".

> utilizar para descifrar este orden es la de la nostalgia. La nostalgia no como garantía de la memoria sino precisamente como una lógica errante que siempre se extravía. Nostalgia realizada en esa dimensión vacía de la infancia liberada de sus amarras en el tiempo. La nostalgia como imposibilidad de ubicar verdaderos orígenes; nostalgia de una infancia irrecuperable [...]. De este modo, la infancia puede asumir su pleno y visible vacío, un vacío que obliga a otros usos de la infancia distintos de los que reivindican su significado como originario.[18]

El contraste de la felicidad de niña con la infelicidad de casada es intencional, puesto que hace pensar –sea al "otro" autoritario integrado en su perspectiva bergeriana, sea a los lectores– que detrás de su desventura de adulta hay un responsable. Significativamente, en el mismo capítulo, Catalina recuerda el día en el que su recién desposado marido le informó –con la intención de ubicarla en su nueva realidad– que el día de su boda era el último de su niñez:

> Papá, dile que yo tomo jugo en las mañanas –pedí.
>
> Tráigale un jugo de naranja a la niña –dijo mi papá con tal tono de desafío que el mesero salió corriendo.
>
> Está bien. Tómate tu jugo, pareces gringa. [...] Ni creas que vas a tener siempre todo lo que quieras. La vida con un militar no es fácil. De una vez velo sabiendo. Y usted don Marcos, acuérdese que ella ya no es su niña y que en esta mesa mando yo. (17)

Con su declaración, Andrés no se refiere, obviamente, al desarrollo biológico de su esposa, sino al control de su persona, que a partir de ese día va a ser de él. En realidad, al momento de su boda, Catalina tiene

---

18. Probyn, Elspeth. *Outside Belongings*. New York: Routledge, 1996; p. 103. La traducción del inglés es mía. El texto original: "Images of childhood, from childhood, pull us back to a space that cannot be revisited; they throw us into a present becoming, profoundly disturbing any chronological ordering of life and being. And as I will argue, one of the lines that can be used to scramble this order is that of nostalgia. Nostalgia not as a guarantee of memory but precisely as an errant logic that always goes astray. Nostalgia performed in that empty dimension of childhood freed of its moorings in time. Nostalgia as the impossibility of placing true origins; nostalgia for an irretrievable childhood [...]. In this way, childhood may take on its full, visible emptiness –a void that compels other uses of childhood than ones which stake its meaning as originary."

quince años y, aunque esta edad no es propia para casarse ni siquiera para los estándares de su época, ella ya no es una niña, sino una adolescente. La niñez se destaca en su narración más bien para darle énfasis a la discrepancia entre su etapa de felicidad bajo la protección del padre y la de infelicidad a causa del marido.

La adolescencia

Contrariamente a la imagen del padre, el recuerdo de la madre no remite a Catalina al mismo sitio de la niñez feliz. Su progenitora aparece, en cambio, en el contexto de su adolescencia. Típicamente, esta es la etapa de crecimiento en que las niñas comienzan a comprender las diferencias sexuales e identificarse con su género, representado por sus madres. Según los roles de la familia tradicional, es la tarea de las mujeres ayudar a sus hijas a comprender y acoplarse a las transformaciones de sus cuerpos, y prepararlas para la adultez. No obstante, la señora Guzmán desengaña esa presunción al mantenerse ajena a la maduración sexual de su hija. Consecuentemente, la muchacha se muestra totalmente ignorante a la hora de su iniciación sexual:

> Yo había visto caballos y toros irse sobre yeguas y vacas, pero el pito parado de un señor era otra cosa. Me dejé tocar sin meter las manos, sin abrir la boca, tiesa como muñeca de cartón, hasta que Andrés me preguntó de qué tenía miedo.
>
> –De nada –dije.
>
> –Entonces, ¿por qué me ves así?
>
> –Es que no estoy muy segura de que eso me quepa –le contesté. (11)

La madre de Catalina desatiende por completo las cuestiones del crecimiento de sus hijas, a pesar de tener varias. La protagonista resiente esta posición y recuerda con tono de burla de que su progenitora tampoco se percataba que los ruidos nocturnos en el dormitorio de las niñas provenían de la masturbación y no de una supuesta enfermedad respiratoria de la hija.

Consciente de la formación y de la visión limitada de su madre, Catalina no espera mucho de ella, sino que adquiere conocimiento sobre su cuerpo y sobre el placer sexual de una gitana. Sabiendo que sus amigas eran igual de ignorantes como ella sobre el cuerpo sexuado y tampoco podían contar con la iluminación en su casa, se muestra solidaria con ellas y las lleva con la misma señora: "Lo que hice fue llevarlas con la gitana del barrio de La Luz. A mí no me iban a creer nada. Cuando les pregunté si sabían para qué servía el pito de los señores, Pepa dijo: –¿No para hacer pipí?". (21)

No hay razón para dudar del amor filial hacia su madre, pero resulta obvio que la narradora hasta se expresa con burla al referirse a su modo de pensar. Justifica sus lágrimas el día de su boda, pero reprueba los melodramas de otros días:

> Mi mamá lloraba. [...] Las mamás siempre lloran cuando se casan sus hijas.
> –¿Por qué lloras mamá?
> –Porque presiento, hija.
> Mi mamá se la pasaba presintiendo. (15)

El período de la adolescencia es para Catalina una época en la que se lleva a cabo su maduración no solo biológica y sexual, sino también psicológica y social. El recuerdo de su crecimiento revela la existencia de los mecanismos opresores de la mujer vigentes en su sociedad. Uno de ellos es la educación femenina inadecuada. La protagonista, al igual que otras niñas de su edad, no ha recibido más que una instrucción escolar básica y unos años del colegio de monjas en donde adquirió algunos conocimientos de la Biblia y aprendió a bordar porque "casi ninguna mujer iba a la escuela después de la primaria, pero yo fui unos años más porque las monjas salesianas me dieron una beca en su colegio clandestino" (12). Con tal preparación no tenía muchas opciones para la participación en la vida social. Encima, su madre, ponía su empeño "en que fuera una excelente ama de casa" (13). Igual a ella, todas las demás madres en su entorno eran más bien transmisoras de la ideología esclavizante de la mujer y preparaban a sus hijas exclusivamente para el matrimonio. Su preparación constaba principalmente de enseñarles a cocinar y ser obedientes al marido, es decir aceptar su lugar subordinado al masculino.

Es en contra de esas políticas de amaestramiento de las mujeres para el servicio de los hombres que atenta la memoria de la protagonista. Según señala Greene, la concienciación es un aporte muy importante para el contradiscurso femenino ante el poder patriarcal: "La concientización fue

–y es– crucial en los esfuerzos feministas. La toma de conciencia es un recuerdo, un traer a la mente las partes reprimidas del yo y la experiencia".[19] Al hablar, Catalina entra en el nivel político de resistencia ante el poder hegemónico, en términos de Foucault. Aunque la heroína en acción mantiene varias características conservadoras, la otra parte del mismo personaje, la Catalina-narradora, es quien realiza el contradiscurso más efectivo y desestabiliza las estructuras del poder dominante. Su arma consiste en recordar y hablar, que es una "treta del débil", por usar la expresión con la que Josefina Ludmer describe el poder del subalterno. Según Ludmer, "La treta consiste en que, desde el lugar asignado y aceptado, se cambia no solo el sentido de ese lugar sino el sentido mismo de lo que se instaura en él".[20] El débil, cuyo paradigma es en este caso la mujer, puede hacer política o ciencia desde el lugar en el que el poder lo haya colocado. Dentro de su privacidad, el débil es soberano. El poder exterior puede impedirle determinadas actividades para el espacio público, pero en la intimidad siempre puede actuar con rebeldía. Su rebelión desde lo privado tiene la posibilidad de reorganizar la estructura exterior.

El matrimonio

En el primer episodio Catalina narra cómo conoció a Andrés Ascencio a la edad de apenas quince años y se casó con él en menos de un año. Este, siguiendo los patrones sociales reconocidos, la sedujo y la tomó por esposa como una propiedad indiscutible. Catalina recuerda su asombro cuando el día de la boda le dijeron que tenía que firmar el acta de matrimonio con el nombre de casada, esto es: con la adición del posesivo "de", seguido por el apellido del marido, mientras que él no tenía que hacerlo a la inversa. La narradora, haciendo uso de la *anamnēsis* se coloca en el "sitio" preciso de la lógica de una niña ingenua, que –al igual que aquel niño del cuento

19. Greene, Gayle. "Feminist Fiction and the Uses of Memory". *Signs: Journal of Women in Culture and Society.* 16.1 (1991; p. 300. La traducción del inglés es mía. El texto original: "[C]onsciousness raising was –and is– crucial in feminist efforts. Consciousness raising is a re-membering, a bringing to mind of repressed parts of the self and experience".

20. Ludmer, Josefina. "Tretas del débil". *La sartén por el mango.* Eds. Patricia Elena González y Eliana Ortega. Río Piedras: Huracán, 1984; p. 47.

del *Conde de Lucanor*, el único en gritar que el rey estaba desnudo– se asombra ante lo absurdo de esta tradición. A diferencia del niño del cuento, el razonamiento de la niña no es aplaudido por la comunidad y así aprende que lo que ella veía como una costumbre obsoleta es, en realidad, el símbolo de una política de dominación sexual en la que ella ocupa el lugar inferior. El esposo no tarda en aleccionarla: "No m'ija, porque así no es la cosa. Yo te protejo a ti, no tú a mí. Tú pasas a ser de mi familia, pasas a ser mía"(16).

La muchacha acepta la explicación porque no tiene alternativa, pero el hecho de rememorarlo es el indicio de que en el fondo nunca la convenció la lógica de esta anexión simbólica de su persona. Usando las palabras de María Zambrano diríamos que "el velo de correr del tiempo, de su fugitividad, es rasgado solo por algo que hiere al sujeto en quien se da este suceso"[21] y es precisamente lo que ocurre con ese recuerdo, pues la respuesta del marido "rasga" el velo. La narradora vuelve a esa memoria para rebelarse en contra de él desde una posición ya muy diferente: ya es una mujer adulta y experimentada que, con el marido bajo tierra, está en control de su propio discurso. Desde la posición de quien sobrevivió y quedó en una situación irónicamente envidiable –rica, bella y viuda, y con las posibilidades de hacer lo que le plazca– ella triunfa sobre el que la trataba como un ser menor.

Estos recuerdos de Catalina sirven, entre otras cosas, para ajustar cuentas con muchos atropellos e injusticias cometidas por él, quien personifica tanto el poder patriarcal como oficial. Andrés menospreciaba a las mujeres y frecuentemente hablaba de ellas como "pendejas", aplicando este término también a su esposa. A pesar de tener una relación afectiva con ella y reconocer en muchas ocasiones su inteligencia, la trataba como inferior, mostrándole a veces comprensión paternal ante sus "niñerías", como definía él los deseos y las preocupaciones de ella. Su trato se reflejaba en el lenguaje: frecuentemente se dirigía a ella como "m'ija".

La ideología representada por Andrés y sus pares en los años treinta no existía solamente en el texto, sino que era todavía una realidad extraliteraria en los años ochenta cuando se completó el manuscrito. Según Debra Castillo, quien se apoya en un estudio de Osvaldo Quijada realizado en 1977, la gran mayoría de los hombres en México "saben" que las mujeres

21. Zambrano, María. *Notas de un método*. Madrid: Mondadori, 1989; pp. 84-85.

son inferiores a ellos.[22] Por ese "saber" Andrés jamás tomó en serio a su esposa. Sus problemas le divertían o le aburrían, sus amenazas le daban risa, sus otros amores le parecían insignificantes. Reaccionó solo cuando se dio cuenta de la profundidad de su relación con el director de orquesta, Carlos Vives. Pero tampoco entabló ninguna discusión con ella: mandó matar al amante sin molestarse siquiera en justificar la acción. Desde su posición de poder simplemente ejerció su "privilegio" de no tener que dar explicaciones a un ser inferior.

Otras mujeres de la novela también son tratadas como seres menores, sufren humillaciones y maltratos por parte de sus cónyuges. Pepa, una amiga de la infancia de Catalina, queda prácticamente encarcelada en su casa debido a los celos de su marido, quien "a su casa le mandó quitar el piso de los balcones para que ella no pudiera asomarse" (28). A consecuencia del control absurdo, Pepa encuentra una manera de aventajarle al marido y le engaña con "el único hombre con el que su marido la dejó cruzar más de tres palabras. El doctor que la atendía cada vez que se le frustraba un embarazo" (80). Catalina expresa ante el lector su júbilo por la osadía de su amiga, expresando con ello un juicio implícito en el que la absuelve del adulterio. La condición de víctima le otorga a Pepa el derecho moral a una recompensa, por ejemplo, para tener un *affaire*. Para la narradora, el mismo razonamiento debe aplicarse, sin duda, a sus propias trasgresiones, de las que va a hablar más tarde. El matrimonio es luego un vía crucis para las dos mujeres.

La subordinación femenina se extiende también a las amantes como Bibi, quien después de enviudar se quedó sin medios para vivir y aceptó los avances del general Gómez Soto. El viejo rico ya tenía esposa y nueve hijos, por eso le puso a su "querida" una "casa chica", lo cual, si no era una práctica muy común, tampoco era desconocida en México todavía en la década del ochenta. Una vez adscrita a él, Bibi podía vivir en condiciones de lujo, sin embargo, su general "no la dejaba salir ni a comprar ropa. Todo se lo llevaban a casa: vestidos, zapatos, sombreros de París" (94). Como Bibi, las mujeres de las "casas chicas", al igual que las esposas, tenían que aguantar sin reproche las voluntades y los arranques de locura de sus parejas, estar a su disposición exclusiva y aceptar la humillación social de ser la "ilegal".

22. Castillo, Debra A. *Easy Women. Sex and Gender in Modern Mexican Fiction*. Minneapolis: U of Minnesota P, 1998; p. 11.

La existencia de las amantes implica, por supuesto, los engaños y las humillaciones a las esposas legítimas, cuyo papel tampoco es envidiable. Lo muestra ampliamente el caso de la protagonista, quien progresivamente se entera de las "queridas" pasadas y actuales de su marido, pero tiene pavor de reclamarle sus infidelidades porque sabe que las consecuencias del enfrentamiento podrían ser muy graves. Empero, el esposo de ella es aún más arrogante y cínico de lo que ella esperaba, por eso solamente se mofa de ella y descarta sus inquietudes porque no siente que necesita rendir cuentas de sus aventuras amorosas ante un ser subordinado.

De los recuerdos de Catalina se asoma un cuadro bastante despreciable de la institución matrimonial. La falta de compañerismo y del simple respeto a la pareja es patente y siempre se trata de situaciones en las que los culpables son los hombres. El único caso que podría parecer desigual es el de Lilia, la hijastra favorita de Catalina, sin embargo, se trata de una diferencia engañosa. La joven le hace un desprecio a Emilio el día de su boda con él cuando arranca el automóvil que le fue regalado por su padre y se va sola para el destino de su luna de miel, lo cual no augura una relación saludable a la pareja:

> Abajo en el jardín había un griterío por los novios que se irían en el Ferrari, regalo de Andrés a su hija. [...] Lilia subió al coche y se despidió con la mano como artista de cine. [...] El único que parecía sobrar era Emilito mirando al fondo del jardín como si esperara algo.
>
> –Adiós –dijo Lilia estirando la boca para besar a su padre que presidía el jolgorio de la despedida. Emilito señaló un Plymouth negro que se estacionó detrás:
>
> –Nos vamos en aquél mi vida. Ya están allí las maletas. [...]
>
> Lili no se había movido del Ferrari.
>
> –Me quiero ir en este –contestó ella.
>
> –Pero nos iremos en el otro.
>
> –Si te pones así mejor cada quien en el suyo –dijo Lili. Se corrió al volante del Ferrari y lo echó a andar. Los botes hicieron un ruido terrible y el Ferrari desapareció escandalosamente por el portón de la calle. (188)

Por su acción, Lily gana el elogio de su padre: "Esa es hembra, no pedazos", sin embargo, queda claro que el comentario no se debe a ningún reconocimiento de la independencia femenina por parte de su progenitor, sino por la malicia de ese hombre preponderante, para quien la burla era parte de los mecanismos de control sobre los demás. El agravio fue efectuado por su hija, quien ya estaba adscrita a su control, de modo que la ofensa de ella en contra del otro lo llena de regocijo. A pesar de ello, el agravio de Lilia debe verse más bien como una "treta del débil",[23] es decir, del individuo que –empujado a posiciones inferiores– acepta su lugar subalterno, pero en el momento de visibilidad pública da expresión a algo que contradice su conformidad. El lector sabe que la muchacha se casa con Emilio por las presiones de su padre, puesto que está consciente que su rechazo traería consecuencias, por ejemplo en forma de un "accidente", como el que causó la muerte de un pretendiente que ella favorecía. Lily se casa entonces con el hombre que su padre le indica, pero el matrimonio es para ella una farsa. Emilio, por su lado, sostendrá esa mentira al seguir casado con Lilia y seguir en relación con su antigua novia.

Las exigencias de los maridos como Andrés, el esposo de Pepa y el general Gómez Soto por lo general no son explícitas, ni mucho menos forzadas. Forman parte de lo que se espera de una mujer dentro de la cultura hegemónica. Según explica Foucault, la sociedad contemporánea (es decir, de la época moderna) es disciplinaria y funciona no gracias al ejercicio de la fuerza, sino como efecto de la regulación. Al dividir y regularizar las funciones de los individuos en una comunidad se crean las oposiciones binarias: locos/cuerdos; anormales/normales; enfermos/sanos; etc. La división es eficiente, puesto que produce personas que se someten a esos términos y, por lo tanto, regularizan el cuerpo social *in toto*. Una imagen que expresa de manera persuasiva esta regulación es la del modelo del panóptico inventado por Jeremy Bentham en el siglo XIX. Ese modelo arquitectónico consistía en una torre de vigilancia en una prisión, rodeada de celdas y colocada de tal manera que desde ella se podía ver todas las celdas a toda hora. Los habitantes de estas no podían ver si había alguien en la torre o no, por ello tenían que actuar siempre como si estuvieran vigilados constantemente. Al cabo de algún tiempo tales individuos llegan a controlar por sí mismos su propio comportamiento. Foucault denomina este efecto el "funcionamiento automático del poder".[24] Esta es la situación en la que quedan sometidas las mujeres

23. Ludmer, Josefina. "Tretas del débil". *La sartén por el mango*. Eds. Patricia Elena González y Eliana Ortega. Río Piedras: Huracán, 1984.

24. Easthope, Anthony y Kate McGowan. *A Critical and Cultural Theory Reader*. Toronto: U of Toronto P, 1998. En la versión de Easthope y McGowan, el término es: *automatic functioning of power*.

dentro de una sociedad androcéntrica, como lo es la mexicana. La idea del panóptico ilustra el control que ejerce el sistema patriarcal sobre el comportamiento de Catalina y otras mujeres de su entorno. Esta imagen concuerda con la de Berger sobre la perspectiva doble de las mujeres, así como con la de Genet sobre la separación entre los dos yos del personaje que narra y es objeto de la narración.

De este modo, Catalina puede expresar su posición que tiene sobre el matrimonio como una institución sobrevaluada en gran parte de la sociedad mexicana todavía en los años ochenta. En su relato esa formación social queda ridiculizada. Los esposos emergen de allí como opresores o, algunas veces, como hombres débiles, muchos de los cuales terminan víctimas del abuso de los que tienen el poder. El matrimonio no solo no es la tierra prometida para las jovencitas, sino que resulta dañino. El casarse significa para Catalina la pérdida de su autonomía que estaba adquiriendo gracias a su inteligencia innata y la sumisión a la voluntad de su marido opresivo. Enviudar la libera de esta dependencia y la convierte en un ser libre.

La maternidad

Poco después de asumir el papel de esposa Catalina también se convierte en madre, pero su conducta dista de lo que estaba prescrito en la sociedad. Sus recuerdos revelan que no era una mala madre, pero que tampoco deseó tener hijos y que, además, quizás a excepción de los primeros años, no se entregó abnegadamente a ellos. Tiene una relación mucho más intensa con algunos de sus hijos adoptivos, a pesar de que el tenerlos tampoco fue consultado jamás con ella. Su buena relación con Lilia y con Octavio se debía no a la exigencia de su esposo de aceptarlos como parte de su familia, sino a la afinidad personal que sintió con ellos.

La franqueza de su opinión sobre la función reproductora le aportó mala fama, pero ello no la inmutó. Al recordar el incidente significativo, la narradora aplaude a la Catalina-heroína en acción por su impulso de liberarse de la tradición que obliga a las mujeres a ser felices con su papel de madre:

> Además estaba Fito con sus frecuentes llamadas para pedir mi presencia en lugares extraños. Un día tuve que acompañarlo a poner

la primera piedra de lo que sería el Monumento a la Madre. Echó un discurso sobre el inmenso regocijo de ser madre y cosas por el estilo. Después me invitó a comer a Los Pinos. Chofi, que alegó jaqueca y se libró del sol y los apretujones de la inauguración, me preguntó qué me había parecido el discurso de Fito. En lugar de responder que muy acertado y callarme la boca, tuve la nefasta ocurrencia de disertar sobre las incomodidades, lastres y obligaciones espeluznantes de la maternidad. Quedé como una arpía. Resultaba entonces que mi amor por los hijos de Andrés era un invento, que cómo podría decirse que los quería si ni siquiera me daba orgullo ser madre de los que parí. No me disculpé, ni alegué a mi favor ni me importó parecerles una bruja. Había detestado alguna vez ser madre de mis hijos y de los ajenos, y estaba en mi derecho a decirlo. (202-203)

Quizás para justificar su propia transgresión, Catalina recuerda a su amiga Bibi, quien también despreciaba la condición materna. Esta, en su calidad de amante de uno de los hombres más ricos e influyentes de la ciudad, acepta el embarazo, pero está llena de rencor porque significa para ella una reducción de sus ya escasas libertades.

–Son horribles las panzas, ¿no?

–Horribles. Yo no sé quién inventó que las mujeres somos felices y bellas embarazadas.

–Seguro que los hombres. Ahora, hay cada mujer que hasta pone cara de satisfacción.

–¿Qué les queda?

–Pues siquiera el enojo. Yo mis dos embarazos los pasé furiosa. Qué milagro de la vida ni qué la fregada. Hubieras visto cómo lloré y odié mi panza de seis meses de Verania cuando se llenó de nísperos el árbol del jardín y no pude subirme a bajarlos. (94-95)

La relación con su propia madre no es para la protagonista tampoco intensa ni edificante. En sus recuerdos su progenitora se mantiene indiferente, no comparte con ella los momentos felices, ni le ofrece consuelo cuando está triste. También las madres de sus amigas no solamente no tomaban en consideración la posibilidad del placer para la mujer, sino que aceptaban que el cuerpo femenino fuera sacrificado para satisfacer el deseo del hombre. Una de ellas le recomendaba a su hija rezar unos padrenuestros mientras el esposo satisfacía su deseo. Otra, con la intención de espantar en su hija todo deseo sexual, le hizo creer que con un beso "de lengua" se embarazaría. La única salvación que ellas pueden tener es la solidaridad de otras mujeres, como la que ofrece la narradora a sus amigas al llevarlas con la gitana que la iluminó a ella sobre el funcionamiento sexual de su cuerpo.

Catalina se niega a perpetuar el modelo de su predecesora y sus coetáneas. Como madre, se muestra cariñosa y responsable, pero no entregada por completo y a costa de su propia felicidad. En el momento que ve la colisión de intereses entre la entrega de su tiempo a los hijos o a su amante, escoge al segundo.

El papel de acompañante del servidor público

Conforme avanza la narración sobre la vida privada de la esposa del político, se revela ante los lectores el carácter de su marido y nacen dudas sobre su integridad moral. Cada vez queda más claro que era un arribista que siempre sabía colocarse oportunamente en el bando político correcto para ascender en su carrera: no en balde se apellida Ascencio. El conocimiento de Catalina sobre su marido es único puesto que, por un lado, lo ve actuar en público y, por el otro, sabe qué hay detrás de sus acciones y qué se ve en lo privado. Su memoria individual se cruza con la historia política mexicana. Sus recuerdos, pertenecientes a la esfera doméstica, contextualizan los discursos y acciones del político, conocidos de sobra por el pueblo mexicano, aportando así significados nuevos a los textos conocidos.

Uno de estos enfrentamientos se da cuando la narradora evoca el viaje que hizo con sus hijos a Cuetzalan para acompañar a Andrés en la campaña para la gubernatura del estado de Puebla. El discurso de este durante la campaña se puede ver como el texto: pregonaba su adhesión a los valores familiares para mostrar una imagen de candidato fiable, lo cual resultaba creíble para los presentes que lo veían rodeado de su numerosa familia unida. El contexto que ofrece la memoria de la narradora revela, sin embargo, algo diferente: Catalina se acuerda de sí misma en su carácter de esposa engañada y madre involuntaria de varios hijos ilegítimos de su marido: "Supe que tenía otras hijas hasta que le cayó la gubernatura. Entonces consideró necesario ser un buen padre y se me presentó con cuatro más" (44). Este contexto cuestiona la honestidad del texto del discurso de Andrés: "–Pueblo de Coetzalan, esta es mi familia, una familia como la de ustedes, sencilla y unida. Nuestras familias son lo más importante que tenemos, yo les prometo que mi gobierno trabajará para darles el futuro que se merecen" (46). La yuxtaposición revela que el orador político tiene una doble moral y pretende engañar al pueblo con la imagen falsa que crea sobre su persona. Por metonimia, la crítica implícita en esta yuxtaposición se extiende a otros políticos nacionales.

La demagogia que practicaba Andrés queda al descubierto también en otro episodio cuando su esposa recuerda con qué entusiasmo hablaba este en la campaña sobre "la importancia de la participación femenina en las luchas políticas y revolucionarias". Ella, que lo conoce mejor que nadie, sabe por experiencia propia que Andrés no toleraría que la mujer tuviera una voluntad propia. Aun en el caso de una mujer tan expuesta públicamente como ella, la esposa de un político importante, su quehacer público tenía que estar bajo el control estricto y dependencia del marido. Con la autoridad que le da este conocimiento, Catalina remata el recuerdo de la peroración con la frase: "De ahí para adelante no le creí un solo discurso" (45). Esta confesión crea una dinámica interna de crítica sobre la que reflexiona Rachel Blau DuPlessis:

> Curiosamente la simple idea de escribir la voz o el "lado" de la mujer en un cuento conocido [contar la misma historia desde otro lado] crea una dinámica interna de crítica a partir de una simple inversión o un experimento de punto de vista aparentemente contenido. [...] No basta con contar otra historia, pues tal historia de los no tomados en cuenta es más que solo una historia más, pero –tomada en cuenta– destruye el "adentro". Se rompen los supuestos intelectuales y políticos, se cuestiona la secuencia narrativa, la causalidad, la resolución y posiblemente los significados de las palabras o el lenguaje adecuado.[25]

25. DuPlessis, Rachel Blau. *The Pink Guitar: Writing as Feminist Practice.* New York: Routledge, 1990; p. 146. La traducción es mía; el texto en inglés: "Curiously the simple idea of writing the woman's voice or 'side' into a well-known tale [telling the same story from another side] creates an internal dynamic of critique out of simple reversal or an apparently contained point of view experiment. [...] It is not enough to tell another story, for such a story of the unreckoned is more than just one more tale; reckoned in, it wrecks the 'in'. Intellectual and political assumptions are ruptured, narrative sequence, causality, resolution and possibly the meanings of words or apt language themselves are all brought in to question".

El poder que al recordar tiene Catalina le permite inclusive censurar abiertamente el discurso de su esposo. Entre los hechos del pasado que rescata, intercala la historia que Andrés le contó sobre su vida antes de conocerla. Según decía, además de ser un excelente padre y esposo, era un campesino humilde que simpatizaba con la revolución maderista. Ella recrea esta narración en su memoria dedicándole todo un capítulo, pero al terminar de contarla la invalida con su propio recuerdo:

> Toda esta dramática y enternecedora historia yo la creí completa durante varios años. Veneré la memoria de Eulalia, quise hacerme de una risa como la suya, y cien tardes le envidié con todas mis ganas al amante simplón y apegado que mi general fue con ella. Hasta que Andrés consiguió la candidatura al gobierno de Puebla y la oposición hizo llegar a nuestra casa un documento en el que lo acusaba de haber estado a las órdenes de Victoriano Huerta cuando desconoció al gobierno de Madero. (43)

La revelación de la narradora exhibe la falsedad del discurso no solamente del esposo, sino del hombre público; desvirtúa el mito del político mexicano como heredero legítimo de la revolución. La crítica se extiende –otra vez por metonimia– hacia otros políticos mexicanos, incluyendo a los funcionarios del tiempo de la escritura de la novela.

La denuncia de la falsedad del servidor público aumenta en tono cuando la narradora califica a su esposo de mentiroso en el contexto del fraude que hizo con las tierras ejidales al aliarse con Heiss, un capitalista norteamericano. En este arreglo, que le iba a aportar grandes beneficios personales, Andrés queda retratado como traidor a la revolución y a la patria, ya que en vez de implementar la reforma agraria estafa a los campesinos; además, vuelve a vender el patrimonio nacional al capital extranjero:

> Para colmo, tres días después habló con acalorada pasión sobre la experiencia del ejido y esa misma tarde brindó con Heiss para celebrar el arreglo que le devolvía las fincas expropiadas por la Ley de Nacionalización. Decía tantas mentiras que con razón cuando el mitin de la plaza de toros la gente se enojó y la incendió. Hubo muchos heridos. Solo el periódico de Juan Soriano habló de ellos. (45)

La reconstrucción de la historia política desde la perspectiva privada descubre los mecanismos de control que ejercían los políticos contra la oposición. Catalina está en una posición única para enterarse de esas prácticas. Como esposa del gobernador asistía a varios actos públicos con él y a reuniones con personas estratégicas para sus fines políticos y así podía escuchar varias conversaciones. Luego trató de juntar los elementos conocidos por esta fuente y otras. Era también ama de casa que empleaba varios sirvientes; además, tenía que ocuparse de la educación de sus hijos, así como atender a sus pocas amistades. Estas tareas la acercaban a la gente común, por medio de la cual se enteraba de las prácticas del marido, de las que él no le informaba. Así se entera de la matanza que su esposo ordenó de unos campesinos de Atencingo que protestaban por la venta ilegal de las tierras al capitalista norteamericano (68). Andrés no niega el hecho ante su mujer, solo le manda callarse. El lector queda convencido de su culpabilidad, puesto que así lo sugiere el diálogo entre los esposos que reconstruye Catalina. No obstante, el entonces gobernador del estado da una versión diferente a la prensa:

> Me parece lamentable lo que ahí sucedió [...]. He encargado al señor procurador que investigue a fondo los hechos y puedo asegurarles a ustedes que se hará justicia. Pero no podemos permitir que grupos de bandoleros disfrazados de campesinos diciendo que exigen su derecho a la tierra se apoderen con violencia de lo que otros han ganado con un trabajo honrado y una dedicación austera. La Revolución no se equivoca y mi régimen, derivado de ella, tampoco. (69-70)

La identificación con la revolución es muy importante en la imagen pública del político porque le ofrece protección: cualquier opositor así estará identificado como traidor. El discurso de Ascencio presenta un lado del político que el pueblo deseaba creer. Es, sin embargo, un discurso falso. El testimonio de la que lo observa desde su lugar privado invalida sus palabras públicas. Catalina es testigo o se entera de muchos de los asesinatos que Andrés comete y se percata de la posición de él frente a ellos.

Igual que con los campesinos asesinados, su esposo promete "investigar a fondo" la muerte del dueño del periódico opositor que él mismo ordenó; también se lamenta del "accidente" del novio de su hija Lilia; así como expresa su pésame y envía flores a todas las viudas y familiares de todos los que manda matar por sus venganzas personales, intereses económicos o tácticas en contra de los oponentes políticos:

> Magdalena era la única junto a la caja [...]. No me acerqué, [...] solo quería verla y saber si la corona de flores que mandaría Andrés cabría por la puerta. Porque él así jugaba, cuando el muerto era suyo o le parecía benéfica su desaparición, mandaba enormes coronas de flores, tan enormes que no cupieran por la puerta de la casa en que se velaba al difunto. (73)

Las muertes eran parte de su estrategia para mantener el poder. Otra parte de esta misma estrategia era también mantener la cara de constructor de la nación en el espíritu democrático, de buen padre y esposo amoroso. Es significativo que la falsa imagen que construye Andrés Ascencio de sí mismo era el molde y el ejemplo del sistema político construido por el partido que estaba en el poder sin interrupción desde la revolución y estaba ejerciéndolo aún en los años ochenta, el PRI, convirtiéndose así en una alegoría de este partido. Cabe recordar que el Partido Revolucionario Institucional (PRI), anteriormente llamado Partido Nacional Revolucionario y renombrado después de las elecciones de 1929, se hallaba controlado por grupos de burguesía de intereses comunes que harían todo por aniquilar cualquier obstáculo que les impidiera seguir en el poder. Esta nueva burguesía constaba de una casta de privilegiados y oportunistas a la que no les bastó con una repartición de los ejidos ventajosa para ellos, también hicieron alianzas de tipo porfiriano: con los poderes extranjeros que se ocuparon de la explotación del país.[26] Durante su gobierno de varias décadas el PRI ganó la reputación de corrupción, fraude electoral y habilidad de engaño con las imágenes inmaculadas de sus dirigentes.

La primera dama

Como es costumbre en México, y en muchas otras partes del mundo, las primeras damas apoyan a sus maridos no solo en las apariciones

26. Krauze, Enrique. Mexico. *Biography of Power. A History of Modern Mexico, 1810-1996*. New York: Harper Collins Publishers, 1997; pp. 429-431; Meyer, Michael C. y William L. Sherman. *The Course of Mexican History*. New York: Oxford UP, 1983; pp. 587-592.

públicas para mostrarlos a la luz como confiables hombres de familia, sino que también se encargan de llevar a cabo obras de beneficencia social. Típicamente, esas incluyen conseguir fondos para iniciar o hacer funcionar mejor las instituciones existentes que auxilian a la gente desprotegida, sobre todo niños y ancianos. La ayuda que prestan las esposas de los gobernantes puede ser significativa, incluyendo acciones efectivas y perdurables, sin embargo, en muchos casos se trata de afanes individuales sin más repercusión que alivios instantáneos, calculados para reforzar la popularidad política del cónyuge.

Siendo esposa del gobernador del estado de Puebla, Catalina Ascencio se ve obligada a cumplir con su rol de benefactora y repite las acciones de otras primeras damas. Su marido le impone el cargo de presidenta de la Beneficencia Pública, el cual ella al principio intenta rechazar, pero en fin lo acepta como parte de sus obligaciones de casada. Hasta desempeña su papel con entusiasmo ante la novedad del cargo y llega a mejorar las condiciones de existencia para los internos ya que usa todo su empeño en conseguir fondos para comprar materiales indispensables para el hospital, la casa hogar y el manicomio bajo su protección. Sin embargo, se trata de acciones efímeras, sin consecuencias duraderas, como lo han hecho muchas otras primeras damas antes y después de ella.

En este punto cabe recordar que el texto de Mastretta incluye a dos protagonistas: una, que es la narradora y otra, que es la heroína en acción. Desde su posición de la que relata el pasado, Catalina se mofa de las acciones de la esposa del gobernador. En su narración autodiegética queda clara su ironía al retratar a la primera dama como una persona embriagada de su repentina posición social, quien se lanza a organizar eventos con fines en principio motivados por caridad, casi olvidándose del propósito con el que los ha comenzado. El lenguaje que usa para describir sus acciones suena carnavalesco –por usar la metáfora de Bajtín–,[27] revelando que su relato incluye una burla del *statu quo* de la primera dama del estado:

> Llamé a sus hijas para proponerles que me ayudaran a organizar bailes, fiestas, rifas, lo que pudiera dar dinero para la Beneficencia Pública. Aceptaron. [...] Durante un tiempo no supe cómo iban las locas ni los enfermos ni los niños, me dediqué a organizar fiestas. Por

27. Bakhtin, Mikhail. *Problemas de la poética de Dostoievski*. México, D.F.: Fondo de Cultura Económica, 1988; 172.

> fin creo que hasta se nos olvidó para qué eran. Nada más porque Bárbara mi hermana cumplía con su papel de secretaria fuimos a entregarles las camisetas y los calzones a los niños, las camas a las loquitas, las sábanas a los hospitales. (50)

Según el filósofo ruso, la risa compone un lenguaje que "no es nunca empleado por la violencia ni la autoridad", pero que resiste la denigración y las imposiciones de la hegemonía.[28] Esa "risa rabelaisiana" resuena también en el episodio de la inauguración del manicomio, cuando la narradora recuerda el baile en el que el gobernador valseó con todas las locas y con ella (49). El sarcasmo de haberse incluido en el grupo de las enfermas mentales resulta obvio. Escalando el efecto carnavalesco, Catalina cuenta además que vistió a dos de las internas con las prendas de ella y de su hijastra, y las invitó a compartir su mesa. Con el cambio del ropaje las habitantes del manicomio se confundían con ellas: la esposa y la hija del gobernador, sugiriendo que un cambio en el sentido contrario puede resultar igual de fácil.

El caso del manicomio pone al descubierto también una crítica del quehacer de la primera dama. La señora Ascencio utiliza su poder que le da su posición de casada con el gobernador y saca del hospital a las dos internas que compartían su mesa. Ellas estaban encerradas en el reclusorio mental injustamente, por haber resultado incómodas a los intereses de otras personas. Su acción resuelve la situación vital de esas mujeres, sin embargo, descubre la prepotencia de los que están en el poder, quienes no tienen que rendir cuentas a nadie:

> Todavía estaba ahí la jovencita que inició el baile con Andrés y una que me contó que su hermano la había encerrado para quedarse con su herencia. Las invité a quedarse junto con nosotras. Cuando se acabó la celebración, nada más las saqué de ahí sin ningún trámite. Nadie preguntó nunca por ellas. (50)

No cabe duda que el rescate de las víctimas de la injusticia ha sido dictado por un sentimiento noble, pero se trata de un impulso, no de una labor estructurada que pudiera resolver y prevenir muchos otros

28. Bajtín, Mijail. *La cultura popular en la Edad Media y el Renacimiento. El contexto de François Rabelais*. Trad. Julio Forcat y César Conroy. Madrid: Alianza, 2005; p. 76.

problemas. Al igual que con los hogares para niños y ancianos, la presidenta de la Beneficencia Pública no crea ningún sistema efectivo y duradero, ni desarrolla ningún programa de acción. En los asuntos que le toca resolver simplemente se atiene a lo que le dicta el marido: "En las noches me llevaba una lista de peticiones que le leía a mi general de corrido y aceptando instrucciones: ese que vea a Godínez, esa que venga a mi despacho, eso no se puede, a ese dale algo de tu caja chica, y así" (51). Esta confesión suena un poco como la admisión de *mea culpa* de una mujer que desde una distancia temporal observa que su proceder no ha sido algo de lo que podría sentirse orgullosa.

Entre las fallas de la primera dama cuenta también su incapacidad de salvar los archivos de la ciudad, como observan Kay García y Jorge Fornet.[29] Según el relato de Catalina, cuando Andrés quedó elegido para la gubernatura de Puebla, todo el archivo de la ciudad fue vendido a precio de desechos a una fábrica de cartón: "Todo el archivo de la ciudad a tres centavos el kilo de papel" (51). En el momento de destruir los registros históricos, su esposo mantenía una relación muy estrecha con el magnate de la prensa, Gómez Soto, a través de quien construía la historia a su antojo.

La destrucción del sitio de la memoria histórica también ofrece un significado contestatario al discurso político y no solamente el de las dos décadas posrevolucionarias, sino del contemporáneo de la novela. Aunque *Arráncame la vida* se publica por primera vez a 20 años de la represión sangrienta del movimiento estudiantil de 1968, la memoria colectiva de los mexicanos conservaba aún muy fresca la herida infligida por el gobierno a la población civil. El rencor, aunque originado principalmente por las muertes, la tortura y las restricciones de la libertad, nacía también por la conocida práctica de la desaparición de los documentos y fabricación de otros. Por eso el recuerdo de Catalina resuena y alude a los acontecimientos políticos no solo de los años del relato, sino también de los sucesivos; es, además, una llamada de atención sobre las acciones del gobierno de ese momento y sirve como advertencia al futuro.

29. García, Kay. *Broken Bars. New Perspectives from Mexican Women Writers.* Albuquerque: U of New Mexico P, 1994; p. 51. y Fornet, Jorge. *Reescrituras de la memoria. Novela femenina y Revolución en México.* Habana: Editorial de Letras Cubanas, 1994; p. 54.

Según señalan algunas investigaciones, también la solidaridad que la heroína en acción despliega hacia las mujeres de otras clases y razas es dictada por impulsos, no por una recapacitación intelectual, y no la respalda una acción sistemática. Así es el caso de la ayuda que le presta a la esposa de un campesino muerto en Atencingo: es solamente una reacción instantánea al drama que se desarrolló ante sus ojos, que no resulta en nada más. En otras situaciones su solidaridad coincide y se confunde con el deseo de molestar a la persona "de sociedad" que ella no tolera. Este es el caso de Lucina, una sirvienta de varios años de Marilú Amed, una dama de alcurnia de Puebla que la irritaba particularmente. Cuando Marilú echó a Lucina por embarazarse, Catalina la trae a su casa, donde le da trabajo de nana de sus hijos. Indudablemente su acción resuelve el problema de esa mujer, pero su motivación queda opacada por los sentimientos no tan nobles hacia la causante del problema. La investigadora Aralia López González inclusive afirma que en la novela "la estructura de dominación patriarcal no solo no se quiebra, sino que se refuerza".[30]

Los episodios de las acciones de la primera dama narrados por Catalina Ascencio permiten ver que la narradora se distancia de la persona narrada y que implícitamente la enjuicia. Tanto el quehacer de la primera dama, como algunas actitudes de la mujer de sangre y huesos que la encarna quedan abiertos a la crítica. Aunque se trata de una mujer cuya visibilidad pública era en los años treinta y cuarenta, el público lector puede transferir la función de la primera dama del estado de esos tiempos a la de "ahora", es decir del tiempo actual de la publicación de la novela y más.

El adulterio

Casada desde una edad muy temprana con un hombre mucho mayor que ella y quien tenía muchas aventuras con otras mujeres, Catalina Ascencio también incurre en traiciones maritales. Su primera aventura comienza cuando se encuentra casualmente con un amigo de la infancia, estando

30. López González, Aralia. "Dos tendencias en la evolución de la narrativa contemporánea de escritoras mexicanas". *Mujer y literatura mexicana y chicana. Culturas en contacto*. v. 2. México, D.F.: El Colegio de México / El Colegio de la Frontera Norte, 1990; p. 24.

en el sexto mes de su embarazo. La narradora se justifica ampliamente por su adulterio al contar cómo sentía despecho por el abandono de su marido, se percibía fea y tenía mucho miedo ante el inminente parto. Su repentino amante, un muchacho sencillo y simpático del pueblo cercano, se mostró muy comprensivo con ella, le hacía sentirse atractiva y jugaba con ella como cuando eran niños: "Me trataba como a una reina. Nadie le tuvo más cariño que él al probable bebé. [...] Hasta se me olvidó la barriga, hasta llegue a pensar que hubiera sido bueno no desear más que aquel gusto fácil por la vida" (32). El *affaire* terminó cuando Catalina se fue a parir, pero más tarde en su vida aparecieron también otros hombres.

El lenguaje que usa la narradora para describir su primera aventura es humorístico y cínico: "Pablo se encargó de quitarme las ansias esos tres últimos meses de embarazo, y yo me encargué de quitarle la virginidad que todavía no dejaba en ningún burdel" (32). Estas palabras parecen de una persona promiscua que trata con ligereza la vida erótica. Tal actitud no era propia de una mujer decente de su época. Solo los hombres tenían la licencia de tener encuentros sexuales más o menos casuales. Las mujeres, en cambio, tenían la obligación de mantenerse puras y su única actividad sensual se esperaba en relación exclusiva a sus maridos. No ajustarse a esas reglas solo les era permitido a las prostitutas. Ello no quiere decir, obviamente, que las mujeres que no eran "del oficio" no desarrollaran nunca relaciones extramaritales, pero la norma cultural era no hablar de tales casos en términos positivos. En la literatura, si las protagonistas dejaban de ser "decentes", tenían que ser castigadas: morir o acabar en un prostíbulo o en un manicomio.

Al revelar su aventura y expresar su comentario sin sufrir por ello consecuencias negativas, la protagonista de *Arráncame la vida* desafía doblemente las imposiciones de la cultura patriarcal porque no solo infringe las normas del comportamiento femenino, sino que también habla de ello con la frescura de quien tiene el derecho de hacerlo. En el contexto de su relación con su esposo, quien es el exponente máximo del adulterio, los recuerdos que ella cuenta sirven para ganar la comprensión de su proceder por parte del público. Aunque su tono es humorístico, su mensaje no lo es: para la emancipación femenina de la opresión patriarcal se necesita un cambio de actitud con respecto a la moralidad tradicional que, como apunta Ofelia Schutte, "tendrá en cuenta las necesidades de satisfacción sexual y felicidad emocional de la mujer como derechos fundamentales de una persona con plena autonomía".[31] A pesar de la aparente liviandad de tono, esta es la batalla por el poder de representación por medio de la *anamnēsis*: Catalina gobierna la memoria y esto la eleva del original estado de subalterna al de la mujer que controla su vida.

Conforme avanza su narración, Catalina desvela otras relaciones fuera del matrimonio. A pesar de la sugerencia del título, sus adulterios no califican para identificarla con las heroínas de los famosos boleros tropicales de la era posrevolucionaria. Tanto "Arráncame la vida", como otras canciones incluidas en la novela ("Contigo en la distancia", "Cenizas", entre otras) hablan de tremendas pasiones, romantizando la imagen de la mujer sexualmente activa, que –dada la bipolaridad del papel femenino– es, obviamente, prostituta. Según señala Debra Castillo, los boleros, al igual que las películas de las rumberas y las cabareteras, se adoptaron con facilidad en la cultura popular mexicana posrevolucionaria porque disfrazan de juegos amorosos los problemas reales de explotación sexual.[32] A su vez, Carlos Monsiváis atribuye este hecho social a la ideología posrevolucionaria:

> Cantarle a una prostituta equivale –con los cortinajes y disfraces explícitos– a vocear las recompensas del sexo en una sociedad cuyas metas declaradas han sido la amnesia (no venimos de una lucha armada sino de la legitimidad eterna), el afianzamiento de vínculos con la pudibundez (programa de gobierno familiar) y la negación dramatizada de la frase de Luis G. Urbina: 'Los generales y los ministros terminaron con las mujeres románticas, con las mujeres desinteresadas'. Los sueños de la hipocresía engendran prostitutas ideales y desvanecen la sordidez de la explotación abyecta de miles de mujeres en cuartuchos insalubres. Por gracia de esta mitología la prostituta [...] no vende orgasmos sino súplicas de amor para yacer como privilegio exclusivo a la conversación entre varones.[33]

31. Schutte, Ofelia. *Cultural identity and social liberation in Latin American thought*. Albany: SUNY P, 1993; p. 225. La traducción del inglés es mía. En el texto original: "will take into account a woman's needs for sexual satisfaction and emotional happiness as fundamental rights of a fully autonomous person".

32. Castillo, Debra A. *Easy Women. Sex and Gender in Modern Mexican Fiction*. Minneapolis: U of Minnesota P, 1998; p. 55.

33. Monsiváis, Carlos. *Amor perdido*. México, D.F.: Era, 1977; p. 73.

A pesar de cierto flirteo que muestra la protagonista con la idea de identificarse con las amantes decantadas en los boleros, la voz de la narradora se burla de su patetismo. Así ocurrió cuando se creía enamorada de Fernando y le hacía a su chofer cantar múltiples veces "Contigo en la distancia". El supuesto amor se le acabó al instante de enterarse de las preferencias sexuales distintas de su ídolo, pero el chofer, quien –junto a ella– ensayó la canción a la perfección, ganó el concurso de La Hora Internacional del Aficionado (78).

La burla de los boleros proviene también de la máxima exponente de ellos, Toña Peregrino, quien al quedar sorprendida a medianoche por un hombre con un cuchillo se suelta cantando "Hay en tus ojos el verde esmeralda" y luego explica la ocurrencia a Catalina:

> Qué otra cosa se me iba a ocurrir si me habías tenido toda la tarde con el estribillo ese del verde que brota del mar, y la boquita de sangre marchita que tiene el coral. Me dormí repitiéndola y de tanto decirla ya no sabía si las borrachas eran las ojeras o las palmeras". (139-140)

La sugerencia del desenlace trágico expresada en el título también acaba en una carnavalada. Aunque la letra de "Arráncame la vida" insinúe que la protagonista asesinó a su esposo, la razón de su muerte es otra. El general ya estaba enfermo antes de que su mujer comenzara a proporcionarle los tés para quitarle sus dolores de cabeza. A pesar de que en un principio Catalina se mostrara fascinada por el supuesto poder destructivo que estaba en sus manos, ella misma le advertía a su marido sobre el peligro y trataba de disuadirlo de tomar los brebajes con demasiada frecuencia. La decisión de no prestarle atención era únicamente de él, además, la supuesta potencia mortal de dichos tés ni siquiera estaba comprobada. Lo más probable es, por otra parte, que lo que le mató fue la enfermedad que ya tenía desde antes. La sugerencia del título resulta por tanto engañosa, desmintiendo la maldad de la mujer sexualmente activa.

Con el juego de la atracción falsa por los boleros Catalina se desliga de la imagen de una mujer regida por las grandes pasiones referidas en ellos y desmiente la existencia de solo una posibilidad para la mujer autónoma. La rememoración de su vida pone en evidencia que ella no era una mujer típica del hogar, pero tampoco una prostituta, lo cual era la otra parte de la alternativa. Con sus diversas historias amorosas su realidad no califica a los patéticos arranques registrados en las canciones y tampoco la hace ver como la peor de las mujeres. Una vez más, la narradora desmiente el modelo de la conducta de una mujer adúltera "prescrito" por el discurso dominante.

El resultado del proceso de recordar

A pesar de la percepción que tiene de ella su marido poderoso, Catalina no se ajusta al papel asignado por las leyes machistas. Por el contrario, juzgando su personalidad, el lector no tiene ninguna duda de que se trata de una mujer inteligente y emprendedora. Desde su posición de narradora utiliza sus recuerdos para convencer al público lector de las distorsiones de la memoria dominante que describe a las mujeres de su sociedad como seres inferiores a los hombres. No acepta las limitaciones impuestas en ella por ser mujer y su rebeldía no se refleja solamente en cortarse el cabello o usar palabras groseras consideradas impropias para las muchachas decentes. Según su historia revelada en los recuerdos, desde muy joven tenía un sentido de libertad. Cuenta, por ejemplo, que iba al colegio de monjas en una época en la que la mayoría de las niñas asistían solamente a la escuela primaria y se negaba a aprender las tareas consideradas "femeninas":

> Casi ninguna mujer iba a la escuela después de la primaria, pero yo fui unos años más porque las monjas salesianas me dieron una beca en su colegio clandestino. Estaba prohibido que enseñaran, así que ni título ni nada tuve, pero la pasé bien. [...] Cuando tuve que permanecer encerrada todo el día mi madre puso su empeño en que fuera una excelente ama de casa, pero siempre me negué a remendar calcetines y a sacarles la basurita a los frijoles. (12-13)

Desde su posición de primera dama del estado, Catalina trata de influir en algunas decisiones políticas de su marido, pero no logra conseguir nada. Después del intento fallido de salvar los archivos de la ciudad, queda de observadora pasiva de sus actividades corruptas y reprochables. Esta posición ha ocasionado muchas críticas a la autora de *Arráncame la vida*. También se han criticado otros episodios en los que la postura ética de su protagonista deja mucho que desear. Sara Sefchovich, por ejemplo, sostiene que "*Arráncame la vida* es una propuesta narcisista: la mujer es siempre la más bella, la más inteligente, la más rica, la más poderosa. Se trata de un personaje que, vestido de mujer, realiza el sueño de todos los clasemedieros de hoy: la riqueza, el poder y la libre sexualidad".[34] Sin embargo, no ha sido la intención de la autora crear un carácter idóneo, según ella misma expresa en las entrevistas. Quizás estas posturas erráticas sean justamente las que contribuyen más a la veracidad del personaje.

Es también cierto que Catalina prefirió vivir alienada dentro de la sociedad conservadora y represiva con tal de no perder el bienestar y la protección del marido. Lo reconoce en varias ocasiones; una de ellas es cuando rememora su intento de escapar y se arrepiente. Su espíritu de libertad resulta limitado, puesto que a la vez que se muestra innovadora, es conservadora y acepta el esquema de la dominación patriarcal:

> Un día salí y tomé un camión que iba a Oaxaca. Quería irme lejos, hasta pensé en ganarme la vida con mi trabajo, pero antes de llegar al primer pueblo ya me había arrepentido. El camión se llenó de campesinos cargados con canastas, gallinas, niños que iban llorando todo el tiempo. Un olor ácido, mezcla de tortillas rancias y cuerpos apretujados lo llenaba todo. No me gustó mi nueva vida. En cuanto pude me bajé a buscar el primer camión de regreso. (50)

Con toda su inteligencia y energía, y desde la posición que ocupaba, Catalina hubiera podido hacer algo más por cambiar el mundo en el que le tocó vivir. Por todo eso hay que reconocer como válidas las razones de los que critican su postura como poco eficiente, poco solidaria y oportunista, pero solo hasta cierto punto.

Si se toma en cuenta lo que se anunció al principio, que el personaje cumple con dos funciones: la de la heroína en acción y la de la narradora, se puede percibir mejor la emancipación de la mujer retratada en *Arráncame la vida*. Como heroína en acción, Catalina desmitificó el papel de la esposa sumisa y madre abnegada, difundido ampliamente por la literatura y otros medios. Como narradora, al acudir a los diversos sitios de la memoria altera el orden de importancia del género que tradicionalmente protagonizaba la novela: la prioridad les pertenece a las mujeres. Ello sucede tanto en el primer plano, entre los personajes principales: ella y su esposo, como

34. Sefchovich, Sara. *México: país de ideas, país de novelas. Una sociología de la literatura mexicana*. México, D.F.: Editorial Grijalbo, 1987; pp. 228-29.

en el segundo: entre los personajes secundarios. Por ejemplo, al recordar a su amiga Bibi en su relación con el general Gómez Soto, lo hace de una manera que no solamente destaca la figura de la mujer, sino que al mismo tiempo ridiculiza la de su amante y luego esposo.

Ante el abandono e infidelidades de su marido, Catalina rechaza el papel de mujer sufrida y busca comprensión y cariño en otros hombres. Con su actuación transgrede el papel tradicional de la mujer, además trata de influir en otras mujeres para que no repitan aquellos modelos limitados. Incita a sus amigas Mónica y Pepa a desechar los prejuicios sobre la mujer decente y buscar felicidad con los amantes que las satisfagan; comparte su felicidad cuando logran hacerlo. También apoya a su hija adoptiva Lilia en sostener una relación amorosa con el hombre de su elección; hasta lucha en contra de su esposo quien quiere imponerle a la hija un matrimonio de su propia conveniencia. Su impulso de liberación llega hasta la transgresión de uno de los tabúes más graves de la sociedad: se muestra cómplice de la relación semiincestuosa entre sus otros hijos adoptivos, Marcela y Octavio. Aunque de modo paródico, ella ofrece una visión de la emancipación de la mujer burguesa. Según su humorística versión, la mujer solo puede estar feliz cuando su opresor muere:

> Estaba sola, nadie me mandaba. Cuántas cosas haría, pensé bajo la lluvia a carcajadas. Sentada en el suelo, jugando con la tierra húmeda que rodeaba la tumba de Andrés. Divertida con mi futuro, casi feliz. (226)

El adverbio "casi" señala que conseguir la felicidad por medio de la muerte del cónyuge no es una propuesta ni ideal, ni seria. La estrategia discursiva que se ve aquí es, sin embargo, efectiva, en cuanto desestabiliza la hegemonía masculina. Como afirma Linda Hutcheon, "con parodia – al igual que con cualquier otra forma de reproducción– la noción de algo original como algo raro, único y valioso [...] se somete al cuestionamiento".[35] La sugerencia de la muerte del *tirano* para darle lugar a una vida nueva, pero detrás de la cómica imagen se plantea la necesidad de cambios

35. Hutcheon, Linda. *A Poetics of Postmodernism: History, Theory, Fiction*. New York: Routledge, 1988; p. 89. La traducción del inglés es mía. En el texto original: "with parody –as with any form of reproduction –the notion of the original as rare, single, and valuable [...] is called into question".

para garantizar la participación igualitaria de la mujer en la sociedad. Es un llamado de atención a atender las necesidades de las mujeres.

A lo largo del texto se juega con lo ligero y lo serio. Coincido con Jorge Fornet, quien observa que la rebelión de Catalina alcanza más efectividad en el momento mismo de contar su historia, es decir cuando produce las memorias de su vida. Es entonces cuando verdaderamente se libera del control que ejercía su marido sobre sus acciones. Es en este preciso momento que lleva a nivel público su actitud de mujer transgresora que no solamente ha roto muchas reglas sociales, sino que también expone sus acciones ante los demás. Además, logra una transformación del mundo, puesto que invierte los papeles de poder entre su esposo y ella: por primera vez es ella quien controla la narración; el discurso de Andrés solo existe a través de la memoria de ella.[36]

Los recuerdos de Catalina son también un llamado de atención en el sentido feminista, ya que hacen visible el conflicto de la explotación de la labor femenina. Andrés nunca sería capaz de construir su imagen de político con los valores tradicionales de hombre de familia si no fuera por la apropiación de la imagen y del trabajo de ella. Su esposa tenía que invertir muchas horas de trabajo y poner todo su empeño en organizar las comidas, asistir a fiestas, involucrarse con los trabajos de beneficencia y asistir a los actos políticos que odiaba, para complacer la voluntad de él. Ciertamente, disfrutó por eso de su estatus de rica, sin embargo, este vino a cambio de la rendición total de su persona. Para ella no había otra opción, a menos que muriera o ella o su marido opresor. La idea de poder escapar fue un desvarío de la protagonista, que al principio de la gubernatura de su marido era aún lo suficientemente inocente para pensar que solo su apego al recién conquistado estatus de primera dama, acompañado de toda clase de comodidades, la hizo regresar. La personalidad de su marido no deja dudar de que él no le habría permitido escapar. Tanto porque la necesitaba para mantener su propia imagen, como por el orgullo machista. Es evidente que Catalina no tenía otra opción más que desempeñar el trabajo exigido por él. Su esfuerzo, sin embargo, nunca fue reconocido y ella siente rencor por ello: “Para mucha gente yo era parte de la decoración, alguien a quien se le corren las atenciones

36. Fornet, Jorge. *Reescrituras de la memoria. Novela femenina y Revolución en México.* Habana: Editorial de Letras Cubanas, 1994; p. 66.

que habría que tener con un mueble si de repente se sentara a la mesa y sonriera" (56).

Contemplar a Catalina en su perspectiva del doble *yo* ha sido útil para observar la complejidad y la emancipación del personaje femenino, así como para apreciar el impacto del discurso contrario al hegemónico. Como heroína en acción, el personaje tiene el mérito de haber sido capaz de construir una subjetividad propia a pesar de las restricciones e imposiciones de su marido. Pero como narradora lleva las transgresiones un paso más: no solamente emprende acciones que la condenan ante los ojos de su sociedad, sino que también las da a conocer. También demuestra que eran falsos los mitos sobre la mujer que decían que era una criatura menos inteligente que el hombre, menos apta para el trabajo y menos moral. Con su versión de los hechos, ubicados en la época posrevolucionaria, subvierte la imagen maniquea de la mujer que promovían los escritores de aquella época y también otros discursos. Hace una crítica del discurso patriarcal y oficial al mismo tiempo, ya que el portador de ambos es, en la mayoría de los casos, una sola persona: su esposo. Además, critica los discursos actuales, puesto que la desigualdad entre los sexos, así como la situación política nacional son el resultado de aquellas definiciones y muchas prácticas de la época enfocada continúan sin grandes cambios.

La rememoración inviste a la narradora del poder de alterar la dependencia del género sexual. El personaje mismo, Catalina Guzmán, depende de su capacidad de recordar y hablar. Como heroína en acción, su vida seguramente quedaría opacada por la de su marido, pero como narradora, reclama su propia supervivencia. La memoria se convierte también en este sentido en un discurso contestatario. Es a través de los recuerdos que se constituye la trama de esta novela y se rescata la historia de una vida que, por el hecho de ser de una mujer, estaría relegada a la periferia del discurso tradicional. Al darle voz al personaje femenino, la novela subvierte el canon literario que exigía la producción de personajes en consonancia con la política cultural oficial, o sea: masculinos.

El feminismo posmoderno, con el que se puede identificar la obra de esta escritora, usa el discurso de doble expresión para formular una crítica de las narrativas dominantes. Detrás de lo que algunos tildan de una "novela rosa",[37] se encuentra una crítica seria de la opresión política

37. Christopher Domínguez Michael. *Antología de la narrativa mexicana del siglo XX*. México: Fondo de Cultura Económica, 1991.

y sexual. El personaje que construye *Arráncame la vida* sigue importantes principios feministas y constituye con su narración un ejemplo de lo expresado por Carol Hanish: "lo personal es político".[38] La memoria es su herramienta más significativa de resistencia a la opresión política y sexual.

Con su propia voz: extractos de las conversaciones con Ángeles Mastretta

¿Cómo se le ocurrió la idea para Arráncame la vida? ¿Se trata de personajes históricos o son inventados?

La protagonista de este libro es Catalina, pero no era de ella de quien yo quería escribir originalmente. Antes de escribir este libro yo estudié periodismo en la facultad de ciencias políticas. Lo que yo quería entonces era hacer una crónica sobre los hombres del poder de los años cuarenta. Pero me di cuenta que yo no era historiadora, que había muy pocos elementos para tal crónica, y que yo no iba a dedicar mi vida a buscarlos. Entonces me di cuenta de que lo que yo quería hacer era inventar. Y empecé a querer inventar la historia de uno de ellos: del gobernador, para a partir de él contar la de los otros pillos que eran sus cómplices. Empecé a contar y no encontraba cómo. Contar en una tercera persona todopoderosa, desde mí, como una gente que vive en los ochenta y que quiere contar una historia no me salía justamente porque yo creo que había muchas cosas que yo no sabía. Entonces me dije: ¿cómo hago? ¿quién podría saber mucho de este hombre y al mismo tiempo ignorar muchas cosas? Entonces dije: la esposa. De un hombre así de público la esposa puede saber muchísimas cosas por su intimidad y a la vez puede desconocer mucho de su vida. Puede ser la que menos se entera de muchas cosas. Por eso inventé esa voz, la voz narrativa de ella. Y pude narrar la historia de él mientras narraba la historia de ella.

---

38. La frase "Lo personal es político" (*The personal is political*) fue popularizada por Carol Hanish en un ensayo bajo el mismo título, que apareció en *Notes from the Second Year: Women's Liberation* (1970). Sin embargo, varias feministas, incluyendo a la misma Hanish, mantienen que no es posible definir quién fue la primera persona en usarla.

¿Usted es de Puebla. Si para el personaje masculino de la novela se inspiró en un personaje histórico de este estado, siendo este de un carácter tan fuerte, seguramente había oído algunas historias de él.

Claro que sí. Pero eran historias que se contaban dentro de las casas. Todavía cuando yo empecé a preguntar por las historias que tenían que ver con esta gente –¡y lo empecé a preguntar en 1980, cuando el señor ya llevaba como cuarenta años de muerto!– todavía la gente decía: de eso mejor no hablemos.

¿Por qué?

Porque le tenían miedo; porque él había sido un asesino; porque había sido un implacable. Ahora, yo después lo tuve que inventar un poco. Cuando tú lees, el tipo te parece un poco entrañable o gracioso, ¿no?

¿Sí, esto parece a veces.

Bueno, pues no lo era en los relatos de la gente, para nada, pero yo no lo podía aguantar así. Me parecía que en la novela de trescientas páginas no podía convivir con un personaje así de insufrible. Entonces lo tuve que inventar de manera que por lo menos a su mujer le cayera más o menos bien a ratos. Porque ¿cómo es que ella podía convivir con él todo el tiempo? y sobre todo yo: ¿cómo podría yo convivir con él tanto tiempo? Pero me gustaba indagar en esa historia y en la memoria de los demás. Era una historia muy linda, una historia que mis abuelos platicaban como algo vivo; conversaba con mis tíos y era una historia que para ellos pasó muy recientemente.

¿Catalina es una mujer muy poco típica para las mujeres de aquellos años. Rompe muchos esquemas. Hasta llega al extremo de proteger la relación entre medio hermanos, con lo cual atenta en contra de uno de los tabúes sociales.

Sin duda, pero esas historias de que los hermanos tengan un incesto juguetón pueden pasar entre la gente, ¿no? No es que yo haya vivido o conocido una situación de esas. No; es una situación inventada. Simplemente se me ocurrió que esos dos se enamoraron. Ellos no se conocían, entonces es lógico que cuando llegan a una casa, se enamoran. Me pareció un caso muy normal y lo puse. Alguien me dijo alguna vez que esta es una novela fresca. Le pregunté que ¿por qué fresca? y me respondió que es que es de gente joven: fresca, como una lechuga cuando la acaban de cortar. Y sí, es que hay escenas frescas. Como sucede por ejemplo en la que ella ve al hombre desnudo y se le queda viendo con curiosidad porque nunca antes había visto a un hombre desnudo. Esto me salió tan normal, pero es que yo la escribí hace muchos años. No lo volvería a escribir igual. Porque tienes que ser muy joven para contarlo así. Después le das más vueltas.

¿Entonces se encontró con más aplausos que recriminaciones por esa historia?
Los descendientes de esta supuesta pareja dicen que esta es una historia inventada. Siempre que me llega alguien quien dice algo, le digo que es una historia inventada; nunca dije que fuera verdad. Yo nunca dije que este personaje se llamara así, ni que sus descendientes fueran los que yo retraté. Nadie tiene por qué ponerse el saco. Yo inventé esta historia. Tan la inventé que 90% de las cosas que pasan en este libro no pasaron de verdad.

Parece muy creíble y supongo que el fondo histórico contribuye mucho a esta credibilidad. Seguramente hizo mucha averiguación para ello.
Claro; es que lo averigüé. Averigüé mucho más de lo que ahora sé. Yo ya no me acordaba de ello. Hasta que hicieron la película. Y cuando hicieron la película aquí, el director empezó a hacer el guion y no podía, no le salía del todo bien, me vino a buscar. Me dijo: ya no tengo dinero, no te puedo pagar por trabajar conmigo. Me lo advirtió. Pero me gustaría conversar contigo. Entonces empezamos a hablar y yo me involucré de tal manera, que por poco pago para que me dejen estar. ¡No me corran, por favor, déjenme estar! Y entonces volví a ver el libro; lo volví a leer y me di cuenta de las muchísimas cosas que yo sabía. Y después, a la hora de hacer el guion o de vestir al personaje, o de buscar las casas en las que iba a vivir, sabía yo muchísimo. Sabía yo que aquí ha de haber sido la casa, con este color no se podía haber vestido, etc. Me hacían caso o no me hacían caso, pero yo sabía muy bien. Sabía muy bien cómo era eso.

¿Entonces se podría decir que la verdad histórica de muchas cosas se puede reconstruir a partir de la novela?
Sí; es que yo lo había averiguado en aquel momento de escribir la novela, solamente que ya no me acordaba de eso. No me daba cuenta de todo lo que había investigado. Tampoco me acordaba ya muy bien de cómo era este hombre, cuáles eran sus relaciones con los otros poderes, etc. Muchas cosas así las investigué.

La película revivió el interés del público por la historia que escribió ¿verdad? ¿Aparecieron nuevas ediciones del libro?

Cuando hicieron *Arráncame la vida*, la película, para mí fue muy importante porque mi libro ha tenido otra vez un éxito bárbaro. En general mis libros se venden muy bien. Pero, por muy bien que se venda, *Arráncame la vida* había vendido 3 millones de ejemplares cuando apareció la película y en un mes, tres millones de personas vieron la película. Lo que el libro había tardado 20 años en cosechar como un libro, lo vi en un mes.

¡Qué poderoso es el medio cinematográfico!

Claro. Antes yo llegaba a la librería a comprar mi libro y me decían: ¡Ah, Sra. Mastretta! Ahora me encuentro con que voy a la tienda al lado del supermercado y me dicen: ¡Ah! ¿Usted escribió la película? O sea: eso les parece mucho más importante. Y hay un paso más, un paso más abajo, que es el de la telenovela, al que yo creo que nunca tendré una nota tan noble como para acceder.

El cuadro que mostró es muy amargo: ese poder sin piedad de los ganadores de la revolución, gobernantes del estado y del país, esa corrupción, traición a los ideales revolucionarios, conspiración de los políticos en contra de todos los que pudieran entorpecer su camino ... ¿No ha sufrido repercusiones por ello por parte de los políticos contemporáneos que, bien lo sabemos todos, seguían siendo del mismo partido?

No, francamente, no. Creo que eso es muy raro. Es que cuando yo publiqué la novela, era ya 1985. La generación que llegó al gobierno en esos años era esta que en México se llamó "de los tecnócratas" y que ellos mismos ya miraban con un enorme desprecio al Partido de la Revolución. Ya les daba pena. O sea, llegaron al poder por este partido, pero les daba cierta vergüenza. Entonces, ya ellos veían ese partido como el partido de sus papás o sus abuelos. Como quien hereda una casa vieja. Entonces dijeron: bueno, en esta casa tenemos que vivir, vamos a remodelarla un poco y si los que aquí vivían estaban locos, nosotros estamos menos locos, somos menos ruines, menos bárbaros y queremos mejores cosas de las que querían ellos. Por lo tanto, una de nuestras cualidades es que nosotros somos no solo tolerantes, sino amigos de la gente que está aquí.

El libro muestra los juegos sucios de la política desde la perspectiva de una persona inocente, no importa si sea mujer, niño u hombre inocente. El caso es que muestra esa mirada cándida y algo sorprendida ante lo que le está sucediendo a muchas otras gentes inocentes que forman el pueblo.

Sí, exacto. Incluso desde el punto de vista de un hombre abusado. No es necesario que lo diga una mujer. Esta mujer tiene la voz de ella o de los niños, pero también de los hombres que estaban debajo de estos pisoteados. Por eso, ¿no?

¿No le sorprende a usted misma el mundo que creó? Después de todo, hay varias personas que viven a partir de esas páginas y ahora forman en cierto modo parte de nuestro mundo, tienen su propia vida.

Sí, estoy completamente sorprendida. Pero de tal manera, que yo de pronto me encuentro con ... para volver a mi madre, que era una mujer muy cabal, muy práctica, muy racional, yo era muy fantasiosa. Entonces yo de pronto cuando voy con mi mamá por las calles de Puebla, le digo: aquí vivía Catalina. Y mi mamá dice: hablas, como si hubiera existido de a de veras. Y ahora cuando hicimos la película, cuando vino la actriz a verme, yo la vi y dije: así no era Catalina Ascencio, así no era la Catalina que yo inventé. La que yo inventé no era así de flaca, ni era de este tamaño. Era una mujer fuerte. ¿Cómo iba a ser así como esta niña? Esta niña es de este ancho, es así [muestra con las manos]. Cuando yo la vi, le dije al director: ¿Cómo vamos a convertir a esta niña en una mujer fuerte? ¿Cómo le vas a hacer?

¿Y cómo sabía usted que así tenía que ser? Uno puede imaginar muchas cosas, pero siempre será a partir de algo que ya sabía, ¿no?

Bueno, yo fui a la UNAM, estudié ciencias políticas en la UNAM. Lo que aprendí allí para los exámenes, en muy buena parte no me sirvió de nada. Pero el haber estado allí, sí, me sirvió todo. Yo no hubiera podido escribir este libro sin haber oído las cosas que he oído allí. Pero tuvo que haber una mezcla porque yo oía todas esas historias (que se contaban en mi familia) con cierto espanto y mucha reticencia, pero yo no tenía un juicio político sobre eso. Nada más veía que estaban mal, pero no sabía cómo sustentar esa historia. Sí, tuve que haber pasado por esa experiencia universitaria para entender cómo hacer eso. Ni cuenta me di bien cómo.

El lenguaje de Catalina es en ocasiones muy "masculino". Extraña un poco en la boca de una mujer, sobre todo para hablar de las cosas femeninas.

Yo tenía un amigo: Renato Leduc, que era un poeta. Publiqué mi libro en el 85, Renato se murió en 86. Cuando yo tenía 30, él tenía 88. Él estaba muy obsesionado con ellos. No obsesionado: también es que era uno de los que me contaban muchas historias de esa época. Este sí, los conocía a estos y estaba en la cárcel bajo el régimen de estos. Y entonces, siempre me contaba cosas de aquella época. Yo siempre sabía que no eran del todo ciertas, pero no importaba. Él hablaba con esa voz, la de Catalina Ascencio. Yo inventé la voz de Catalina a partir de la voz de Renato.

¿Por qué le pareció apropiado el lenguaje de Renato Leduc para esta mujer?

Es que yo no sabía cómo usarlo y me dije: esta mujer tiene que estar muy enojada y también tiene que ser muy desatada. Y la única manera que yo encontré –eso sí, es la ventaja de la literatura– fue cuando me puse a pensar, que yo le podía atribuir el lenguaje. Y me dije: ¿cómo yo la vuelvo una fiera en la soledad? La gente me pregunta: ¿pero por qué? si tú no hablas así. Pues, claro, yo no hablo así, yo inventé a un personaje que habla así. Renato hablaba así.

Hay muchos personajes históricos que menciona por sus nombres en la novela: Andrea Palma, Toña la Negra...

¿Has oído cómo cantaba Toña la Negra? ¡Qué bonito canta!, ¿no?

Sí, me gusta mucho. Me imagino que la incluyó para añadir veracidad al fondo histórico. Pero había otros personajes, como Frida Kahlo y otros más. ¿Por qué no los incluyó?

¿Tú eres muy fanática de Frida?

Me interesa, por supuesto.

Yo nunca le entendí. Creo que no la alcancé a seguir. Esta mujer, Catalina, es el otro lado de la historia de Frida. Estaba del otro lado, ¿no?

También estaba en otra posición.

Cuando yo escribí este libro, Frida no era célebre.

Efectivamente.

Si hubiera sabido más de ella cuando escribía el libro, quizás la habría incluido.

Usted creó un universo que ahora tiene su propia vida. Cada año adquiere dimensiones nuevas. Ya vio, con la película...

Sí, es hasta chistoso: este universo está avanzando por su propia cuenta. Yo ya no puedo hablar mucho de él, puesto que ya no me pertenece. Solamente puedo hablar como alguien que lo conoce. Lo extraño es que los políticos de ahora acudieron masivamente al estreno de la película. En serio, la sala estaba llena de políticos.

No lo dudo.

¡Pero lo curioso es que muchos de ellos querrían ser el malo de la película! Y les gustó la película. ¡Quién los entiende!

¿Es que no la entendieron?

Es que piensan que es glamorosa. En Puebla la alcaldesa hasta hizo un tour en base al libro. Decidió que hacer la ruta por los lugares de *Arráncame la vida* sería un atractivo turístico. Y allí lo tienes: si llegas a Puebla como turista, el guía te dice: este es el lugar donde Catalina hizo esto y lo otro, este es el lugar de la quesería, etcétera.

¿Cuál quesería?

Justamente. Yo también quedé sorprendida. Imagínate que un día voy al centro de Puebla y me dicen: ven a ver la tienda de quesos de don Marcos. Yo digo: ¿don Marcos tuvo una tienda de quesos? Y entonces me dicen: sí, porque tú allí en el libro dices que don Marcos vendía quesos. Hacía quesos y ya no ordeñaba vacas, pues tuvo que tener una quesería, ¿no? Y para la película, el director, que es un gran artista y que se ganó muchos premios, había hecho una tienda de los años treinta: una tienda, en la que se vendían que las escobas, que las velas, que el azúcar..., todos los trastes, todas las antigüedades, todas las cosas de los años treinta. Una tiendita chiquitita. Y yo estaba que no podía creer que eso tuviera que ver conmigo.

Es increíble cuántos universos se están abriendo a partir de una idea.

Sí; ellos se lo imaginaron de dos frases que por allí escribí.

¿Cómo se siente tener el poder que le otorga el uso de las palabras?
Te hace sentir muy humilde.

¿Hay alguna escena de la película que le guste mucho?
Sí, hay una. El momento en el que ella ve el mar. ¡Qué bonito la hicieron! Es exactamente como yo la hubiera querido imaginar. La muchacha ve el mar y corre, y corre, corre. Es tan hermoso. Yo fui a varios lados para el estreno de la película: a España, a los Estados Unidos, varios lugares. Y los cineastas siempre están allí al principio, presentan la película, dicen unas cosas y se van. Pero yo no me voy hasta ver esta escena. Me gusta. Me convence la manera en la que el director la puso.

Capítulo 3

Reconociendo el valor de los espacios y del trabajo femenino en *Como agua para chocolate*, de Laura Esquivel

Introducción

Mientras que hasta ahora se argumentó el poder de la memoria para definirse como miembro de uno o más grupos nacionales (Margo Glantz) y para contestar las versiones erróneas o incompletas sobre la imagen femenina (Ángeles Mastretta), la presente sección explora las implicaciones que tiene la rememoración del mundo femenino para las formulaciones del rol ocupacional de su género. Lo que interesa aquí es destacar el efecto de los recuerdos que enfocan e instalan en la percepción de los lectores el valor del trabajo y de los espacios femeninos de manera diferente de la que se conocía por el discurso previo, en el ejemplo de *Como agua para chocolate* (1989), de Laura Esquivel.

Aunque el grupo femenino es muy amplio y entre sus integrantes hay muchas diferencias raciales, económicas y generacionales –por mencionar solo algunas– hay por lo menos una característica cultural que las une en las sociedades tradicionalmente patriarcales: su lugar inferior frente a los hombres. En consecuencia, las actividades que ellas ejercen y los espacios en los que se desenvuelven han sido subestimados, secundarios a los de la cultura masculina y no han merecido mucha atención literaria, a pesar de concernir aproximadamente a la mitad de la población. Hasta bien entrado el siglo XX el género femenino estaba representado en la literatura casi exclusivamente por los hombres y aunque algunos escritores han podido trazar los caracteres femeninos de manera compleja y aguda, esas proyecciones han sido escasas y no necesariamente representaban la colectividad, ni los lazos que la mantienen.

En *Como agua para chocolate*, Laura Esquivel captura la imagen de sus protagonistas en medio de un mundo donde ellas trabajan y ejercen lo que la narrativa de la cultura dominante por lo general no registra. En su texto la cocina, las labores de hilo, el cuidado de los niños y otros quehaceres considerados típicamente femeninos no son pasatiempos triviales, ni tampoco resultado natural del amor que se espera de las mujeres,[1] sino actividades que requieren de esfuerzo y disciplina, donde las personas muestran mucho o poco talento, hacen funcionar su creatividad y expresan sus sentimientos. Sus personajes desempeñan también funciones que, etiquetadas como masculinas, han sido ignoradas en las representaciones previas.

Cabe aclarar que no se asume aquí que las labores que ejercen las mujeres en *Como agua para chocolate* son exclusivas de su género –ni siquiera para los estándares de la época narrada– ya que siempre ha habido hombres que se encargaban también del quehacer considerado como propio de ellas. Además, la referencia al "trabajo femenino" no incluye todas las actividades a las que se dedican o se dedicaban las mujeres, sino más bien –siguiendo a Chandra Talpade Mohanty– las más significativas que implican la construcción ideológica del trabajo y el quehacer "en términos de nociones apropiadas de feminidad, domesticidad, (hetero) sexualidad y estereotipos raciales y culturales".[2] El propósito de lo que se desarrolla a continuación es indicar la relevancia de los espacios y actividades que, despreciados o desatendidos por el discurso prevalente, cobran importancia en la narración de una mujer.

1. Sobre la explotación del trabajo femenino explicado como la entrega (casi) incondicional del tributo amoroso se ha escrito bastante desde la perspectiva sociológica. Uno de los artículos recientes sobre el disfrute de la energía laboral de la empleada doméstica sin compensación adecuada, justificado por el amor que se espera de una persona de su condición social hacia sus patrones es, por ejemplo, el de Karina Elizabeth Vázquez, "Of Love and Exploitation". Ver la bibliografía.

2. Mohanty, Chandra Talpade. *Feminism Without Borders: Decolonizing Theory, Practicing Solidarity*. Durham: Duke UP, 2003; p. 142. La traducción del inglés es mía. Cita original: "in terms of notions of appropriate femininity, domesticity, (hetero)sexuality, and racial and cultural stereotypes".

Estrategia narrativa

La trama de la novela gira alrededor de una historia de amor situada hace un siglo, entre Tita de la Garza, la hija menor de una familia de rancheros de Cohauila, y Pedro Muzquiz, hijo de otro colono de la zona. La madre de la muchacha –Mamá Elena– es una viuda que maneja con eficiencia su rancho y cría a sus hijas con mano dura. A la menor le tiene impuesto el destino de cuidar de ella hasta su muerte sin esperar nada a cambio. Por ello Tita no debe casarse. Pedro se casa entonces con su hermana Rosaura para, según afirma, estar cerca de su amada. Al principio, Tita se resigna a su suerte y ejerce sus responsabilidades exigidas por la madre, pero se derrumba cuando se entera de la muerte de su sobrino a quien criaba como hijo propio y que fue alejado de ella por decisión de Mamá Elena. Después de sanar, se rebela en contra de su opresora. A pesar de la muerte prematura de su madre y también de su hermana, quien deja viudo al amado de Tita, la relación de los enamorados no va a progresar sino hasta muchos años después. Entretanto, Tita se encarga de criar a la segunda hija de su hermana con Pedro.

La realidad del mundo que se revela detrás de la historia amorosa se puede asumir como representativa para las familias mexicanas del mismo estrato social a principios del siglo XX. Se podría argüir que la situación de la familia que protagoniza la novela es un poco diferente de lo regular, puesto que a la cabeza de este núcleo está una mujer y no un hombre. Sin embargo, se trata de una circunstancia hasta cierto punto natural, puesto que por lo general a la muerte repentina del esposo la que lo sustituye en su papel del jefe de la familia es su mujer.

Aunque el acento principal de la narración recae en la protagonista que se encarga de la cocina diariamente, es de conocimiento común que todas las mujeres tenían que aprender a cocinar, ayudar en la elaboración de la comida para las ocasiones especiales, coser, etc. Son entonces actividades compartidas, a través de las cuales se pueden reconocer las mujeres como grupo. Es justamente por realizar esas labores que la narradora de la novela, Lucía, se identifica con sus antepasadas, particularmente con su madre, Esperanza, y con su tía abuela, Tita, a pesar de la distancia generacional que las separa.

El objeto material que desencadena la narración es el diario de Tita que posee la narradora, con sus recetas de cocina y otros apuntes de su vida. De las anotaciones, junto con las anécdotas orales transmitidas por su madre, Lucía reconstruye la historia de amor de su tía abuela y en ese contexto visualiza las actividades de las mujeres en el rancho de su familia en la provincia norteña al comienzo de la Revolución Mexicana.[3]

La selección del título marca desde la entrada la importancia que la autora le asigna al mundo femenino, ya que se trata de una expresión de cocina, tradicionalmente considerada como su espacio y responsabilidad. En México, decir que el momento es "como agua para chocolate" es referirse a una situación cargada de emociones que escalan a manera parecida del agua que está lista para verter en ella el chocolate en el momento anterior a su punto de hervir, es decir a un instante antes de la explosión. Varios investigadores han indicado esta correlación, que de buena manera es una metonimia del desarrollo de los eventos según la narración de Lucía. La expresión, aunque muy conocida en México, no era representativa de la cultura alta, sino de los espacios considerados marginales, como lo era el mundo femenino y la cultura popular.

El libro se divide en doce capítulos, correspondientes a los meses del año. Cada uno de ellos comienza con una receta culinaria, algunas de las cuales son típicas para la zona norteña, donde transcurre la acción narrada. Tal estructura apunta hacia la importancia de las cosas aparentemente triviales, no duraderas. También recuerda los escritos femeninos de las épocas pasadas, considerados géneros menores: diarios, cartas, almanaques, etc. Esas recetas explican cómo preparar comidas adecuadas para diferentes ocasiones, sincronizadas con las tradiciones mexicanas, mayoritariamente religiosas. La primera incluida en el texto es de las tortas de Navidad que preparaban las mujeres de la familia De la Garza al principio del siglo. Es la misma fórmula que va a usar Lucía antes de la Navidad, pero ya cerca de los finales del siglo. De este modo se marca la persistencia de la memoria a través de ciertas costumbres

3. El cuaderno mencionado por Lucía aparece bajo el título *El diario de Tita*, escrito por Laura Esquivel años más tarde y publicado por Penguin Random House Grupo Editorial en México en 2018. En él, la autora coloca las notas de Tita que confirman la historia narrada por Lucía y añaden información no mencionada en *Como agua para chocolate*, que iluminan la secuencia de la historia. También en el año 2018, la misma editorial publicó otra novela de Esquivel que constituye la continuación de la saga familiar de las mujeres De la Garza, *Mi negro pasado*. En ella se narran las peripecias de la nieta de Lucía, traída por su abuela al mismo rancho de Coahuila a finales del siglo XX.

alimenticias. El hecho de que el libro comienza y termina con la misma receta señala además lo cíclico del tiempo.

La narradora de *Como agua para chocolate* es poco visible, cediendo el lugar a la protagonista de su historia, Tita. A pesar de su estrategia de desviar la atención de su persona, es por medio de su voz que se conocen los eventos importantes en la vida de los personajes, particularmente los de su tía abuela. Ella es de interés para esta sección, puesto que es a través del filtro de su percepción que se conocen las actividades de sus antepasadas. Su voz, confundida con la de la protagonista, recuerda que la muchacha de hoy en día no ha crecido en el vacío, sino que lleva en ella las enseñanzas y las experiencias de las mujeres que la antecedieron.

El período narrado abarca toda la vida de Tita, con el enfoque selectivo en la época de su adolescencia y cerca de dos décadas más, es decir en la etapa en que las mujeres típicamente se casan y crían hijos. Se trata de la época más productiva de la vida humana. Es por ello que las actividades que observa Lucía como importantes son realmente significativas, puesto que es cómo ella concibe el quehacer femenino de sus ancestras y se reconoce como su sucesora.

Los sitios de la memoria

La actividad más constante de la protagonista es la elaboración de la comida, por tanto, la cocina es el sitio que más se destaca en su narración. Los manjares, anunciados por las recetas que abren cada capítulo, despiertan los sentidos. Sin embargo, no se trata tan solo de ponderar las cualidades de los platos acabados, sino que el enfoque de la rememoración recae en los procesos culinarios: la selección de los ingredientes, la manera de prepararlos y de conservarlos, y, en últimas cuentas, el efecto que tienen en los comensales. La cocina es todo un eje que abarca los elementos tales como los espacios donde se preparan y se consumen las comidas, se transmiten las recetas culinarias y consejos de salud, y se albergan la presencia y los sentimientos de los personajes.

La narración destaca también otros quehaceres considerados como típicos para las mujeres: las labores de hilo y el cuidado de los niños. Aunque se mencionan ocasionalmente también otras ocupaciones, como la limpieza o el planchado, estas no ocupan mucho espacio y no se examinan en esta sección. En cambio, se descuellan otras actividades, generalmente no ponderadas como femeninas. Entre ellas: la administración del rancho, que es una responsabilidad de doña Elena, y la participación femenina en la lucha armada, que representa una de sus hijas, Gertrudis. Estas funciones, como se verá adelante, no eran tan esporádicas como se presumía. Al retratar en ellas a las mujeres de la familia De la Garza, Laura Esquivel ilumina el lado silenciado de la historia del trabajo femenino.

La cocina

Todo gira alrededor de la comida en *Como agua para chocolate*, por eso la cocina es el sitio más importante de la novela. Las recetas culinarias que encuadran los capítulos determinan desde la entrada el grupo potencial de lectores. Como ocurre en la mayoría de las acciones de grupo, esa limitación puede aportar cierto sentido de exclusividad para el círculo de iniciados. Compartir las recetas de cocina aporta el significado de mostrar una voluntad de estrechar lazos entre las personas que tienen las mismas responsabilidades, confirmándose como miembros de la misma colectividad, por lo general femenina, relegada al servicio de los demás. Es también un acto de enaltecer la importancia de su trabajo.

En la novela, las recetas frecuentemente se entrelazan con los acontecimientos, es decir la preparación del plato en la cocina avanza paralela a la acción fuera de ella y culmina en el consumo del mismo en el comedor adjunto. La cocina es el centro de la acción y la mayor parte de los eventos en la novela se observa desde allí. Tita nace "sobre la mesa de la cocina, entre los olores de una sopa de fideos que se estaba cocinando, los de tomillo, el laurel, el cilantro, el de la leche hervida, el de los ajos y, por supuesto, el de la cebolla" (11).[4] Doña Elena, al no tener leche para alimentar a la pequeña y –más adelante– para esclavizarla, la dejó allí para que se entrenara en los trabajos de servicio. Paradójicamente, el lugar del confinamiento de la niña se convierte en su reino en el que crece y madura. Es en ese sitio donde se siente segura y lo trata como su refugio. Allí cuenta con la protección y el cariño de Nacha, la cocinera del

4. En este capítulo, los números entre paréntesis corresponden a citas del texto base de mi análisis, provenientes de la siguiente edición: Esquivel, Laura. *Como agua para chocolate: novela de entregas mensuales, con recetas, amores y remedios caseros*. Barcelona: Mondadori, 1994.

rancho y su nana. Bajo su guía, Tita aprende cómo preparar y preservar los alimentos, conoce las propiedades de los ingredientes y de las hierbas, y disfruta las posibilidades creativas que se le abren en este entorno. Su mentora indígena le transmite su saber de la cocina prehispánica, que Tita resguarda con entusiasmo. Gracias a ella los platillos ancestrales se salvan del olvido.

El mundo de la cocina es importante también para la sobrina de Tita, Esperanza, quien de pequeña se sentía inquieta en la habitación de su madre y solamente se calmaba si se le hacía creer que estaba en la cocina –para lograrlo había que engañarla con el olor de la sopa de frijoles colocada al lado de su cuna. Después, ese sitio va a ser significativo también para su descendiente, Lucía, quien disfruta contando las historias de su familia al preparar la comida.

Los alimentos frecuentemente cobran la importancia de un ente capaz de absorber y transmitir los sentimientos de la cocinera e imprimirlos en el ánimo de los comensales. Esa percepción de la habilidad de cocinar como arte o por lo menos como una capacidad muy especial que puede influir en el bienestar o malestar y, en general, en el comportamiento humano, no es nueva. En muchos cuentos, mitos y leyendas, la comida adquiere características mágicas, afectando de manera positiva o negativa a los protagonistas; las brujas –aun en lo que se denomina la gran literatura– frecuentemente usan sus pociones para potenciar sus hechizos.

En la novela de Esquivel, escrita en la convención del realismo mágico, el hechizo culinario ocurre frecuentemente. Uno de ellos, quizás el de más impacto, es el de codornices en pétalos de rosa. Cuando Pedro expresa públicamente su admiración por Tita y le regala rosas en agradecimiento por haber cumplido un año de cocinera oficial del rancho, ella usa las flores para la creación de su manjar. El plato adquiere la esencia afectiva de Tita, que se encuentra embelesada con la confesión indirecta de amor por parte de Pedro expresada por medio de las rosas, y contagia con ella a los demás, con lo cual desencadena un frenesí amoroso de todos los comensales. Otra de las creaciones culinarias absorbe el desconsuelo de Tita y provoca que los convidados se desahucien de tristeza. Otra más hace que se enfermen de indigestión.

Aunque en la mayoría de los casos es Tita quien elabora los manjares que revelan cualidades extraordinarias, ella no se presenta como una hechicera. La magia simplemente ocurre, se da sin su voluntad de practicarla. En cambio, la narradora subraya el valor de la fe en las cualidades de ciertos alimentos, que puede hacer milagros. Cuando muere el hijo de crianza de Tita y su dolor quiebra su estabilidad, solo el caldo que le trae Chencha, su ayudanta del rancho, es capaz de sacarla del trance en el que ha caído por varios meses: "Los caldos pueden curar cualquier enfermedad física o mental, bueno, al menos esa era la creencia de Chencha y Tita, que por mucho tiempo no le había dado crédito suficiente. Ahora no podía menos que aceptarla como cierta" (109).

El dominio de la cocina le permite a Tita convertirse en madre sin haber parido. Aunque se puede argüir que en el caso de su sobrino la posibilidad de ejercer la maternidad se le ha dado por arte de magia o milagro, en el de su sobrina es gracias a su pericia. Ella sabe cuáles tés prepararle a la recién nacida para substituir la leche materna que le falta. De una u otra manera –es decir, con la ayuda de la magia o con su propia industria– no permite que los pequeños se mueran de hambre. En un sentido más amplio, Tita se convierte en *nutridora* de todos los habitantes del rancho, ya que este es el poder de su reino de la cocina que ocupa. Es "la misma Ceres personificada, la diosa de la alimentación en pleno" (71). Su destreza alimenticia es además cohesiva para la familia, según reconoce su hermana Gertrudis. Esta muchacha rebelde, quien después de escaparse de su casa se ha convertido en una generala de la Revolución, encuentra la manera de ausentarse de la lucha armada por una noche para llegar a la casa familiar junto con su tropa para gozar de la famosa repostería de su hermana en el día de los Reyes Magos. De paso, consigue guarniciones para su gente.

La sensibilidad culinaria de Tita se ve conectada con las habilidades curativas. Cuando su hermana Rosaura se queja de gordura y de mal aliento, ella sabe qué tipo de dieta aplicarle y de cuáles tés hervirle para ayudarla. También es pronta a usar remedios caseros para curar las quemaduras de Pedro y hasta es capaz de atender el parto sin haber sido entrenada para ello. Irónicamente, el poder procedente de su pericia gastronómica, su conocimiento de la herbolaria y su habilidad curativa preocupan a la matriarca de la familia quien ve amenazada su propia hegemonía. Según teme doña Elena, las destrezas de Tita pueden ser usadas para causar daño y dolor. Aunque en ningún momento la protagonista usa ese poder para hacer el mal, su falta de acción no niega la existencia de tal posibilidad. De nuevo, aparece el espacio mencionado en el capítulo anterior, definido por Josefina Ludmer como "las tretas del débil".[5] A pesar de que el débil, es decir la persona que se encuentra en posición inferior, no muestra intenciones de enfrentamiento, la amenaza persiste detrás de su silencio. Cuando doña Elena queda inmovilizada a consecuencia de un ataque brutal de los bandoleros y pierde el control de lo que ocurre en su casa, no acepta ningún alimento hecho por su hija temiendo su envenenamiento por venganza del trato que le había dado ella. Su miedo obsesivo ante tal posibilidad llega a ser tan fuerte que después de cada alimento toma vomitivos para contrarrestar el posible efecto dañino, pero, paradójicamente, son los que causan su muerte.

El valor del trabajo de la cocina es reconocido por la narradora, quien considera que las comidas portan la memoria. Por ello dice que Tita "seguirá viviendo mientras haya alguien que cocine sus recetas" (213). Empero, el eje de los recuerdos relacionados con la alimentación engloba mucho más que los sabores y los olores. En su contexto, Lucía no solo hereda las recetas y aprende ciertos trucos de la cocina tradicional de su tía abuela –tales, como colocarse la "cola" de la cebolla encima de la cabeza para no llorar– sino que es capaz de restaurar el mundo de sus antepasadas.

Las labores de hilo

Las actividades de tejer, bordar y coser han sido emblemáticas para la esencia del imaginario femenino y doméstico. Desde la época de las mitologías griegas, los hilos han constituido el habla secreta de las mujeres, conteniendo por encima de la labor práctica el arma de resistencia ante el poder opresivo. Basta recordar el mito de Ariadne, quien, abandonada en una mazmorra, encuentra el camino de regreso gracias a sus hilos de colores que han marcado su paso. O Penélope, quien, bajo la presión de tener que elegir un marido entre sus pretendientes que querían ocupar el lugar de su amado Odiseo, encontró una manera de engañarlos con la excusa del tejido que tenía que acabar antes de anunciar el nombre del candidato que seleccionó. Mientras tejía de día, deshacía su trabajo de noche, lo cual le permitió postergar su decisión hasta que su legítimo

5. Ludmer, Josefina. "Tretas del débil". *La sartén por el mango.* Eds. Patricia Elena González y Eliana Ortega. Río Piedras: Huracán, 1984.

esposo regresara a tiempo para rescatarla de la difícil situación. También Filomela ha hecho de los hilos un lenguaje de la resistencia cuando su cuñado la violó y le cortó la lengua para que no pudiera hablar, tras lo cual la encerró en una prisión solitaria en el bosque. El bordado que entonces hizo Filomela le sirvió para transmitir el mensaje de su desdicha a su hermana, la reina Procne, quien la rescató y, junto con ella, se vengó de su marido malhechor.

En muchas novelas decimonónicas y del principio de siglo XX se registran las mujeres silenciosas, trabajando con paciencia y dedicación en sus tejidos o bordados que, por lo general, no tienen más relevancia que adornar sus casas o las iglesias. Es fácil imaginar las maravillas que brotan de las manos ejercitadas durante años. En algunas, sobre todo en la novela realista y naturalista, la costura aparece como una de las muy pocas posibilidades para las mujeres de ganar dinero para la manutención de la familia. En pocas obras, sin embargo, se registra que detrás de esa manufactura casera puede existir un lenguaje de resistencia. No solamente la resistencia activa, como en el caso de transmisión de mensajes a los presos por parte de las arpilleras chilenas o la de expresar su estatus por parte de las norteamericanas mediante sus *quilts*. El uso de las agujas, el huso y la rueca pueden ser también escudos para el silencio como recurso de oposición para los seres oprimidos.

Típico para la época narrada, las mujeres del rancho de la familia De la Garza cosen y tejen sus prendas, y las de sus prójimos. La narradora enfoca algunos de esos momentos, sobre todo el de preparar el ajuar de novia para Rosaura. Obviamente se trata de actividades que requieren de mucha paciencia y precisión, y requieren de la inversión de mucho tiempo. Tita tiene talento, por eso su costura es perfecta, pero se rehúsa a perder el tiempo en labores preparativas. Su desobediencia le cuesta recriminación de parte de su madre. A pesar del castigo, la protagonista encuentra en ello por lo menos la manera de evidenciar la tiranía de su madre ante sus hermanas.

El tejido es otra de las actividades necesarias en el mundo de las mujeres de la época, sin embargo, para Tita es algo más que la producción de bienes concretos. Igual que Penélope esperando a su Odiseo, ella buscaba refugio de sus aflicciones más grandes en su labor. Pero a diferencia de Penélope, Tita teje sin un propósito concreto. Cuando le aflige una pena, toma las agujas y se enajena en su trabajo. La noche de bodas de su hermana Rosaura con Pedro sufre por la traición múltiple y se entrega a su actividad que, según cree, la va a proteger del frío, pero no logra concretarlo. Con su tejido compulsivo llega a completar una colcha interminable. Cuando, tras el colapso nervioso, el doctor Brown se la lleva a Texas, Tita se cubre con esa colcha que, según la narradora, "alcanzaba a cubrir un kilómetro completo" (91). La colcha sin fin, agrandada al estilo del realismo mágico, expresa la extensión de la herida emocional de la protagonista, que le causa un malestar por el frío imposible de eliminar. Ante el abuso emocional que ha sufrido, esa colcha es lo único que no la puede traicionar, algo que ella misma ha creado y le proporciona cierta seguridad, por ello se tapa con ella para confortar su dolor.

Los cuidados maternos

El rol biológico de las mujeres supone la posibilidad de concebir y parir hijos, lo cual consecuentemente establece su deber de cuidar de sus crías. El apoyo maternal es necesario por lo menos en la fase de crecimiento de los niños, pero típicamente se extiende a lo largo de la vida, con los cuidados apropiados para las diversas etapas. A pesar de que los cuidados varían según las posibilidades y las exigencias culturales, el sentido universal visualiza la figura de la madre como un ser benéfico –por lo menos para sus hijos, en el que estos pueden tener la confianza absoluta. Como se ha explicado en la "Introducción", en la cultura mexicana se ha promovido la imagen de la madre abnegada, sacrificada y frecuentemente puesta en el pedestal cercano a la santidad para "domesticar" a las mujeres suprimiendo tanto su posibilidad de participación en la vida social y económica, como su deseo sexual. Tal estereotipo, favorecido por el discurso oficial posrevolucionario, ha persistido en la literatura de la mayor parte del siglo XX y en buena medida sigue persistiendo aún en la cultura popular mexicana.

Sin embargo, el cuidado materno no es distintivo de todas las mujeres, así como muchas pueden desenvolverse como madres aun sin haber parido los niños que están a su cargo. Según observa la filósofa Sara Ruddick, todas las madres son adoptivas. Es decir, la función de dar a luz no es sinónima con la crianza de los hijos. Aunque no se puede negar que parir es parte de la maternidad, es importante también la otra parte.[6] En la práctica social esas funciones por lo general coinciden, sin embargo, no siempre es así. En la novela de Laura Esquivel claramente no concurren y ponen en duda los idearios de la maternidad promovidos por la cultura imperante.

En *Como agua para chocolate* aparecen dos madres biológicas y dos alternativas. Doña Elena de la Garza, referida a veces como Mamá Elena, y su hija mayor, Rosaura, han parido hijos, pero ninguna de ellas llega a darles los cuidados maternales en el sentido de la crianza definida por Ruddick. De hecho, las dos causan daño a sus hijos y no es sino hasta que ellas mueren para que sus crías obtengan la posibilidad de madurar y hacerse independientes. En cambio, la otra parte que constituye la maternidad se compensa con las diligencias de las madres adoptivas: Nacha y Tita.

Doña Elena mantiene ante la sociedad la imagen de una madre ejemplar puesto que, a falta de un hombre, es ella quien provee a la familia de los medios necesarios para alimentarla, además educa a sus hijas según las normas de comportamiento típicas para la época, que incluyen el entrenamiento en las labores "femeninas" y los rezos. Detrás de su estampa de eficiencia habita, sin embargo, la figura de una déspota –contraria al imaginario común de la madre– que más que nada desea hacer sentir su incuestionable poder a las personas que se encuentran a su cargo. Obliga a sus hijas a una disciplina férrea, exigiendo obediencia absoluta. Les impone que se dirijan a ella con la palabra "mami" porque "mamá" le parece despectiva (18). A pesar del esfuerzo por aparentar ante el mundo que tiene una relación cariñosa con ellas, la progenitora se mantiene fría e insensible a las necesidades emocionales de sus hijas y ahuyenta toda posibilidad de intimar con ella. En su casa, cualquier rebeldía se castiga y no se permite ningún diálogo: "En la familia De la Garza se obedecía y punto" (17). La saña más tenaz que despliega Mamá Elena es hacia Tita, la hija menor, que fue concebida con su esposo después de que se frustró el amor adúltero de ella. Algunos señalan como significativo el hecho de que la señora De la Garza ni siquiera dio a luz a esta hija, sino que la expulsó de su vientre prematuramente. Además, no tuvo leche con que

6. Ruddick, Sara. *Maternal Thinking: Toward a Politics of Peace*. Boston: Beacon Press, 1989.

alimentar a su hija, condenándola simbólicamente a tener hambre tanto en el sentido físico, como emocional.[7]

En su rol de cabeza de la familia, doña Elena tiene el poder exclusivo para decidir sobre el destino de sus hijas. Como tal, no les permitirá tener el placer sexual que a ella le fue negado de joven, cuando tenía que casarse con otro hombre del que amaba porque su familia la obligó a ello. A Tita no le permite casarse con el hombre que ella ama porque –escudándose con la tradición familiar– la tiene destinada a su servicio de por vida. A Rosaura –la más obediente, quien, siendo la primogénita, afianzó su posición de madre de la familia y señora de la casa– le procura un marido que no la va a hacer feliz porque él está enamorado de la hermana menor. A Gertrudis le da la muerte simbólica al mandar a quemar sus cosas cuando esta se escapa de la casa en un arranque de pasión amorosa –cosa que ella misma no logró hacer cuando quería dejar a su marido y fugarse con el hombre amado.

La carencia de afecto materno por parte de su progenitora se compensa con el cariño de la madre adoptiva, que Tita encuentra en Nacha. La cocinera indígena, quien nunca se había casado, ni ha tenido hijos, acepta de buena gana su papel y llena a la pequeña de mimos y cuidados de una madre amorosa. Es ella quien alimenta y educa a Tita en el arte gastronómico, le transmite sus valores y su cultura, ofrece seguridad, confort y apoyo posibles, sin esperar nada a cambio. Nacha viene hasta del más allá para darle consuelo a su hija de crianza en el momento cuando ella lo necesita. Todo lo contrario de doña Elena, quien también se le aparece después de morir, pero es para atormentarla por no seguir sus reglas caducas de conducta que impiden su felicidad.

El esquema de la procreadora tirana e incapaz de criar a sus hijos en oposición a la madre adoptiva entrañable se repite en la generación siguiente. La protagonista de la novela, Tita, nunca tiene hijos propios, pero desarrolla el afecto maternal hacia los de su hermana mayor. Rosaura, al igual que doña Elena, tampoco tiene leche para alimentar a sus críos y solo los cuidados de Tita los mantienen con vida. No obstante, a los ojos de la matriarca de la familia la unión entre el primogénito de Rosaura y su madre de crianza resulta en demasiada prerrogativa hacia la última,

---

7. Antonio Marquet desarrolla la idea de la representación de la madre tirana en su artículo "Cómo escribir un *best-seller*? La receta de Laura Esquivel". *Plural: Revista Cultural de Excélsior*. 237 (June 1991); pp. 58-67.

por lo cual resuelve separarlos. Rosaura y su marido se llevan entonces al pequeño lejos del rancho, lo cual provoca que el niño muera por falta de cuidado adecuado. Al recibir la noticia, el dolor de Tita excede hasta sus límites de obediencia hacia su progenitora y la lleva al colapso nervioso que dura meses:

> Tita sintió que una violenta agitación se posesionaba de su ser: enfrentó firmemente la mirada de su madre mientras acariciaba el chorizo y después, en lugar de obedecerla, tomó todos los chorizos que encontró y los partió en pedazos, gritando enloquecida. –¡Mire lo que hago con sus órdenes! ¡Ya me cansé! ¡Ya me cansé de obedecerla! (90)

Algunos interpretan el acto de esta rebelión como un matricidio simbólico,[8] pero parece más evidente que la rebelión de Tita va en contra de la organización social según los principios de la cultura patriarcal que la sometieron al lugar inferior. Irónicamente, ese lugar le fue impuesto por su madre, quien se apropió del papel de patriarca. Cabe advertir que la parodia empleada en el acto de cortar los chorizos tiene un efecto paliativo sobre el impacto de la acción adversa a las reglas. La risa, según nos recuerda Bajtín, tiene el potencial de liberar y atenuar la crisis causada por el traspaso de las fronteras o límites establecidos por el orden dominante.[9] Adicionalmente se puede ver otra mitigación de la sublevación de Tita en contra del orden establecido en la causa directa de su estallido, puesto que su lugar de enunciación es el de una madre que ha perdido a un hijo. A los ojos de la sociedad patriarcal este es justamente el papel propio de una mujer decente, aunque su desempeño por parte de la protagonista no se haya dado de manera ortodoxa.

Cuando Rosaura vuelve a parir y otra vez no tiene leche propia, una vez más le entrega su cría a Tita para que esta la alimente usando sus conocimientos gastronómicos. De nuevo no hay alternativa y a Tita no le queda más que hacerlo, aunque al principio no quiere involucrarse emocionalmente con la pequeña. La tragedia anterior le ha enseñado

8. Por ejemplo, Antonio Marquet en su artículo "Cómo escribir un *best-seller*?" Ver la bibliografía.

9. Para explorar más a fondo la parodia en esta novela conviene consultar el artículo de Kathleen M. Glenn en "Postmodern Parody and Culinary-Narrative Art in Laura Esquivel's 'Como agua para chocolate'". *Chasqui*. Nov. 1994, Vol. 23, No. 2; pp. 39-47.

que ella no puede ejercer con plenitud su rol de protectora por no tener la autoridad necesaria para tomar decisiones sobre la vida de ningún hijo al no ser su madre biológica. Solo al enterarse de que Rosaura planea criar a la niña para convertirla en su sirvienta personal, tal y como se lo tenía impuesto Mamá Elena a Tita, decide protegerla. Aunque no queda claro cómo lograría Tita impedir que su hermana esclavizara a su hija, la solución mágico-realista es que la madre que parió a Esperanza muere y deja libre el terreno para que su hermana ejerza su maternidad sin más impedimentos.

En las dos generaciones retratadas en el relato de Lucía las madres biológicas resultan ser impropias o por lo menos incompletas. Son incapaces de criar a sus hijos de manera plena y se necesita que mueran para dejarlos crecer bien. En cambio, las madres alternativas son las figuras que alimentan, asean, proporcionan estímulo en el crecimiento físico y emocional de sus hijos, ofrecen seguridad, consuelo y confort posible de modo incondicional. Es por ello que la narradora reconoce como su antecesora a Tita –quien técnicamente es su tía abuela– y no a Rosaura, de quien desciende directamente.

La administración de la granja

De acuerdo con la imagen femenina concebida por el patriarcado la mujer, siendo inferior al hombre, no tiene la habilidad necesaria para ejercer el trabajo de proveedora, ni ser la cabeza del núcleo familiar. La administración de las granjas y de otras empresas es, por lo tanto, actividad de los hombres. No obstante, en *Como agua para chocolate* esa función es desempeñada exitosamente por doña Elena de la Garza. La muerte del esposo la coloca en este papel, pero lo esperado era que después de cubrir las necesidades inmediatas la mujer no tardase en encontrar a otro hombre que ocupara el lugar principal en la familia. Al contrario de la costumbre, la señora De la Garza no muestra ningún interés por casarse de nuevo, sino que asume el papel masculino. Su nuevo rol parece sentar bien con su carácter déspota, pero pronto se convierte en una situación que muchas de las mujeres tenían que afrontar. La Revolución Mexicana ha tomado muchas vidas y las circunstancias exigieron de las viudas convertirse en las únicas proveedoras y cuidadoras de la familia, tal y como lo tuvo que hacer unos años antes Mamá Elena. Su papel es, por tanto, relevante no solamente en el contexto de su familia, sino porque representa el trabajo femenino en el área donde sus méritos menos se reconocen.

La novela no ofrece muchos detalles referentes al trabajo en la granja, pero se infiere que doña Elena lo ejercía con suficiente aplomo y eficiencia porque la familia vivía sin preocupaciones económicas notables. Entre los pocos detalles que se destacan sobre sus habilidades de lideresa del rancho sobresale su sensatez en proteger a las personas y los bienes que estaban a su cargo. Cuando a su hacienda llega una tropa de revolucionarios en búsqueda de víveres, ella usa su poder de negociación –o de manipulación– para otorgarles lo necesario en la satisfacción de sus demandas, mientras deja oculto lo más preciado. Con su autoridad de dueña, les permitió llevarse todo lo que quisiesen de los edificios del rancho, pero les prohibió entrar en su casa, lo cual los militares obedecieron, reconociendo su dominio. La señora había escondido sus cosas de valor desde que comenzara la revolución, pero no ha podido hacer lo mismo con la comida, sobre todo con los productos perecederos. No obstante, también encontró solución a este problema y al saber que se acercaban los soldados, mató varias gallinas, las mandó envolver en ceniza y, preservadas así, enterrarlas para evitar que se las llevara la tropa. Además, ocultó en el sótano de su casa un puerco vivo, que necesitaría más tarde para el consumo de la familia. Paradójicamente, en el mismo lugar escondió también a su hija Tita y a su sirvienta Chencha. Aunque la yuxtaposición del puerco y las dos muchachas manda mensajes sarcásticos, no se le puede restar razón a la patrona, quien al tomar esa decisión quizás evitó una tragedia.

En otra ocasión, sin embargo, el asalto de una banda de ladrones no termina tan bien y los esfuerzos de la brava dueña, quien trata de ahuyentarlos con su escopeta, terminan en fracaso: los intrusos golpean al empleado de su rancho, violan a Chencha y la maltratan a ella de tal manera, que la dejan semiparalizada y ocasionan su pronta muerte. El poder de Mamá Elena era obviamente limitado y no podía medirse con el de un grupo de bandidos armados. Tal suerte corrían también otros hacendados, independientemente de su género biológico. Los saqueos de los pueblos y de las rancherías eran prácticas de los bandidos comunes, pero, según afirman algunos investigadores, los revolucionarios del bando sublevado también recurrían a extorsiones cuando necesitaban abastecerse de víveres.[10]

Después de la muerte de Mamá Elena, es Tita quien se encarga del rancho. La narración de Lucía no provee detalles sobre el desempeño de su trabajo, pero no cabe duda de que ella también lo ha ejercido de manera satisfactoria, puesto que la hacienda persistió por lo menos hasta el momento de la muerte de Tita y tanto ella, como la sobrina-hija a su cargo no parecen haber sufrido carencias.

Aunque el interés de la narradora reside en las ocupaciones "femeninas" de sus antepasadas y no presta mucha atención a las que –aún en su época de mediados del siglo XX– se consideraban de dominio masculino, su rememoración registra la imagen de Mamá Elena como una persona capaz de hacer funcionar el rancho. Quizás la omisión de los detalles de ese trabajo se deba a la empatía con el género "débil", mientras que Mamá Elena se desenvolvía en el rol de la parte contraria, es decir el género dominante. No obstante, aunque le atribuya las cualidades de una persona hipócrita y mala madre, Lucía muestra a la señora De la Garza como una mujer capaz y valiente, cuyo valor laboral se puede igualar al de los hombres.

La participación en la lucha armada

Gertrudis es la única de la familia que llega a desenvolverse fuera del ambiente doméstico prescrito por el orden tradicional para las mujeres. Cuando en un arrebato de pasión amorosa se fuga de la casa, los chismes sobre su paradero la ubican en una casa pública. La noticia es tan devastadora para Mamá Elena, que esta prohíbe a los suyos todo contacto con su hija pródiga y manda tirar los recuerdos de ella, aunque en secreto mantiene fetiches que revelan la identidad de la jocosa muchacha, fruto de su amor adúltero de antaño. A diferencia de su madre, Tita no se inmuta ante la condición de prostituta de su hermana y, desafiando las prohibiciones, le manda a la prófuga sus pertenencias y le hace saber de su apoyo. Su gesto es de una hermana cariñosa y comprensiva, a la

10. Miguel Velasco Valdés, *Repertorio de voces populares en México* (1967); Berta Ulloa, *Revolución Mexicana, 1910-1920* (1985); Noé Miranda Hernández, *La esmeralda del Papaloapan* (2013).

vez que expresa solidaridad con una mujer que rompió el esquema de domesticidad y se desenvuelve en un ambiente público, el cual luego cambia por el ejército revolucionario.

La identificación como prostitutas a las mujeres que se han unido a la lucha armada era una práctica común del discurso público en el México posrevolucionario. En los años ochenta, tiempo de la publicación de *Como agua para chocolate*, la actitud de la sociedad hacia las seguidoras de las tropas ha sido ambigua. Por un lado se oían canciones populares que ponían en alto los valores de las soldaderas,[11] como se ha nombrado comúnmente tanto a las auxiliares del ejército revolucionario, como a las que participaban activamente en las batallas. Por el otro, se desacreditaban sus méritos y se despreciaban sus conductas demasiado liberales para los estándares de la cultura mexicana predominantemente conservadora.

Muchos de los que recordaban los tiempos de la revolución daban fe de la gran importancia de las soldaderas como combatientes, enfermeras, mensajeras, cocineras, espías, cargadoras de equipo y acompañantes de los militares.[12] Elizabeth Salas cita en su libro *Soldaderas in the Mexican Army* a uno de los tenientes que expresa su apreciación tanto por la labor diaria de las mujeres, como por su fervor revolucionario y el efecto benéfico para la moral de los soldados, igualándolas a los ángeles: "un ángel para el soldado; iluminaban su espíritu para que pudieran alcanzar la victoria porque eso significaba la realización de los ideales de la revolución y la dignidad para sus hijos y para las generaciones futuras".[13] La memoria colectiva mantenía aún la imagen de los caminos y trenes repletos de

11. El nombre de soldaderas no es una derivación femenina de "soldado", sino que originalmente denominaba a las mujeres que recibían la "soldada", es decir el pago por los servicios militares a los soldados, para comprar de allí los víveres y otras cosas que ellos necesitasen. Cf. Salas, Elizabeth. *Soldaderas in the Mexican Military. Myth and History.* University of Texas Press, 1990; p. xii.

12. La contribución de las soldaderas a los servicios auxiliares y a la acción bélica no se debía al reclutamiento oficial, ni era remunerada. Ellas simplemente seguían a los hombres: esposos, padres o amantes. Sin descartar la posibilidad de otras motivaciones, el móvil más común para las mujeres era acompañar a los suyos para hacer que su vida en la contienda militar fuera más llevadera o era el miedo de quedarse solas en sus casas desprotegidas.

13. Salas, Elizabeth. *Soldaderas in the Mexican Military. Myth and History.* Austin, TX: University of Texas Press, 1990; p. 43. La traducción del inglés es mía. Cita original: "an angel for the soldier; lighting his spirit so that he could

mujeres cargando las pertenencias propias y las de los soldados a quienes servían, atravesando todo el país. Era comúnmente entendido que sin sus servicios el funcionamiento de las tropas sería afectado. La actuación de esas mujeres valientes y dedicadas comenzó a cambiar el imaginario femenino que se tenía por siglos en la sociedad mexicana de seres dóciles y pasivos, subordinados a los hombres.

Al patriarcado, sin embargo, no le gustan los cambios. Todavía durante la lucha armada muchos oficiales consideraron a las soldaderas como alborotadoras, alegando que su presencia obstruía el avance de la caballería; muchos abogaban por solamente el equipo masculino y mostraron hostilidades tanto al personal femenino auxiliar del ejército, como a las mujeres de lucha activa. No faltaban quienes no toleraban el hecho de que varias de ellas resultaban tan diestras y efectivas como los hombres y llegaban a ocupar cargos militares importantes.[14] La gente del pueblo las veía como una amenaza para el orden tradicional, ya que rompían de manera masiva las normas prescritas para la conducta femenina. Mientras las mexicanas tradicionales tenían que estar en casa y salir solo a la iglesia, muchas de las soldaderas no respetaban la institución matrimonial: dejaban a los soldados a quienes servían cuando así lo decidían, viajaban por todo el país y tomaban otras decisiones importantes para ellas mismas y para sus familias. Frecuentemente ganaban también dinero en los trabajos extras, lo cual les otorgaba aún más libertad.[15]

Terminada la gran acción bélica, el nuevo gobierno no ha cumplido muchas de las demandas de los hombres que lucharon por el cambio del orden social, mucho menos las de las mujeres. Había más posibilidades de que se les otorgaran pensiones de viudas que beneficios de combatientes, aun si hubieran sido heridas en la lucha activa. Los legisladores que diseñaron las reformas económicas y oportunidades sociales para los hombres reinstituyeron el discurso y el pensamiento que ha colocado a las mujeres en categoría de propiedad y reproducción en vez de darles poder como dueñas y productoras. De este modo, aun sin haber cumplido satisfactoriamente las demandas de los revolucionarios, les han otorgado la

reach victory because that meant the realization of the ideals of the Revolution and dignity for his sons and future generations".

14. Shirlene Soto, *Emergence of the Modern Mexican Woman*; p. 45.

15. Salas, Elizabeth. *Soldaderas in the Mexican Military. Myth and History.* University of Texas Press, 1990; p. 45.

noción de cierto poder al colocar el grupo femenino en posición subalterna frente a los hombres, cualquiera que fuera su nivel socioeconómico.[16] El discurso oficial no reconoció el gran aporte de las soldaderas a la revolución y eliminó las menciones aun de las líderes más capaces.[17]

En consonancia con los intereses de las autoridades posrevolucionarias y del patriarcado en general, en la cultura se promovía positivamente la imagen de las mujeres dóciles, "ángeles del hogar". Las soldaderas, que estaban lejos de tal concepto, se retrataban como borrachas, tontas, promiscuas –hasta como prostitutas, villanas o machorras faltas de valores y suavidades asociadas con lo femenino. La literatura de varias décadas del nuevo orden se vio repleta de las memorias revolucionarias que presentan las imágenes femeninas denigradas. Han pasado muchos años para que las mujeres comenzaran a conquistar sus derechos y para que la imagen de las que participaron en la revolución comenzara a cambiar.

La novela de Laura Esquivel es una de las primeras que muestran a una luz positiva la figura femenina que se ha unido al ejército revolucionario.[18] Gertrudis es precisamente una de esas mujeres que desafiaron la autoridad patriarcal, sobre todo los códigos de conducta sexual. A pesar de ello, no queda castigada, como habría ocurrido en otros textos. Cuando se fuga de la casa por el arranque de deseo carnal, no termina en la cloaca, según el chisme propagado por el cura local. Como le confiesa a su hermana en una carta, Gertrudis ha pasado por el burdel para aplacar sus ganas sexuales reprimidas, pero al probarlo, decidió que no era un sitio para ella. Cuando aparece de nuevo en el rancho, es una mujer de mando y respeto, encabezando un regimiento. Sus soldados la llaman *Generala*, la obedecen y le tienen mucha deferencia. La imagen de ella como líder de los hombres bélicos es agradable: sigue siendo una muchacha alegre y

---

16. Ibid.; p. 50.

17. Shirlene Soto, *Emergence of the Modern Mexican Woman*; p. 2.

18. Conviene notar que el primer texto novelado sobre una soldadera fue *Hasta no verte Jesús mío*, escrito por Elena Poniatowska en 1961, con base en las confesiones de Jesusa Palancares, cuyo nombre en la vida real era Josefina Bórquez. En esta novela testimonial, como suele ser catalogada esta obra, se evidencian tanto los quehaceres de las mujeres auxiliares de las tropas revolucionarias, como sus dificultades de hacer una vida digna después de la lucha armada. Poniatowska vuelve a recordar a este personaje en su crónica ilustrada con retratos fotográficos incluida en su libro *Luz y luna, las lunitas* (1994).

le gusta divertirse, pero al mismo tiempo exige y mantiene la disciplina militar ejemplar. La noche del baile y de la comilona en la casa de su hermana no es motivo para aflojar la disciplina: La Generala es la primera que se levanta a la mañana siguiente, despierta a los soldados y les ordena llevar las provisiones por las que han venido al rancho de su familia.

La ocupación militar no es impedimento para que Gertrudis lleve también una vida privada satisfactoria. Su pareja la adora, el apetito sexual no la abandona y es obvio que es feliz: después de varios años reaparece en la escena como una madre cumplida y satisfecha con su estatus social.[19] Es evidente que la participación en la revolución no la ha convertido ni en una machorra, ni en una mujer perdida, como quisiera verla la narrativa hegemónica.

A la lucha en contra de la opresión política de los caudillos Gertrudis agrega un elemento adicional, que antes de la publicación de esta novela era inusitado encontrar en la literatura: la contienda por la emancipación femenina. Esta última no era una guerra ni directa, ni dirigida, por lo cual no se le puede dar el nombre de una revolución; podemos llamarla entonces más bien una evolución. Cualquiera que sea el nombre, el hecho que merece notarse es que la tradicional hegemonía masculina mexicana ha sido sacudida y la autora de *Como agua para chocolate* contribuye a este avance al retratar a la combatiente de manera positiva, haciendo frente a las presentaciones literarias previas.

El resultado del proceso de recordar

La cultura patriarcal ha destinado a las mujeres al ambiente doméstico, privado, considerado tradicionalmente de menos importancia que la esfera pública, en la que se desempeñan los hombres. La novela de Laura Esquivel contradice ese discurso al mostrar un mundo femenino en el que ellas realizan trabajos igual de importantes que los de ellos, aunque no reconocidos como tales por la parte dominante. El grupo de las mujeres de *Como agua para chocolate* es retratado en actividades

19. Las menciones sobre Gertrudis en las secuelas de *Como agua para chocolate*: *Mi negro pasado* (2017) y *El diario de Tita* (2018) también dan a entender que esta mujer se desenvolvía de manera exitosa en el mundo profesional posterior a la revolución.

que hacen marchar el mundo o, por lo menos, una buena parte de él. Ellas cocinan, tejen, cosen, manejan la granja, crían hijos, curan, toman parte activa en la lucha armada, preservan el saber y la cultura de los antepasados y, en últimas cuentas, contribuyen al bienestar de la familia y de la sociedad. Recordarlas de esta manera significa visitar los espacios comunes de identificación del género femenino, reconocer sus méritos y realzar su importancia. Es también otorgar a ese mundo femenino un espacio digno en la representación literaria.

Las actividades más enfocadas por la narradora son las que se relacionan con la comida. Su atención requiere de una cantidad increíble de trabajo que típicamente recae sobre las mujeres. Para realizarlo se necesita organización, dedicación y energía. Además, lo efímero de las creaciones culinarias no tiene por qué restarle lo valioso o artístico. Como lo observó Sor Juana hace varios siglos, esta disciplina también se relaciona con la capacidad intelectual: "Si Aristóteles hubiera guisado, mucho más hubiera escrito".[20] Siendo un elemento ineludible de la vida de todos los seres humanos, la energía que implica la elaboración de la comida no debe ser subestimada. Es por ello que en *Como agua para chocolate* la cocina es el lugar central de los hechos. Lejos de ser un confinamiento, es allí donde ocurren las cosas más importantes en la vida de la protagonista. Es su refugio y su reino, desde el cual ella ejerce su poder que luego extiende fuera de sus límites. Resulta lógico que Lucía, la narradora, cuente la historia de su tía abuela también desde la cocina. El espacio previamente marginado, cuyo rol se registraba como meramente de servicio, se establece como el lugar de principal importancia.

Al igual que las faenas de la cocina, las labores de hilo no son pasatiempos frívolos. Aún en el siglo XX, tejer, bordar y coser eran actividades inevitables para satisfacer las necesidades propias y del hogar, además de que en muchos casos contribuían directamente a la economía familiar si las mujeres vendían sus productos. La ropa blanca (de hogar) era tradicionalmente requerida como parte del menaje de la mujer casadera. En *Como agua para chocolate* todas las mujeres De la Garza bordan las sábanas y los manteles con el fin de preparar el ajuar de la hermana mayor. También cosen sus propios vestidos. Sin embargo,

20. Sor Juana Inés de la Cruz. *The Answer/La Respuesta, Including a Selection of Poems*. Ed. Electa Arenal y Amanda Powell. New York: Feminist Press at CUNY, 1994; p. 74.

no todos los trabajos tienen fines prácticos evidentes o inmediatamente comprensibles. Como en el mito de Odiseo, el propósito del tejido de la protagonista es escudarse en su labor para protegerse de los daños del mundo exterior. Al igual de la reina griega que pretendía engañar a sus pretendientes con la labor inacabada, Tita trata de encontrar consuelo y calor en su artesanía, aunque no pretende engañar a nadie, a menos que sea a sí misma. El resultado de su trabajo es una colcha interminable, cuya extensión constituye una metáfora de la necesidad de atención y empatía hacia las personas que han sufrido abuso. De esta manera, la labor considerada como de menos importancia que las ocupaciones típicamente masculinas se presenta a la luz de relevancia tanto para la economía, como para la expresión de creatividad y terapia.

Otro de los resultados de la rememoración de los trabajos femeninos en *Como agua para chocolate* es la introducción de una perspectiva novedosa sobre la maternidad, diferente de la que existía en el discurso literario liderado por los hombres. Los esfuerzos maternales de las dos madres biológicas que aparecen en la novela de Esquivel se presentan de manera altamente discutible. Elena de la Garza, obcecada en que se cumpla su voluntad, provoca el fracaso del matrimonio de su hija mayor al casarla con el enamorado de la menor, excluye de la familia a la de en medio por su rebeldía y esclaviza a la más joven. Con su despotismo, esta madre elimina las posibilidades de crecimiento para todas sus hijas. A su vez, Rosaura no tiene la fuerza, el conocimiento o la voluntad suficiente para mantener con vida a su primogénito y se empecina en sus planes de esclavizar a su hija menor, tal como lo hizo su progenitora con Tita. En cambio, Nacha y Tita, quienes nunca han parido, se convierten en madres de crianza por excelencia. Es gracias a los cuidados y el amor de Nacha que Tita crece feliz a pesar de las limitaciones que le fueron impuestas por su madre biológica. De la misma manera, cuando Tita se hace cargo de los hijos de su hermana, su relación con sus sobrinos-hijos es afectuosa, diferente de la que tenían ella y sus hermanas con su tirana madre. En suma, es evidente que la maternidad en la novela de Laura Esquivel no se identifica por el rol biológico, sino más bien se establece a través del cuidado y el afecto entre la mujer y los niños a su cargo.

No menos importante en el cambio de la percepción del mundo femenino es el recuerdo de sus actividades tradicionalmente vistas como masculinas. Tanto Mamá Elena como Tita asumen el papel de proveedoras para sus familias y manejan la granja de manera exitosa.

A su vez, Gertrudis se destaca en su rol de participante activa en la lucha armada. Al retratar a esta muchacha alegre y capaz en su papel de generala, Esquivel trae a la atención de los lectores una perspectiva novedosa sobre la contienda revolucionaria, puesto que hace visible la gran participación de las mujeres en ella –misma que hasta entonces no ha sido reconocida por el discurso oficial. Además, sacude los mitos de recato femenino obligado para las mujeres decentes. Gertrudis, quien huye de la casa familiar con el hombre que despierta su pasión y de quien se dice que trabajó por algún tiempo en un burdel no es un ser podrido, ni condenable, sino que aparece como una persona que tiene control de su vida, es positiva, exitosa y respetable.

En suma, las labores que ejercen las mujeres de *Como agua para chocolate* son sitios de la memoria colectiva para el género femenino, a través de los cuales ellas se pueden identificar y aprender de las experiencias de sus antepasadas. Su rol no es como lo describe la sociedad en su discurso dominante y podría pasar desapercibido si no fuera por la memoria entre las generaciones. Al narrar la vida de sus antepasadas, Lucía es capaz de dar forma y sentido a las actividades de sus abuelas, tornar lo privado en público y así compartir la experiencia vital con otros. Si la cultura patriarcal ha menospreciado el mundo femenino al no atribuirle el valor merecido, su relato muestra a las mujeres que se desenvuelven entre tareas múltiples que requieren de disciplina, conocimiento y constancia para surtir efectos esperados. Del resultado de sus trabajos dependen muchas personas.

La presentación de ese mundo no es una fantasía inexistente de la narradora, puesto que la avala la memoria generacional apoyada en un documento: el diario de su tía abuela, Tita. La inclusión de ese diario y de las recetas de cocina tiene un efecto adicional, enriqueciendo la literatura. Tradicionalmente los diarios, las cartas y los folletines, entre otros, figuraban entre los "géneros menores" y no se mezclaban con la gran literatura, como se consideraban las novelas. Su incorporación en *Como agua para chocolate* conduce a la apropiación y diversificación de las formas literarias. En la entrevista incluida a continuación, Laura Esquivel confiesa que ha escogido esta forma para rescatar este espacio tan importante para un gran número de lectores, aunque "satanizado" por lo que se cree la cultura alta. Según observa Kathleen M. Glenn, tal práctica es una tendencia de las escritoras del siglo XX, quienes desean establecer su discurso de otra manera que la del canon masculino:

> Un número considerable de escritoras han revivido las formas que tradicionalmente han sido desdeñadas por el *establishment* masculino y excluidas del canon: la novela rosa, la gótica, la fantástica, la epistolar. Ellas revitalizaron consciente y deliberadamente esas formas menores supuestamente secundarias. Al hacerlo, han reclamado la voz, el espacio y la literatura propias.[21]

Para concluir cabe marcar que Laura Esquivel explora en *Como agua para chocolate* el mundo femenino de una época abarcable por la memoria colectiva, incluyendo los quehaceres y los espacios antes menospreciados. Las funciones femeninas cobran en su obra importancia y permean el imaginario social con otros valores de los establecidos. La memoria literaria que abarca sus espacios divulga su creatividad y su energía, atestigua sus aportes al mundo y adquiere importancia política. De nuevo, resulta útil la observación de Michel Foucault sobre ese poder: "La memoria es un factor de lucha realmente importante. [...] Si uno controla la memoria de la gente, controla su dinamismo".[22] Desde esta óptica, los recuerdos femeninos pueden convertirse en contradiscursos de la colectividad subalterna y hacerse peligrosos para el orden patriarcal. A pesar de que detrás de esos recuerdos no hay necesariamente ambición de sustituir las versiones dominantes, la posibilidad desestabilizadora resulta intrínseca. El solo hecho de incorporar a la visibilidad pública la importancia de los espacios y las labores de una colectividad que antes estaba representada –si acaso– por otra, se convierte en un factor relevante en la lucha por la igualdad social.

---

21. Glenn, Kathleen M. "Postmodern Parody and Culinary-Narrative Art in Laura Esquivel's 'Como agua para chocolate'". *Chasqui*, Nov., 1994, Vol. 23, No. 2 (Nov., 1994); p. 46. La traducción del inglés es mía. Cita original: "A number of female writers have resurrected forms that traditionally have been looked down on by the male literary establishment and excluded from the canon: *la novela rosa*, the Gothic, the fantastic, the epistolary. They have consciously and deliberately revitalized these supposedly secondary, minor forms. In so doing they have claimed a voice, a room, and a literature of their own."

22. Foucault, Michel. "Film and Popular Memory". *Foucault Live: Interviews, 1966-84*. Ed. Sylvère Lotringer. Tr. Martin Jordin. New York: Semiotext(e), 1989; p. 92. La traducción del inglés es mía. Cita original: "Memory is actually a very important factor in struggle. [...] If one controls people's memory, one controls their dynamism".

Con su propia voz: extractos de las conversaciones con Laura Esquivel

¿Cuál fue su camino para hacerse escritora?

Yo nunca pensé ser escritora. Yo soy una maestra, soy educadora del jardín de niños. Empecé escribiendo porque muy poca gente escribe para niños. Yo trabajaba con unas personas que hacían teatro y literatura infantil. Y teníamos que montar obras de teatro para escuelas, teníamos un programa de televisión semanal y teníamos que estar escribiendo cada semana. Entonces me metí a estudiar teatro para hacerlo mejor. Todas las personas que trabajábamos en esto nos estábamos especializando y logramos hacerlo muy bien. Así que no fue precisamente por una decisión mía lo de hacerme escritora, pero así comencé, por necesidades del trabajo que desempeñaba. Y cuando yo escribía esos textos, cuando estaba haciendo los programas de televisión, en esa época yo estaba casada con Alfonso Arau. Él leía mis textos y entonces me dijo "A mí me gusta mucho lo que haces, ¿por qué no escribes para el cine?". Yo no estaba segura, pero, en fin, me metí también a estudiar la escritura de guiones. Tuve un maestro maravilloso, con quien estudié varias regiones del cine. Sin embargo, esa escritura me empezó a frustrar mucho: tenía un cajón lleno de guiones, pero la industria cinematográfica es difícil para llevar a cabo un proyecto. Muy difícil. Lo que me fue frustrando mucho es que los que tienen el poder son los productores del programa y con ellos siempre había limitaciones. "No, pues mira que esta idea tuya es muy buena, pero no tenemos dinero". Tenía que limitar a mis personajes y mis espacios. Si limitaba el desarrollo de la acción a un cuarto, mejor. Mientras que yo quería escribir libremente, que nadie me limitara. Me propuse escribir mi película ideal, la que nadie iba a filmar, la que nadie iba a decirme que NO, porque es de épocas muy caras. Y entonces, escribir *Como agua para chocolate* fue un acto de libertad. El acto del que las imágenes que yo quería se quedaban allí. Claro que también corría peligro de que el editor me las cambiara. Porque luego uno tiene ideas maravillosas, pero llega el editor y le quita la mitad. Pero no fue así y se quedaron todas las escenas que yo quería, los personajes que yo quería, la época que yo quería.

¿Cree en la disciplina literaria? ¿Cómo nace una novela de la pluma de Laura Esquivel?

Todo surge a partir de lo que quiero decir. Cuando quiero decir algo, voy buscando el género más indicado, el medio más indicado, planeo cómo organizar mi material. Estructuro mucho. En un inicio mi trabajo puede ser muy racional. Hay escritores que no hacen este trabajo, pero para mí, sí, es muy importante tener muy clara la estructura, saber cómo voy a escribir. De esto depende qué tan bien pueda decir lo que quiero decir. Tengo que tener muy clara la idea de cada personaje, de cómo va a responder, etc. Yo tengo la experiencia del teatro, entonces cada rol va a estar en función de lo que yo quiero contar. Por eso hago la biografía de cada personaje, llevo una línea de profesiones y de características de cada quien. Hago muchos, muchos trabajos preparativos y cuando siento que los elementos se compaginan bien, entonces me suelto y escribo. Lo hago muy temprano en la mañana. Me gusta trabajar cuando todavía no hay llamadas telefónicas, ni otros ajetreos del día. Me levanto por lo general a las cuatro de la mañana. Me puedo concentrar mejor así de temprano.

En Como agua para chocolate *la narradora recoge los recuerdos de su familia de tres generaciones atrás. Algo parecido ocurre también en* Mi negro pasado *y en* Tan veloz como el deseo. *¿Por qué le gusta explorar el pasado usando la memoria generacional?*

Sí, me gusta ir al pasado, pero no como una obsesión por algo que pasó. Creo que es importante por averiguar qué es lo que sucedió para que nos pueda ayudar a entender por qué actuamos como actuamos, por qué estamos haciendo o repitiendo tal o cual cosa, o cuál fue el punto donde nos equivocamos. Decíamos, una historia que iba encaminada hacia algo bueno, ¿en qué momento se convierte en algo que va en contra de nosotros? Por ejemplo, que bueno que mencionas *Tan veloz como el deseo*, en esta novela que el protagonista es un telegrafista, en este momento cuando surge la telegrafía, todo el mundo pensaba que iba a servir muchísimo para recibir comunicación instantánea. Que fue lo que ahora esta revolución del internet, del WhatsApp y todo esto, ¿no? Pero de pronto no, no sirvió para acercarnos más. Desde allí yo hago cierta crítica que el que tú estés bien informado y recibas no sé cuánta información al día no quiere decir que estemos bien comunicados. No quiere decir que estemos comunicándonos más, ni mejor. Yo creo que este es el reto actual que tenemos ¿cómo es que le vamos a dar la vuelta para que en verdad sea una herramienta benéfica para los seres humanos y no se convierta de pronto en lo que se ha convertido en que los jóvenes se hayan vuelto adictos a este tipo de comunicación, pero también son manipulados emocionalmente y se crean fenómenos de odio y de burla, y de cosas impresionantes a través de las redes. Entonces sí, creo que allí es donde es necesario prevenir los problemas del futuro.

¿Le preocupa el futuro?

Por supuesto. Mi segunda novela, que es *La ley del amor*, sucede en el año 2200. En esa novela de ciencia ficción se ve que también en el futuro hay que solucionar problemas, pero que esos problemas son algo repetido, pues también suceden historias dolorosas. ¿Y cómo se dejan de repetir historias dolorosas? Pues, la clave va a estar también en el pasado. En regresiones a cosas pasadas; siempre está allí la clave, siempre es posible buscar las referencias. Por cierto, yo escribí un libro de dramaturgia personal, que se llama *Escribiendo la nueva historia: Cómo dejar de ser víctima en 12 sesiones*. Allí explico que cuando yo considero que un evento me transformó, me marcó, cuando me siento herida por una decisión de alguien más que confió en tal o cual persona, estoy siendo una víctima. Y si yo siento que ya no hay posibilidad de ir y cambiar ese hecho que sucedió en el pasado, pues seré víctima *forever*. Pero yo creo que somos algo más que el resultado de una acción. Es en el presente donde podemos solucionar todo aquello que hemos venido arrastrando. Es en el presente que tenemos el poder. Somos transformadores. Yo creo profundamente en el poder transformador del ser humano. Y esto sí, está presente en todas mis obras. En cada uno de mis personajes –cómo logra transformarse y transformar. Finalmente, que todo es a través de la alquimia del amor. Esta es la verdadera fuerza de la transformación, el vehículo que logra darnos lo que necesitamos para vivir. Lo otro siempre te va a mantener la culpa, el dolor. Pero, repito, nosotros tenemos la fuerza de transformar.

¿Quién ha sido el contador o la contadora de cuentos en su familia? En Tan veloz como el deseo hay una nota que parece ser muy personal sobre su padre.

Mi papá era un gran narrador. Desde que yo era muy niña, él nos contaba historias. Nos encantaban. Hasta grabábamos algunas de sus historias con esa grabadora muy grande que él tenía, de cintas. Pues desde allí, supongo, me encantó cómo se narran historias, aunque todavía no me imaginaba que yo también lo haría en mi vida, como escritora. Yo siempre pensé ser educadora; esto de la escritura me llegó más tarde.

¿Hay datos autobiográficos en esta u otras novelas?

No, mis novelas no son autobiográficas, aunque sí, hay elementos de mi vida que de alguna manera aparecen allí. Por ejemplo, la cocina, las recetas. Yo crecí junto al fuego de la cocina de mi abuela y de mi mamá. Ningún personaje de mis novelas representa a ninguna de ellas, pero la cocina como el sitio donde se produce la alquimia de las emociones, sí. Estoy convencida que la comida absorbe las emociones porque lo he vivido. Lo sigo viviendo. Lo que pasa en la cocina no tiene quizás el valor monetario, pero tiene un valor enorme para el ser humano. Mi mamá nunca fue a la universidad, se ha pasado su vida en la cocina y es la persona más sabia que conozco. Las recetas de ella son mis recetas. Nuestro pasado está encerrado en recetas y compartí muchas de ellas en mi libro.

¿Usted cocina?

Sí, me gusta cocinar. Yo no soy quién para decirlo, pero cocino bien. [*Risa*] Sí, me gusta, lo disfruto muchísimo. Y bueno, yo sí, estoy convencida desde mucho tiempo atrás de la importancia de ese quinto elemento que nadie menciona, que no se atrevían a mencionar, que es que cuando uno está cocinando, uno está usando los cuatro elementos que conforman el mundo: el agua, la tierra, el aire, el fuego. Pero siempre hay un quinto, sin el cual no se puede integrar todo eso en un solo alimento. Es lo que hace que esas cosas separadas se integren, es la energía amorosa. La energía amorosa es su virtud. La otra no, la otra excluye, deja afuera. No es realismo mágico. Es real en mi país: a una tamalera que está enojada no la dejan que amase los tamales porque no se van a cocer. Es real. A mí me tocó una vez en una fiesta en un pueblo que los tamales no se cocían, no se cocían y no se cocían. Y alguien dijo: "Es que la tamalera está enojada" y entonces alguien más dijo: "Vamos a cantarles a los tamales. ¡Vamos!" Y fuimos a la cocina y les cantamos a los tamales, ¡y se cocieron! Entonces, no es realismo mágico. Es energía pura que sabemos cómo utilizar. Esa energía es vibración y sí, se transmite, y sí, se plasma. Lo único que hice fue atreverme a ponerlo en el papel. Y de pronto había gente que se sorprendió. Cuando ahora ya han descubierto que la emoción y el sentimiento no están separados. Tendemos a pensar que una cosa es estar pensando, otra cosa es lo que ocurre. Pero no es cierto. Es lo mismo. No hay un solo pensamiento que no esté acompañado de una emoción. Y viceversa. Y es por las emociones que nos están atrapando en esta época. Para dividir, fragmentar, polarizar. Es por ello. Pero entonces nosotros tenemos que trabajar día con día. Yo siempre pregunto cuando tengo oportunidad: ¿el día de hoy cuántas veces han escuchado la palabra amor? El que la dice ahora está casi condenado, la palabra amor ya es casi una mala palabra. La gente dice "Ay, pero qué cursi, ay, ¿cómo se atreve? Está mencionando algo de amor". Pero ¿qué tal traición, muerte, heridos, todo lo que nos puede causar temor, miedo y separación? De eso estamos inundados. Entonces sí, es importante no solo cocinar con amor: bañarse con amor, desayunar con amor, caminar con amor, sentarnos y compartir esta tarde...

El hecho de contar las historias familiares parece muy importante para las protagonistas de sus novelas. ¿Por qué?

Es lo que pasa en la vida, ¿no? Uno va reflexionando respecto a qué pasa con lo que uno pensaba o lo que uno soñaba y por eso es importante ir al pasado. No es ir al pasado solo por ir al pasado, sino ir al pasado para retomar algo que allí dejamos y que nos hizo falta, y traerlo al presente. Allá siempre queda una huella de eso que sucedió y nos afecta de una u otra manera, en el pasado. Queda una foto, queda un listón, queda una rosa, queda una canción, queda un platillo, queda una memoria de algo. Por eso, cuando me decidí a escribir la trilogía, desde un principio me dije que iba a partir del tiempo presente, con la tataranieta de los generales. La tataranieta no sabe cocinar, tiene problemas con la comida, tiene sobrepeso y allí surge la pregunta del porqué. Yo quise que ella representara un poco lo de nosotros, que fuera como un espejo de nosotros, los ciudadanos, sobre todo, los mexicanos, que somos herederos de una tradición culinaria muy importante: nuestra gastronomía ha sido considerada por la Unesco como un patrimonio intangible de la humanidad. Y, sin embargo, eso que estoy diciendo sucede a nivel nacional. Bueno, somos herederos de esta cocina, pero tenemos los más altos índices de obesidad, de diabetes, entonces ¿qué es lo que está pasando? Hay algo que estamos haciendo de manera equivocada, comiendo de manera equivocada, algo a nivel global que nos ha llevado a una crisis enorme a nivel social, espiritual. De toda esta reflexión surgió mi última novela de la trilogía, *Mi negro pasado*. Esta, a su vez, me llevó a escribir una novela intermedia entre el pasado en el rancho –lo que sucedió en 1910– y el presente. Y entonces escribí *El diario de Tita*. Este es el hilo conductor que une ese pasado, esos sueños, esa historia de amores frustrados, esa historia que dejó ciertas heridas abiertas. En *El diario de Tita* se va ampliando lo que sucedió en esa época. *El diario de Tita* es un libro-objeto cuyo original yo tengo en mi casa; está escrito con letra cursiva, trae fotos, cartas, es el diario de Tita. Es el diario que al final de *Como agua para chocolate* se salvó del incendio. Todo en el rancho se quemó, lo único que se salvó era ese libro, el diario de Tita. Yo quería que la gente sintiera que yo lo estoy rescatando de las cenizas. Esto me pertenece, es mío, me pertenece. Está diseñado con mucho cariño y en este diario aparecen veinte años de la historia que no aparecen en *Como agua para chocolate*. En la historia de *Como agua para chocolate* yo me salté intencionalmente veinte años en el último capítulo. En el diario aparecen esos veinte años: con una Tita que fue madurando de la quinceañera que se enamoró de Pedro a la Tita que va creciendo y que finalmente muere a la edad de treinta años. Pero allí vamos viendo qué tanto avanzó en su relación y en su descubrimiento de la alquimia de la cocina, de lo que ella provocaba, de lo que ella lograba al escribir cuando cocinaba. Todo esto es el conocimiento que le va a ayudar en el presente a María, la protagonista de *Mi negro pasado*, que desconoce totalmente de dónde viene, desconoce qué pasó en su familia, y tan desconoce eso, que su mundo se desmorona cuando da a luz a un niño de raza negra. Así nos damos cuenta de que todo ello se inicia un siglo atrás, desde *Como agua para chocolate*, de los amoríos de María Elena de la Garza con un mulato, que fue el amor de su vida. Todo esto viene, como lo dije, desde allá, desde el pasado.

En algunos casos, en sus textos se trata de un pasado ya muy lejano, en el que no le ha tocado vivir, ni que se pueda recobrar por medio de la memoria de los tataranietos. Así es el caso de Malinche. ¿Qué le inspiró para hablar de ese pasado tan lejano?

A mí me hablaron si me interesaba escribir una biografía novelada de la Malinche y les dije que sí, claro. Me hubiera encantado que se me hubiera ocurrido a mí, pero la verdad es que alguien me la sugirió. Cuando uno está en la escuela, uno aprende que la Malinche fue una traidora porque ella le ayudó a Cortés. Sin embargo, cuando empiezas a estudiar la historia, empiezas a ver lo que se sabía de ella, que por cierto es muy poquito, e inmediatamente te das cuenta que no era ninguna traidora.

Para empezar, para traicionar tienes que pertenecer. Ella no era azteca. Ella pertenecía a un pueblo sojuzgado por los aztecas, los mexicas, que ya estaban hasta las narices de ellos. Cuando llega Cortés, a ella ya la habían regalado, vendido, maltratado, humillado. ¿A quién le tenía que ser leal? ¿A los que la trataron así? No, obviamente que no. Además, ella creía que esos que llegaron, los españoles, eran los enviados de Quetzalcóatl, que era un dios que nunca permitiría ofrendas humanas. Entonces se trataba de un personaje muy interesante para mí y era muy importante ponerla en su justa dimensión. Era una mente muy brillante que participó de una manera muy inteligente, creo, durante todo ese proceso.

¿Cree que es justo hablar de literatura femenina y literatura masculina?

Bueno, yo creo que desde el punto de vista de cómo se aborda, qué temas se eligen y cómo se desarrollan: sí, podríamos hacer cierta clasificación en que digamos la literatura masculina podría ser atribuida en que se ubica en el ámbito de las ideas, de los espacios públicos. Y la femenina –aquella que habla y se desarrolla y trata aspectos íntimos, espacios íntimos, personales o familiares. Pero no tiene nada que ver con el género. Yo creo que hay muchos hombres cuya literatura podríamos considerar bajo esta óptica como femenina y viceversa. No tiene nada que ver con el género. Es cómo elijo lo que veo, a qué le doy importancia y cómo lo estoy desarrollando. Esta sería la diferencia, pero en general, la literatura es una.

¿Cuál de sus personajes le ha resultado más laborioso?

En *Como agua para chocolate* un personaje que quedaba castrante era la madre, Mamá Elena. El reto en *El diario de Tita*, escrito más tarde, era convertirla en un personaje mucho más complejo, ir más profundo, analizar a esta mujer: ¿cómo ocurrió que se había convertido en esta madre tan castrante? En *El diario de Tita* vamos a ver cómo fue castrada ella misma y vamos a ver todo el proceso que tuvo que hacer Tita para reconciliarse finalmente con la madre. Este fue un trabajo muy bello, muy profundo, que lo hice con mucho cariño, pues es importante porque muchos de nosotros... yo creo que no hay nadie que en su familia no haya tenido alguna cuestión que no solucionó o le costó trabajo solucionar. ¿Y cómo se hace? ¿Cómo es que se reconcilia uno con un hermano o un padre, o un tío, o una abuela? ¿Cómo se le hace? Creo que es parte de la vocación de estos personajes.

Su primera obra, Como agua para chocolate, salió como una novela por entregas. ¿Cómo se le ocurrió hacerla de esta manera?

Yo primero quería publicarla como folletín. Me hubiera encantado que saliera por entregas, era mi sueño dorado, pero eso no era posible. Entonces de todos modos le di esta forma a mi novela para que pareciera como si alguien coleccionara las entregas y las pusiera en un volumen. Me gusta rescatar los espacios satanizados por la sociedad. El espacio de la cocina es uno de ellos: altamente subvaluado y satanizado. Y el otro, el folletín, ¿no? Entonces yo pensé que sería lindo rescatarlo. Yo defiendo mucho el género del melodrama porque abre espacio a la expresión de los sentimientos. A mucha gente le gustan los folletines, las emociones que estos encierran, entonces ¿por qué no? No hay nada malo en ello, por el contrario, es muy humano hablar del amor. Todos lo necesitamos. Entonces el folletín me pareció muy adecuado para lo que yo quería decir. Además, yo quería escribir mi novela sin imposiciones de ningún tipo, a mi manera, una manera que me atraía y con la que me sentía muy cómoda.

En sus textos aparecen personajes indígenas de diversas regiones, así como cuentos y elementos de mitologías indígenas. ¿Estos también estaban satanizados por la cultura dominante?

Por supuesto. Muchas personas no saben de sus raíces, no quieren saber o no se interesan, pero tenemos una cultura muy rica, muchas culturas que son parte de nuestra identidad. Blancos, mestizos, indígenas, personas de origen africano. Todos somos parte de la misma nación, del mismo universo. Pero algunos se hacen de ideas que una cultura es superior a otra o que un color es mejor que el otro y esto no está bien. Todos somos iguales, somos seres humanos y no hay razón para ver de menos al otro por su origen diferente. La cultura indígena es muy rica y nutre nuestra sabiduría. En *Como agua para chocolate* aparecen dos representantes de esa cultura: Luz de Amanecer, abuela del doctor Brown y Nacha, un personaje muy importante en la vida de Tita. Ellas son de un mundo diferente al de los blancos o de los mestizos. En la novela está muy claro que la tradición impuesta por la sociedad dominante es muy castrante. Aunque esta tradición es exigida por una mujer, Mamá Elena, ella es solamente la encargada de cuidar el orden de ese mundo, un mundo que anula los deseos. Deseos vitales: el amor, la maternidad, y demás, como lo vemos en Tita. O en la misma Mamá Elena, porque ella también ha sido reprimida. Pero lo que la salva a Tita es que ella tiene el apoyo de la tradición que tiene que ver con la vida, con el gozo. Está reprimida, pero logra transgredir sus límites gracias a las tradiciones que le transmiten sus mentoras indígenas. Gracias a ellas, Tita logra expresar sus sentimientos. Y es a partir de la cocina que logra transformar el mundo. La sobrina que ella educa es un ser nuevo, diferente: es una mujer que va a la universidad, va a estudiar, pero tiene también el amor y el respeto a la vida. Su tataranieta, María, de *Mi negro pasado* también va a beneficiarse de estas tradiciones cuando se reconecte con sus antepasadas. Al descubrir los secretos de su familia, que la remiten hasta su tatarabuela Gertrudis, que era hija del mulato con quien su madre tenía una relación extramarital, entiende la razón por la cual su hijo nació mulato, aprende sobre la cultura de esa parte de la familia, la acepta y aprende a estimarla y a quererla. Su mundo mejora cuando aprende y acepta de lleno su identidad. Creo que es importante tener presente todas nuestras raíces. No hay que perder la línea de comunicación con nuestro pasado.

Los niños también tienen un lugar importante en sus textos. ¿Qué le atrae del mundo infantil?

A mí me hacía feliz trabajar con los niños. Los niños tienen una capacidad de juego increíble. Todo el tiempo están listos para imaginar sus mundos. Si llegas y les dices a los niños que ¡fíjense que estamos en el fondo del océano aquí!, estos se van a comportar como si esto fuera cierto, van a actuar como si estuviéramos en el fondo de un océano. No tienen ningún problema con ello. Esta capacidad transformadora que surge en el juego con los niños a mí me retroalimentaba mucho cuando trabajaba con ellos. Los niños no le buscan el doble fondo a las cosas, simplemente se lanzan a imaginar y hacer cosas que les nacen en el momento. Es muy diferente con los adultos.

En A Lupita le gustaba planchar, *presenta usted a una mujer con el vicio de drogas y alcohol. ¿Cómo se le ocurrió este personaje?*

Lupita es una policía que trabaja en una delegación de la Ciudad de México. Es en la época actual. Es una antiheroína que bebe, habla mal, su manera de conducirse deja mucho que desear, pero es una mujer buena. También, es una mujer que sufrió abuso sexual por parte de su padrastro. En realidad, es una mujer que sufrió muchos abusos, comenzando por el abuso social de la pobreza. Pero ella, al igual que muchas otras mujeres, tiene que vivir con ello de alguna manera. Ella va a presenciar un asesinato de corte político y esto nos va a permitir acompañarla en la búsqueda del asesino, que va a terminar en la búsqueda de sí misma. En este libro yo quería mostrar que siempre hay un camino para mejorarse, para encontrarse con la esencia de uno mismo y conectarse con el universo. A pesar de las circunstancias adversas, hay que persistir. Por lo menos Lupita encuentra su camino y es precisamente gracias a reconectarse con sus raíces indígenas.

En todos sus textos aborda usted problemas que hacen la división de la sociedad en México, tales como el racismo, el clasismo y más. En su opinión, ¿qué se puede hacer para frenar esa división? ¿Hay algo a nivel individual que podríamos hacer para cambiar esa situación?

Yo creo que la solución es ir más allá de lo que vemos. O sea que, si nosotros nos quedamos únicamente con lo que ven nuestros ojos, los ojos del cuerpo son muy limitados. Muy limitados, alcanzan a ver solamente ciertas cosas nada más. Pero para mí, por ejemplo, lo más importante que pueda haber en este momento de todos, sucede en el campo de nuestro cerebro. Eso no se ve. Nos han hecho creer que yo termino aquí. Aquí, mi piel es mi límite, hasta aquí llego, hasta aquí es Laura Esquivel. Y ustedes están allí. Y hay otros que están por allí, que están caminando, y otros que están en sus casas. Y entonces, si tú quieres esta percepción limitada, viendo los seres separados, es una percepción muy pequeña. Tendrías que tener otra visión. Si aquí pusiéramos una lupa enorme, pero enorme, veríamos que somos cada uno de nosotros 99.9 espacio vacío. ¿Cómo? Somos espacios vacíos, somos espacios. Si los vamos separando y cada ser va a verse como una luz, así como las estrellas, todas separadas, pero no. Si pudiéramos cambiar esa visión, nos daríamos cuenta que somos lo mismo, que somos una energía que está compartida. Con cada exhalación esto sí, se sabe, así como se nos caen partículas de la piel, del cabello, nos salen pedacitos del corazón y los estamos inhalando. En este momento yo puedo inhalar, los estoy inhalando. Y estamos compartiendo esa maravillosa energía entre todos. Entonces solo es cambiando la percepción. Es cambiando la idea de lo que yo soy. Los mayas tienen esta maravillosa idea que se llama el Inlak'ech. El Inlak'ech dice "Yo soy tú y tú eres yo". Forma parte de su cosmovisión. No hay tú, ni yo. Incluso hay lenguas indígenas donde no se distingue, siempre se habla de "nosotros". Somos nosotros, somos todos. NO somos separados, no estamos fragmentados y en este sentido el mundo está interconectado. Pero también, lo que sí, estoy segura de ello, es que el amor es lo más poderoso. Es el que puede transformar todo. Cuando yo pienso amorosamente y lo digo de todo corazón y te deseo lo mejor a ti y a todos.

Capítulo 4

Expandiendo los márgenes del discurso: *Zona de desastre*, de Cristina Pacheco

Introducción

Las protagonistas de los capítulos anteriores podían narrar sus historias y construir sus identidades con esmero, seleccionando de la memoria propia o de otras personas los detalles que les convenían y desechando los que no. Asimismo pudieron instalarse en el primer plano de la narración literaria –lugar que tradicionalmente correspondía a los del sector superior de la jerarquía social, determinado tanto por la condición de clase, como por el género. Esta vez, fueron ellas las que seleccionaron los recuerdos con los que podían traer los acontecimientos del pasado al presente para confrontarlos con la imagen del mundo construida por el discurso prevalente. La distancia temporal entre aquellas circunstancias y el momento de la narración era considerable, pero la secuencia fluía de manera natural, marcando los cambios tras el paso de los días, los meses y los años.

No es igual en el caso de las catástrofes, cuando la continuidad del tiempo queda rota en un instante. Lo que momentos antes formaba parte del presente se convierte en el pasado, cambiando para muchas personas sus destinos, afectando las vidas y el bienestar de unos, dejando recuerdos traumáticos en otros. El informe del lugar del desastre abarca el presente y el pasado a la vez. Los que informan sobre el acontecimiento lo hacen desde su perspectiva, pero el contexto latente es el momento del peligro y de la catástrofe, influyendo en la selección de las memorias.

La literatura que se basa en los reportajes favorece los casos más expresivos, si no extremos. De allí que en los relatos del lugar del desastre aparecen menos los representantes de las clases superiores. Las catástrofes afectan más extensamente a los pobres. Las clases bajas, que desde antes estaban en una situación desfavorable, al margen del poder y de la palabra –lo expresado por Michele de Certau las define atinadamente como un sector "falto de escritura, falto de lectura, falto de simbolismo [...] una mayoría silente"[1]– se ven empujadas aún más abajo. Salvo escasas excepciones, la gente de ese sector no tenía representación literaria, pues la pobreza en sí no es un tema interesante o atractivo, sobre todo para la literatura *mainstream*. Diferente es el caso de las tragedias, los homicidios (sobre todo los que califican para la nota descriptiva "con particular saña") o, precisamente, las calamidades. Entonces los recuerdos de la gente de abajo proporcionan el contexto significante para la descripción de la desgracia. La atención a esas voces desvía el discurso literario del centro dominante a las periferias silenciosas, lo cual permite la entrada de las generalizaciones, así como a la resistencia.

En los capítulos anteriores las voces de las protagonistas provenían del margen, sin embargo su denominador común era la atención sobre las historias individuales. En la descripción del mundo después de la catástrofe, lo ocurrido a las personas y las voces que se registran son partes de un grupo muy amplio. Se trata de una colectividad que se ubica en la periferia social, entonces al desviar el enfoque hacia esas voces se amplían los márgenes del discurso literario.

Una de las primeras obras de la narrativa mexicana que dan acceso a la platónica *anamnēsis* [ἀνάμνησις] del sujeto colectivo es *Zona de desastre* (1986), de Cristina Pacheco. Su relato, publicado después del terremoto que sacudió a una gran parte de México el 19 de septiembre de 1985, incluye los apuntes que la autora hizo durante tres meses después del día de la catástrofe. Pacheco registra lo ocurrido a la ciudad y a sus habitantes que más sufrieron a causa del desastre, es decir a los pobres. Su crónica sencilla, casi lineal, de los acontecimientos que siguieron tras

1. Certau, Michele de. *Heterologies: Discourse on the Other*. Minneapolis: U of Minnesota P, 1986; p. xvii. La traducción del inglés es mía. Cita original: "unsigned, unreadable, and unsymbolized [...] a silent majority".

los movimientos tectónicos adquiere profundidad al añadir los recursos de la memoria, puesto que el panorama descrito se expande hacia la cuarta dimensión, que en ocasiones llega hasta un pasado bastante lejano. Con esta táctica, el reportaje del lugar de la catástrofe se convierte en un tratado sociológico y en literatura de protesta –el informe de lo ocurrido, combinado con los recuerdos de lo que era antes, hace visible una regularidad: la tragedia final es solo en parte el efecto del cataclismo natural. Sus raíces tocan la pobreza y el abandono existentes desde mucho antes. Los dramas individuales, como piezas de un mosaico, constituyen el panorama trágico de la situación de los de abajo, siendo una consecuencia del injusto sistema político-económico. Las historias narradas denuncian la inefectividad de acción de las autoridades y la falta de control del Estado sobre la ayuda humanitaria, y señalan las causas de estas circunstancias: la indiferencia ante las necesidades de los de abajo. Los relatos sencillos se convierten en una acusación al aparato hegemónico del Estado, denunciando las mentiras sobre el desarrollo democrático actual y la bonanza del pasado. Un papel particularmente interesante adquiere en este contexto la figura de la narradora: con tan solo registrar las voces de las múltiples víctimas que cuentan las historias del pasado y del presente, ella se coloca en la posición de su vocera. De igual modo, la autora de *Zona de desastre* proporciona al sector marginado un lugar tradicionalmente reservado para los individuos del centro.[2]

Estrategia narrativa

Antes del terremoto Cristina Pacheco documentaba la realidad mexicana en sus artículos, libros y programas de televisión, prestando atención especial a las voces de los pobres.[3] Su conocimiento de los relatos históricos

2. Sobre el tema del protagonismo del sector silenciado en la obra escrita por Pacheco escribí también un artículo en el volumen de *Catástrofe y violencia* (2017), publicado por Marco Kunz. Véase la bibliografía.

3. Cristina Pacheco ejercía periodismo en los diarios *El Día*, *Uno más Uno*, *La Jornada* y el semanario *Siempre!*, y había publicado tres libros de cuentos: *Para vivir aquí* (1983), *Sopita de fideos* (1984) y *Cuarto de azotea* (1985). Además conducía el programa televisivo "Aquí nos tocó vivir". En sus escritos, así como en sus programas, documentaba la realidad mexicana, dedicando especial atención a

y su experiencia de periodista le dictaban que ellos no solo serían los más desprotegidos ante el cataclismo natural, sino que también sus historias se perderían. Las versiones oficiales de los lugares afectados se producen por los que siempre tuvieron –y tienen– acceso a la palabra, que representan solamente una parte de la sociedad. La memoria de los que no tienen ese acceso se desvanecería dejando en el olvido a miles de víctimas del cataclismo natural y del injusto sistema. El discurso sobre el pasado es uno de los privilegios de los que tienen el poder. Los demás tienen que "avanzar sin palabras", por usar la expresión de Richard Terdiman.[4]

Pacheco sabía entonces que sin la ayuda de afuera de su grupo la gente del margen no tendría la oportunidad de presentar sus versiones de lo ocurrido. Recoger sus voces y crearles un espacio literario, darles una estructura y una forma estética viable para la publicación en forma de un libro era entonces un acto de rebeldía en contra del poder. Este acto implica politizar la literatura, ya que el incluir en ella a un grupo amplio, hasta entonces menospreciado por el discurso social y cultural, significa usar los mecanismos democráticos.

En su introducción a *Zona de desastre* la autora declara que su idea de escribir el texto que mostraría los efectos del temblor devastador desde "el plano contrapicado" –es decir desde el punto de vista de la gente de estrato social bajo– nació de su necesidad de cumplir con su misión social: "mi propósito fue colaborar en recoger la voz de quienes más sufrieron

---

las voces de los pobres. A lo largo de los años, Pacheco continuó su enfoque en los personajes de clases no privilegiadas, sobre todo de las mujeres. En uno de los principales diarios nacionales, *La Jornada*, cuenta con una columna semanal permanente, en la cual publica sus reportajes-cuentos. Además de continuar el programa de televisión, tiene otro en la radio: "Conversando con Cristina Pacheco", en el que también da acceso a las voces marginadas. Hasta la fecha ha publicado otros libros de cuentos sobre la experiencia humana de aquellos seres que experimentan el abandono, la pobreza y la vejez: *La última noche del tigre* (1987), *El corazón de la noche* (1989), *Para mirar a lo lejos* (1989), *Amores y desamores* (1996), *Los trabajos perdidos* (1998), *Limpios de todo amor* (2002). También ha publicado ensayos y entrevistas con políticos, artistas e intelectuales: *La luz de México* (1988), *Los dueños de la noche* (1990) y una novela: *La rueda de la fortuna* (1993).

4. Terdiman, Richard. *Present Past: Modernity and the Memory Crisis*. Ithaca, N.Y.: Cornell UP, 1993; p. 19. La traducción del inglés es mía. Cita original: "to 'go without saying'".

con el desastre y siguen padeciendo sus consecuencias". La postura que convierte a la reportera-narradora en vocera del grupo silente se explica más en su entrevista con Linda Egan:

> La autoridad tiene todos los canales para expresarse y los industriales y los funcionarios también, pero la gente no. La gente común y corriente, sobre todo la gente marginada carece –o, mejor dicho, carecía antes de que yo empezara a trabajar, porque yo busqué a esas personas, y hasta la fecha yo sigo y es lo que más me interesa. No soy una reportera que cubre la fuente de nada. Voy rastreando la realidad.[5]

En el prólogo a su obra Pacheco defiende la verdad de sus relatos. Afirma que su libro combina lo que ella misma ha visto y los testimonios de las personas afectadas por la tragedia: "[...] me empeñé, como tantos otros amigos y compañeros de la prensa mexicana, en dejar testimonio de los hechos" (11).[6] Una vez más subraya que en el foco de su atención coloca a la gente del estrato social que antes no tenía representación literaria. Ella, como periodista y escritora, tiene el acceso al poder de la palabra –aunque sea con limitantes de la censura– y desea compartir ese poder. Otorga el don de la palabra en el foro público al estrato social silente. Aún hoy, en la era del acceso público al internet y a los medios sociales, tal herramienta no es accesible para todos, puesto que se encuentra limitada por el conocimiento de cómo usarlas, además de los accesorios indispensables, tales como tener el teclado, por ejemplo. En el tiempo de los hechos discutidos el internet todavía era un prospecto futurológico.

En la entrevista con Egan, Pacheco deja entrever que no era de ignorarse el problema de la vigilancia del aparato estatal que trataba de controlar lo que escribían los periodistas que abogaban en nombre de la gente de abajo. La verbalización de sus quejas y su publicación en una escala amplia no eran prácticas bienvenidas y, según afirma, exponían a los periodistas a represiones:

---

5. Egan, Linda. "The Sound of Silence: Voices of the Marginalized in Cristina Pacheco's Narrative". *The Other Mirror: Women's Narrative in Mexico, 1980-1995*. Edited by Kristine Ibsen; pp. 133-146, 282.

6. En este capítulo, los números entre paréntesis corresponden a citas del texto base de mi análisis, provenientes de la siguiente edición: Pacheco, Cristina. *Zona de desastre*. México, D.F.: Océano, 1986.

> Es imposible que sea la prensa mexicana libre e independiente del gobierno mientras funcionen censura y controles gubernamentales. Esto puede funcionar de muchas maneras, y la más sencilla, y la más peligrosa por sencilla y por aparentemente inocua, es que simplemente te quitan el trabajo. (290-291)

Otros escritores mexicanos, cuyas entrevistas cita Egan en el mismo artículo, confirman la existencia de la censura y de las represiones en caso de no subordinación.[7] Sin embargo, hay que reconocer que esas represiones en México por lo menos no adquirían el estilo ruso (Anna Politkóvskaya y Borís Nemtsov) o saudita (Yamal Jashogyi). Mucho más frecuentemente se trataba de la oferta de cambiar la perspectiva, es decir de apoyar al grupo que estaba en el poder, lo cual implicaba cierto tipo de corrupción, aunque encubierta.

Cristina Pacheco como periodista y escritora es una autoridad moral innegable. Su voz se escucha claramente en todas partes y tiene peso, puesto que denuncia a los responsables por el empeoramiento de las condiciones de vida en la capital:

> [A la ciudad] la destruían la avidez, el lucro y la irresponsabilidad sin medida (13) [...] El terremoto fue la aterradora puntilla en la agonía del México que conocimos; (27).
>
> [...] un paisaje urbano destruido sucesivamente por el hacinamiento, la corrupción, el sismo y, a partir del día en que sucedió, apenas modificado por la lenta remoción de escombros y el surgimiento de mínimas áreas verdes: más que prados, tumbas que invitan a recordar la muerte y no el renacimiento de barrios, colonias y calles. (117)

Culpa también al sistema por la indiferencia ante la pobreza, sobre todo vista desde la perspectiva femenina:

> [...] esas mujeres nacidas en el abandono, maniatadas por la ignorancia, urgidas por la necesidad, desangradas por la explotación y al fin asfixiadas entre las ruinas de talleres que aun antes del terremoto fueron tumbas". (42)

7. En el artículo de Egan se citan las entrevistas con las siguientes periodistas y escritoras, además de Cristina Pacheco: Socorro Díaz, Carmen Lira, Sara Lovera, Lucía Luna, Blanche Petrich, Elena Poniatowska y Elena Urrutia.

Pacheco no acusa a personas concretas. Sus alegaciones se dirigen en contra de los que están en las posiciones de dominio, puesto que ese corrompe a todos. A su vez, la corrupción, el poder –por tanto, la censura, que es su órgano represivo– no tienen una cara definida, según declara en su entrevista con Egan: "No me interesa mencionarla [a la censura] ni quiero verla: es como un monstruo que está allí que no quiero ver. Pero allí está. Siempre que puedo lo rodeo, le doy la vuelta, me voy por abajo, me voy por arriba; digo lo que quiero, siempre, pero sé que allí está".[8] La escritora no explica claramente en qué consiste su método de evitar el "monstruo", pero se puede asumir que cuenta con la complicidad del lector, quien conoce el contexto de los relatos. Los habitantes de la Ciudad de México y de otras partes del país conocen de sobra esas realidades y no necesitan de más explicación.

La crónica y el testimonio

La crónica –el subgénero literario que eligió Cristina Pacheco para la forma de su obra– tiene una larga tradición en México. Comenzando por la conquista, los que arribaron al Nuevo Mundo hicieron un esfuerzo por dejar constancia de su entorno.[9] La crónica era también usual para los historiadores, puesto que por medio de esta forma podían narrar los acontecimientos en orden cronológico, describir los lugares y los ambientes, registrar con la precisión posible lo visible y lo encubierto. Sin embargo, el concepto de la crónica podía estar –y frecuentemente estaba –lejos de la objetividad. Como observa Kathy Taylor, los conquistadores-colonizadores-cronistas llegaban al Nuevo Mundo con sus preconcepciones e interpretaciones renacentistas, que solamente tenían que llenar con el contenido adecuado. Estas técnicas heredaron los que nacieron ya en

8. Egan, Linda. "The Sound of Silence: Voices of the Marginalized in Cristina Pacheco's Narrative". *The Other Mirror: Women's Narrative in Mexico, 1980-1995*. Edited by Kristine Ibsen; pp. 133-146, 288.

9. La crónica más conocida de la Conquista es quizás la de fray Bartolomé de las Casas, *Brevísima relación de la destrucción de las Indias*. En la cultura prehispánica también existían las crónicas. Bernardo de Sahagún transcribió a muchas de ellas en su *Códice florentino*. También existen crónicas precolombinas en las lenguas náhuatl y maya.

la tierra americana.[10] Aunque con el tiempo las obras de los cronistas adquirieron un orden positivista más "objetivo", de acuerdo con Hayden White los textos que intentan retratar las cosas "como son" siempre fallan de alguna manera.[11] No son objetivos tan siquiera por el hecho de la selección: mientras incluían unos detalles, omitían otros, aunque desde la perspectiva del lector se tratase de aspectos sin importancia. En el mejor de los casos, los escritos de los cronistas son entonces relatos intermedios, entre "interpretativos" y "preinterpretativos". Aun si el cronista hace un esfuerzo por ser objetivo, su posición central automáticamente reduce su visión y omite lo que no puede ver, recortando los extremos.

En la percepción común las crónicas –cuyo objetivo es la descripción de la realidad extratextual potencialmente verificable– son "simplemente" apuntes que forman parte de la escritura de no-ficción. Esa visión no toma en cuenta que tal escritura es ya parte del arte. Aunque se puede encontrar en los anaqueles de la investigación histórica, las crónicas son también parte del acervo literario. A pesar de ello, muchos comentarios y análisis literarios subrayan su carácter híbrido, que –por tener de referente al "mundo real"– las coloca más abajo en la jerarquía de la representación cultural que la literatura construida con base en la imaginación, como, por ejemplo, las novelas. Tal acercamiento es discutible, puesto que tanto las crónicas, como las novelas son "ficciones verbales", según apunta White, y como tales crean sus propios mundos y realidades.[12]

Según observa Carlos Monsiváis en su antología de la crónica mexicana, este tipo de escritura implica una "reconstrucción literaria de sucesos o figuras, género donde el empeño formal domina sobre las urgencias informativas".[13] Los textos que conforman su volumen varían en cuanto a ese "empeño formal" y al aspecto discursivo, pero casi todos tienen el mismo denominador: son escritos desde la perspectiva de un cronista que se encuentra en el "centro", según la clasificación colonial, entonces cerca del poder. Es decir, otorgan la palabra a los que están

10. Taylor, Kathy. *The New Narrative of Mexico. Sub-Versions of History in Mexican Fiction*. Lewisburg, PA: Bucknell UP, 1994; p. 13.

11. White, Hayden. *Tropics of Discourse: Essays in Cultural Criticism*. Baltimore: Johns Hopkins UP, 1987; pp. 3-4.

12. Ibid.; p. 82.

13. Monsiváis, Carlos. *A ustedes les consta. Antología de la crónica en México*. México, D.F.: Ediciones Era, 1980; p. 13.

cerca del poder hegemónico, pero no a los márgenes. Monsiváis apela por tanto a los escritores:

> [...] dar voz a los sectores tradicionalmente proscritos y silenciados, las minorías y mayorías de toda índole que no encuentran cabida o representatividad en los medios masivos [...]. Se trata de darles voz a marginados y desposeídos, oponiéndose a la asimilación y recuperación ideológica de la clase dominante, cuestionando los prejuicios y las limitaciones sectarias [...], captando la tarea periodística como un todo donde, digamos, la grabadora solo juega un papel subordinado.[14]

A partir de los años sesenta se incorpora en la literatura latinoamericana la perspectiva que incluye el enfoque de los personajes que se encuentran en la periferia o el margen, es decir en los personajes subalternos al poder dominante.[15] Como iniciador del género de la narrativa testimonial se considera a Miguel Barnet Lanza, quien lo empleó en su obra *Biografía de un cimarrón* (1966) para hablar de la gente "sin historia".[16] Este tipo de relatos se basa en el uso de la memoria individual que representa la experiencia vivida por un grupo.[17] Cuando el subalterno habla, ejerce una rebelión en contra del sistema establecido. La mejor explicación de la literatura testimonial la ofrece quizás George Yúdice, quien la define como:

---

14. Monsiváis, Carlos. "Cultura urbana y creación intelectual. El caso mexicano". Ed. Pablo González Casanova. *Cultura y creación en América Latina*. México, D.F.: Siglo XXI, 1989; p. 76.

15. Los términos "periferia" y "margen" se usan paralelamente en su función de contrariar a los discursos hegemónicos. Su uso se origina en las teorías económicas del desarrollo y del subdesarrollo en el caso del primero de ellos –por ejemplo: en los trabajos de André Gonder e Immanuel Wallerstein–, y de la crítica filosófica y literaria en el segundo –por ejemplo: en los trabajos de Jacques Derrida–.

16. En su ensayo "La novela testimonio: socio-literatura", incluido en *La fuente viva* (1983), Barnet reconoció que su inspiración para colocar en el centro de la obra a la gente "sin historia" originó de la lectura de Juan Pérez Jolote, biografía de un tzotzil (1959), del mexicano Ricardo Pozas de Arciniega (Taylor 145).

17. No hay que perder de vista las autobiografías que han escrito anteriormente los personajes de la "periferia" del discurso literario. Una de las muestras más antiguas que merecen atención en la literatura anglosajona es, por ejemplo: Douglass, Frederick. *Narrative of the Life of Frederick Douglass, an American Slave*. Boston: The Anti-Slavery Office, 1845.

> una narrativa auténtica, hecha por un testigo, quien siente la necesidad de hablar por la urgencia de la situación (por ejemplo, la guerra, la opresión, la revolución, etc.). Empleando el discurso oral popular, el testigo retrata su propia experiencia como representativa para la memoria y la identidad colectivas. La verdad es convocada para la causa de denunciar la situación presente de explotación y opresión o de exorcisar y poner bien la historia oficial.[18]

En México fue Elena Poniatowska quien usó la forma del testimonio por primera vez en su ya mencionada obra *La noche de Tlatelolco* (1968) para denunciar las prácticas criminales del gobierno nacional en la pacificación del movimiento estudiantil. Su texto incluye muchas voces de los testigos de la sangrienta represión que tienen el mismo peso de representación; por ello a este tipo de narración se le llama una "novela polifónica". Esas voces frecuentemente contradicen los discursos oficiales, cuyos fragmentos también se incluyen en la obra. Su libro está formado por una composición artística de diversos recursos testimoniales que, según muchos críticos, lo califican apto para ser colocado tanto en los anaqueles de historia como en los de literatura. El texto contiene entrevistas con los testigos de la masacre y las persecuciones policiales, lo cual deja abierta la posibilidad, por lo menos hipotética, de su verificación. También se incluyen reflexiones propias, citas de los periódicos, fragmentos de discursos de los políticos, fotografías, poemas, pasajes narrativos. Más tarde, tras el terremoto de México, narrado primero por Pacheco, Poniatowska volvería a usar la técnica del *collage* en su crónica *Nada, nadie. Voces del silencio* (1988). Su estrategia fue también usada por Monsiváis en *Entrada libre. Crónicas de la sociedad que se organiza* (1987), una colección de ensayos, entre los cuales se encuentra uno dedicado también al terremoto del 85: "Los días

18. Yúdice, George. "Testimonio y concientización". *Revista de Crítica Literaria Latinoamericana*. 36. Lima: Latinoamericana editores, 1989; p. 11 (Ver: Gugelberger, Georg y Michael Kearney. "Voices for the Voiceless: *Testimonial Literature in Latin America*". *Latin American Perspectives*. 18.3 Part I (Summer), 1991; 3-14.) La traducción del inglés es mía. La cita original: "an authentic narrative, told by a witness who is moved to narrate by the urgency of a situation (e.g., war, oppression, revolution, etc.). Emphasizing popular oral discourse, the witness portrays his or her own experience as a representative of a collective memory and identity. Truth is summoned in the cause of denouncing a present situation of exploitation and oppression or exorcising and setting aright official history".

del terremoto". Cabe mencionar que tanto Poniatowska como Monsiváis, además de la documentación que han reunido en sus libros, gozaban desde antes de la publicación de estas narrativas de una merecida fama de escritores comprometidos. Su autoridad de reconocidos periodistas-escritores también tiene significado para el juicio de los lectores en cuanto al contenido de las evidencias en sus textos, con lo cual prácticamente no se cuestiona su fidelidad histórica.

En *Zona de desastre*, crónicas escritas durante los primeros meses después del terremoto, el afán documental de Cristina Pacheco no demuestra el mismo rigor que Poniatowska y Monsiváis. En su texto no hay fotografías de edificios, ni de la gente; los datos sobre los daños se mencionan solamente en dos capítulos, sin señalar las fuentes de dónde provienen; los testimonios se cuentan por voces de varios personajes cuyas identidades, por lo general, no se distinguen más que por medio de los nombres de pila. El balance entre la objetividad de las noticias y la subjetividad de la interpretación recae fuertemente en la parte literaria, más que en la periodística.

La escasez de documentación en su libro y la concentración en el texto mismo ha provocado críticas sobre su actividad de cronista.[19] Evidentemente, esas críticas aprecian más el apego a la temporalidad y la historicidad de la crónica, restándole la importancia cognitiva creada por la retórica. Hay, sin embargo, quienes se muestran más abiertos hacia la aceptación de un texto predominantemente literario como una expresión de la realidad no-literaria. Ignacio Corona señala, por ejemplo, que no se debe descartar del caudal de la información sociológica a un género cuyas características son influidas por lo literario.[20] A su vez, el ensayista y

19. Por ejemplo, Beth Jörgensen expresa su crítica en las siguientes palabras: "*Zona de desastre* does make a claim to factual status, but it fails to meet the reader's expectations for factual adequacy, and therefore it doesn't arouse doubt or invite verification. As a document of a historical event of great consequence for Mexico, *Zona de desastre* falls short of the chronicle's potential for an analytical and critical engagement with contemporary reality" (85). Ver: "Matters of Fact: The Contemporary Mexican Chronicle and/as Nonfiction Narrative". *The Contemporary Mexican Chronicle. Theoretical Perspectives on the Liminal Genre.* Albany: SUNY P, 2002. 71-94.

20. Corona, Ignacio. "At the Intersection: Chronicle and Ethnography". *The Contemporary Mexican Chronicle. Theoretical Perspectives on the Liminal Genre.* Albany: SUNY P, 2002. 123-155

pensador polaco Gustaw Herling-Grudziński afirma que el registro de la historia "negra" –plagas, cataclismos, conquistas y exterminios– no tiene que seguir necesariamente la lógica de la documentación histórica para reflejar el tamaño del desastre. El pensador señala como ejemplo la obra de Daniel Defoe, *A Journal of the Plague Year* (1772), que habla de las muertes anónimas y situaciones precarias de una manera tan repetitiva que se encuentra en el borde del aburrimiento. Esta narración, empero, según Herling-Grudziński, expresa de manera más eficiente y sobrecogedora la miseria y el dolor de "una masa sin cara, una aguja en el sismógrafo". El método de Defoe es por eso, en su opinión, "insuperable, si se trata de expresar la tensión dramática resultante del proceso de morir de las masas humanas, las cuales siempre están en peligro de cruzar la frontera donde acaba la suma de los individuos humanos y comienza la suma de las cifras".[21] El método que emplea Pacheco en su narración es parecido al discutido por Herling-Grudziński: en *Zona de desastre* los relatos de los daños del sismo y de las desgracias de los pobres parecen nunca acabar. Lo esquemático de la miseria llega a ser tedioso y en su tedio, alarmante. La repetición captura la atención, siendo esta el principal objetivo de la crónica testimonial.

El material informativo de las crónicas puede ser de muy diversa índole. Como indica Barbara Foley, todo es válido en la narrativa testimonial, en cuanto sirve al propósito de la denuncia.[22] La de Pacheco es una obra cuya "materia prima" es la memoria y esta no es algo que se puede verificar. Sidonie Smith y Julia Watson apuntan que "la memoria es una forma subjetiva de la evidencia, no verificable externamente; se basa más bien en la autoridad del sujeto".[23] Es hasta cierto punto natural que

21. Herling-Grudziński, Gustaw. "Wyjście z milczenia". *Szkice*. Warszawa: Res Publica, 1998; p. 324.

22. Foley, Barbara. *Telling the Truth: The Theory and Practice of Testimonial Fiction*. Ithaca: Cornell UP, 1986. P. 268. La traducción es mía. La cita original: "From the most meticulous naturalism to the most far-flung fantasy, fiction renders knowledge of the world by means of analogous configuration. [...] factual particulars may enter the test in a variety of ways to suit a variety of ends, but they frame and highlight the text's generalized propositions. The documentary novel's insistence that it has a particular truth to tell thus reinforces rather than undermines fiction's distinct status as a means of telling the truth".

23. Smith, Sidonie y Julia Watson. *Reading Autobiography. A Guide for Interpreting Life Narratives*. Minneapolis: U of Minnesota P, 2001. p. 6. La traducción es

con este tipo de evidencia la expresión textual siga más los lineamientos de la literatura que los de la historia o el periodismo. Aunque *Zona de desastre* contiene una gran dosis de información "objetiva" –como lo es la inclusión de las fechas del primer y segundo temblor, los trabajos de demolición, los nombres de los edificios caídos y de los barrios arruinados– este texto registra también algo que difícilmente se puede encontrar en las informaciones históricas. Ese "algo" es el impacto traumático que ejerció el sismo en los habitantes de la metrópoli. Para ello, la escritora-narradora necesita acudir a la memoria propia y la de sus entrevistados, e interpretar lo revelado en palabras escritas. Al referirse a los lugares comunes de la sociedad y no a los elementos que conducen a la exclusión y la marginalización, Pacheco encuentra un lugar de conexión con el subalterno. Cuando habla desde esos espacios, incluye la voz del subalterno. De esta manera, resuelve el problema planteado por Gayatri Spivak de si el subalterno puede hablar. En *Zona de desastre*, Pacheco logra hacer lo que Spivak sugiere: desafiar el espacio discursivo en el que finalmente podemos encontrar al subalterno en sus propios términos.[24]

La escritora está consciente de la responsabilidad que pesa sobre los que intentan hablar en nombre de los demás –del subalterno– y lo expresa en la primera frase de su nota introductoria: "Escribir nos vuelve protagonistas de una pugna interminable entre la realidad y las palabras que empleamos para intentar describirla" (212). La información que ella entrega sobre el desastre se puede verificar en otras fuentes, dedicadas expresamente a capturar los datos.[25] Pero el valor de su obra consiste

mía. Cita original: "memory is a subjective form of evidence, not externally verifiable; rather, it is asserted on the subject's authority".

24. Fragmento de la idea de Gayatri Spivak, resumida por Winant, Howard. "Gayatri Spivak on the Politics of the Subaltern". *Socialist Review*. 20.3 July-Sept., 1990; p. 83. La traducción es mía. La cita original: "[to] challenge to articulate a discursive space in which we can meet finally the subaltern on her [or his] own terms".

25. Por ejemplo, en una crónica histórica que elaboraron los investigadores del IISUNAM con base en la información compilada de los principales diarios nacionales se puede leer: "El jueves 19 de septiembre de 1985 a las 7:19 horas tuvo lugar un sismo de 8.1 grados en la escala de Richter con epicentro en las costas del estado de Michoacán, cerca de la desembocadura del río Balsas. Este sismo fue seguido por otro de menor intensidad, 6.5 grados Richter, el viernes 20 a las 19:38 horas. El efecto destructivo de ambos terremotos se dejó sentir

no en recabar los datos históricos que haya ocasionado el temblor, sino en transmitir la experiencia vivida, la percepción sobre lo ocurrido desde la perspectiva de los que no han tenido acceso a la palabra, ni –en muchos casos– información, y ofrecer una alternativa de expresión ante las formas literarias dominantes (como también lo han hecho en otro estilo Poniatowska y Monsiváis). La suya no es una crónica en el sentido tradicional, no obstante el mismo editor de su obra le da un reconocimiento por su labor de cronista, evocando a la sabiduría horaciana,[26] en la tapa del libro:

> *Zona de desastre* es algo más que un intento solidario de 'acercarse al pueblo'. Surge desde adentro del pueblo mismo y describe un sector de la tragedia inabarcable. Parte de un mundo herido; caótico y deshecho queda así en la memoria colectiva y se graba en un material más resistente que la piedra: las palabras.

Justamente esta capacidad de representación del "mundo herido" que se instala en la memoria colectiva es lo que hace interesante el libro de Pacheco para el presente capítulo. Desde esta perspectiva los datos exactos no tienen mucha importancia. En la mayoría de los casos el imaginario común no conserva los nombres de los "protagonistas" de los desastres naturales. Tampoco registra los nombres de los pobres que son, por usar la expresión de Barnet, gente "sin historia". Por ello, a pesar de que en principio la función básica de la crónica es documentar, tiene sentido que los individuos que prestan sus testimonios en *Zona de desastre* no

---

sobre todo en los estados de Guerrero, Michoacán, Colima, el sur de Jalisco y de manera especial en el valle de México, lugar donde se ubica la gran metrópoli mexicana, el conglomerado humano más grande del mundo. Fue precisamente en la capital de la República donde el saldo de muerte y destrucción alcanzó las proporciones más grandes y dramáticas de las cuales se tenga memoria en México." Arreola, Álvaro Georgette Jose, Matilde Luna y Ricardo Tirado. "Memoria: los primeros ocho días". *Revista Mexicana de Sociología*. 48.2 (1986).

26. "He acabado un monumento más duradero que el bronce y más alto que las regias tumbas de las pirámides, que no podran destruir las lluvias persistentes, el frío Aquilón ni la marcha de los tiempos con la serie innumerable de los años. No moriré del todo. La mejor parte de mi ser se librará de Libitina, y mi gloria crecerá de día en día con las alabanzas de la posteridad". Horatio. *Odas*. Libro III, Oda XXX; 23 a.C. Traducción: Germán Salinas. <https://es.wikisource.org/wiki/Odas_(Horacio)_III>.

cuenten con más identificación que sus nombres de pila. Los relatos contienen, en cambio, una serie de elementos artísticos que, como se verá a continuación, los hacen colocarse en una esfera de arte, más que de la historia y desde allí grabar los hechos históricos.

Estrategias descentralizadoras del discurso

Zona de desastre consta de veinticinco capítulos, de los cuales solamente el primero, "Jueves 19 de septiembre", y uno de los finales, titulado "Las cenizas del Regis", se presentan a través de la voz de la narradora como testigo de los hechos. Las demás son historias independientes, unidades cerradas, que devuelven situaciones que hablan por sí solas. La autoridad narrativa del texto se distribuye entre diversos sujetos. A veces se distingue claramente la voz de la autora como periodista que ofrece el reporte del momento dramático o como periodista que conduce las entrevistas. También queda clara la voz de la autora omnisciente en las historias de ficción. En muchos relatos, sin embargo, su voz se confunde con la de los testimoniantes o cede el espacio narrativo a los demás.

De acuerdo con Frederic Jameson, ceder la autoridad narrativa es representativo de la fragmentación de la era posmoderna. Si la realidad que se vive acepta la existencia (y la coexistencia) de la multitud de sujetos, discursos e identidades, la sociedad necesita desprenderse de la idea del "sujeto central" y "la identidad personal unificada" en el texto literario. La idea de "fragmentación fundamental" afecta al sujeto narrativo, quien deja de ser autoritario.[27] Tras su descentralización se resemantizan los márgenes del discurso literario al aceptar el discurso del sujeto múltiple.

Según observa Mijaíl Bajtín, toda expresión verbal emite "enunciados" de estilo, significativo en la formación y en las reglas de organización de los textos orales o escritos. Se trata de una "praxis" humana que refleja la conciencia y condiciona la expresión del escritor. Bajtín afirma que esa conciencia reverbera en el discurso: "no solo por su contenido y por su estilo verbal, o sea por la selección de los recursos léxicos, fraseológicos y gramaticales de la lengua, sino, ante todo, por su composición y

27. "centered subject", "unified personal identity", "fundamental fragmentation". Jameson, Frederic. "Third-World Literature in the Era of Multinantional Capitalism". *Social Text*. 15 (Fall); p. 67.

estructuración".[28] Los "enunciados" que emite Pacheco en su texto expresan su empatía e identificación con los referentes de sus crónicas. Lo expresa no solo por medio de la declaración verbal en su prólogo, sino también por usar ciertas tácticas de la narración. Entre ellas cuenta la técnica narrativa de *flashback*, con la que la autora confirma su inclusión en la comunidad traumatizada por el desastre, y el estilo sentimental o acusatorio, con el cual hace explícita su posición de solidaridad con los afectados.

La narración retrospectiva, llamada *flashback* o analepsis, que emplea la escritora de manera repetitiva, ayuda a enfocar el trauma vivido colectivamente. Esta es una técnica de narrativa consistente en retroceder en el tiempo del punto que ha alcanzado la historia hasta el momento. La estructura del libro entero, así como de los capítulos por separado, refleja este vaivén de la memoria: no es una narración lineal, sino que consiste en describir la situación del momento presente –es decir, de algún día entre el 19 de septiembre y diciembre de 1985– y hacer una retrospección para explicar cómo se llegó a esta realidad. Las retrospecciones van por general más allá del momento de la destrucción, pero todas inevitablemente pasan por él. Es lo que tienen en común. Todas las historias muestran las vidas de "antes" en un contraste con su momento de "ahora". Lo paradójico es que si el momento actual muestra una realidad dramática, el pasado que descubren los recuerdos de los individuos afectados tampoco es –en la mayoría de los casos– un cuadro feliz. Las historias narradas revelan el modo de vida de miles de personas que, de no haber llegado a la situación crítica de víctimas del ocaso, nunca tendrían la oportunidad de contar su condición de víctimas de la explotación e injusticia social.

La organización del primer capítulo refleja la sorpresa que produjo el desastre y la incredulidad de todos ante lo ocurrido, sentimientos compartidos por todos los habitantes de la Ciudad de México quienes vivieron estos momentos. Es, además, aleccionadora respecto del ritmo de la memoria que de pronto se vio afectada al perder la continuación con el pasado. El estilo con el que Pacheco informa del sismo es el de un reportaje fragmentado, en el cual transmite "en caliente" lo que ha podido saber en relación con el desastre. Al hacerlo se ubica en el momento preciso de varios millones de habitantes de la Ciudad de México, quienes sintieron el

28. Bakhtin, Mikhail. *Problemas de la poética de Dostoievski*. México: Fondo de Cultura Económica, 1988; p. 248.

temblor y no habían podido aún saber las consecuencias. Cuando comunica lo sucedido, la reportera no se limita a la documentación "a secas", sino que adquiere tonos dramáticos, reflejando el sentimiento que generó la noticia y penetrando con su poética en la imaginación de los lectores:

> La mañana del 19 de septiembre la ciudad, herida de muerte en muchos de sus puntos más vitales, cayó encima de sus habitantes, se paralizó en viaductos, avenidas, túneles del metro. Toda se oscureció. Las tuberías vomitaron o dejaron de fluir. Los conductos del gas se rompieron. El mal olor incensó nuestro pánico. Al asombro y el miedo sucedió la necesidad de reconocer el espacio cotidiano, de restituir los contactos con el mundo exterior. Primero hicimos un inventario de las vidas, luego revisamos los muros de la casa, después salimos para ver –tendidos en los cables de la luz aún agitados– otros asombros, otros pánicos, la muerte innumerable. (13-14)

Cabe notar que la reportera/narradora se coloca a sí misma dentro del colectivo que sintió los efectos del temblor. Su narración, por tanto, tiene que ser tomada en cuenta como la de una persona enterada, quien estaba en el lugar de los hechos: su texto es un testimonio más. En este pasaje el grupo que ella representa es muy amplio, ya que abarca a todos los capitalinos, sin más diferenciación que la de los vivos y los muertos.

A la impresión personal con la que Pacheco inicia su texto la sigue una inserción de noticias de la radio o de la televisión (el origen no se aclara), en la que se reportan los edificios caídos y la situación general en la ciudad momentos después del sismo:

> Arde el Hotel Regis, cayó el edificio de Marina, Televicentro quedó destruido, se desplomó la Secretaría del Trabajo, se deshizo el edificio Nuevo León, la colonia Roma está hecha añicos; ya no existen la SCOP, el Hospital General, el Centro Médico, Superleche; se acaba de caer parte del conjunto Pino Suárez. La capital está en llamas e incomunicada. Hay miles de atrapados entre los escombros ... (14)

Cuando vuelve a hablar la narradora, incluye las expresiones de las gentes sin nombre, que se funden con su propia voz. Ante el *shock* de lo ocurrido su memoria no registra quién dijo qué; solo capta las frases que se unen en una sola emoción de sorpresa aterradora:

> [A]lguien dijo: "Se quedaron adentro las costureras", "No veo al velador", "No está el muchacho del estacionamiento", "No encuentro al vigilante", "No aparece el portero de la noche", "La sirvienta no responde", "Todavía no sale la chamaquita que viene a ayudarme tres veces por semana". (14)

Tras reconstruir las voces anónimas, la narradora se dirige al lector respondiendo la supuesta pregunta que recibe:

> ¿Dónde están? Donde estuvieron siempre sin que nadie los viera: en patios húmedos, en cuartos de azotea, en viviendas improvisadas, en sótanos pestilentes, en catres incómodos, en garitas asfixiantes. Siguen allí, solo que ahora ya no ocupan su escaso tiempo libre en ver televisión ni escuchar radio; ya no leen novelitas de amor, ya no miran los periódicos deportivos, ya no piensan en los pronósticos ni en la lotería, ya no quieren encontrar el número de la suerte. Tampoco vigilan, ni sirven, ni cosen, ni tallan, ni pulen: ya no existen. De la vida miserable y anónima pasaron a la muerte espantosa y anónima que se inscribe, si acaso, en una lista de desaparecidos y termina asfixiada en la fosa común. (14-15)

Luego sigue la reflexión:

> Hasta antes del 19 de septiembre nadie imaginó que hubiera tantas costureras en Anillo de Circunvalación, en Izazaga, en Lorenzo Boturini, [...]. Antes de ese jueves pocos pensaron en las condiciones en las que trabajaban esas mujeres explotadas [...]. Pocos las vieron y nadie las volverá a ver nunca [...]. (15)

Continúa con el reportaje del sismo de menor grado que ocurrió al día siguiente, el viernes del 20 de septiembre 1985. Vuelve luego a la descripción de la ciudad desquiciada, mezclando las noticias de la radio/televisión con las reflexiones propias y de los sobrevivientes. A continuación, con la fecha del 23 de septiembre describe las labores de rescate y registra los daños que se han reportado hasta entonces. Tras ello, retorna al momento del sismo mayor y otra vez a las reflexiones.

La agitación entre lo que sucedió, lo que fue antes y lo que es ahora, reverbera en el funcionamiento de la memoria traumatizada. Según afirman Paul Antze y Michael Lambek en Tense Past, este es el ritmo típico de la narración del trauma. Las memorias que se organizan alrededor de los *flashbacks* pueden constituir para los afectados por el trauma una herramienta curativa: "para compartir el conocimiento de la realidad que compartieron".[29] Esta curación se aplica tanto a los personajes presentados por Pacheco en el libro, como a la misma narradora, quien presenció el drama y se solidariza con los que sufren sus consecuencias.

La estructura del primer capítulo se repite en la organización del texto entero. Aunque las secciones tienen un orden cronológico –no siempre muy claro–, cada historia comienza por el momento actual, hace una retrospección y regresa al punto de partida. Las intensidades dramáticas varían. En algunas domina la agitación de la desesperación y la angustia, en otras se ve algo de alegría por la salvación milagrosa o el confort de la solidaridad de los demás, o se expresan reflexiones filosóficas. Anne Whitehead en su estudio *Trauma Fiction* afirma que muchos escritores han encontrado una manera de expresión del trauma en la narración sin dirección: "Los novelistas encuentran frecuentemente que el impacto del trauma puede ser representado adecuadamente solo al imitar sus formas y sus síntomas, de modo que la temporalidad y la cronología colapsen, y las narrativas se caractericen por la repetición y la falta de dirección".[30] La repetición puede funcionar a varios niveles, tales como el lenguaje, las imágenes o las tramas. En el texto de Pacheco ocurren todos los "síntomas" mencionados por Whitehead: el lenguaje que emplea es frecuentemente anafórico y enumerativo; las imágenes de destrucción y desolación se imprimen a fuerza de repetición; las tramas tienen poca variación.

La falta de dirección que discute Whitehead se observa en *Zona de desastre* en la falta de consistencia de las formas narrativas, que a veces son reportaje: "Jueves 19 de septiembre" y "Las cenizas del Regis"; otras veces testimonio, como "Los hilos de la vida: las costureras"; entrevistas, como "Entre *Dios nunca muere* y *Viva mi desgracia*"; ficción, como "La

29. Antze, Paul y Michael Lambek, eds. *Tense Past. Cultural Essays in Trauma and Memory.* New York: Routledge, 1996; p. 5. La traducción es mía. La cita original: "to share the knowledge about a reality they experience in common".

30. Whitehead, Anne. *Trauma Fiction.* Edinburgh: Edinburgh UP, 2004; p. 3. La traducción es mía. La cita original: "Novelists have frequently found that the impact of trauma can only adequately be represented by mimicking its forms and symptoms, so that temporality and chronology collapse, and narratives are characterized by repetition and indirection".

condena", que narra los pensamientos de un hombre que se salvó del temblor y que unos días después al regresar a casa fue muerto a manos de unos ladrones; otras más son historias que circulan entre la gente sobre los casos individuales de los que sufrieron pérdidas de sus seres queridos y que la escritora compone en forma de cuentos realistas, con voz de narradora omnisciente: "El salario del miedo", "Tela de araña", "Ruinas sobre las ruinas", "Falta de asistencia", "La búsqueda", "Horas de oficina", "El fin de la espera", entre otras. En muchas narraciones se pierde la frontera entre la entrevista, el reportaje y el cuento. Las más representativas de ellas son: "Pentagrama", "La prisionera" y "El héroe Nicolás". Tampoco hay dirección en la cobertura de la totalidad: no se cubren todos los aspectos del terremoto, ni el libro es una unidad cerrada. Con ello, la escritora crea la narrativa llena de vacíos que necesitan llenarse por el lector con su propio conocimiento de las circunstancias. De esta manera implica al lector como testigo.

En este punto conviene recordar el énfasis en la recepción que se ha puesto en el contexto de los estudios del testimonio. Este tipo de narración atrae la atención de los teóricos del trauma por mostrar la manera de percibir la historia y producir una interpretación. Lo importante en el estudio del fenómeno del trauma, según proponen Antze y Lambek, no es la memoria que se tiene, sino la manera en la cual esta se practica. En este sentido merecen la atención no solamente los textos que se entienden propiamente como testimonios, sino también los que se califican como ficción. Como sostiene Whitehead, en los estudios literarios la interpretación recae demasiado seguido en la relación binaria entre el sujeto activo (el lector) y el objeto pasivo (el texto). La autora de *Trauma Fiction* recuerda que la teoría del trauma reajusta esta relación entre el sujeto y el objeto de tal modo que la lectura se convierte en un acto de práctica ética. Con esta nueva perspectiva, el lector es "un sujeto receptivo, vulnerable, hasta impredecible".[31]

Otro tipo de enunciados en el sentido bajtiniano, además de los ya discutidos *flashbacks*, es, como se mencionó, el estilo. En *Zona de desastre* la nota predominante de los reportajes es sentimental y melancólica, como las que frecuentemente acompañan a las narrativas de duelo. La narradora no solo expresa con palabras explícitas su lamento porque se acabó algo–

31. Ibid.; p. 8. Según la cita original: "a responsive, vulnerable, even unpredictable being".

"Nada volverá a ser igual" (20) –sino que también añade énfasis en los aspectos que expresan el luto y recalcan la situación deplorable. Entre ellos cuenta su manera de construir frases largas que constituyen párrafos enteros, en las que enumera –como en una letanía– los infortunios de los damnificados:

> Una lluvia invernal cae sobre la ciudad asolada, sobre los trabajadores que desgastan día y noche las montañas de escombros, sobre el anciano que busca inútilmente su domicilio, sobre la mujer que se refugia en la nave de una iglesia, sobre los cuerpos sepultados en la fosa común. Las gotas que empapan y desgastan las listas colocadas a las puertas de talleres, fábricas y hospitales ponen ritmo al miedo o a la esperanza de quienes buscan un hijo, un marido, un pariente lejano. (67)

El estilo de estos pasajes es melancólico y quizás un poco anticuado; no obstante expresa una actitud de solidaridad con los que sufren. Sobre esta manera de expresar la realidad opinó el escritor chileno Luis Enrique Délano: "Cristina Pacheco no le tiene miedo al sentimentalismo y a la melancolía, que en un editorial de la famosa revista *Caballo Verde*, Pablo Neruda dijo que eran mil veces preferibles al hielo".[32] El tono de lamento no es el fin en sí mismo. En el fondo de su aplicación se percibe la intención de influir sobre la conciencia de los lectores. Al convencerlos de la situación angustiosa y desesperada de miles de personas la narradora expresa la esperanza de contar con la solidaridad hacia ellas por parte de los que fueron más afortunados en el temblor y en la vida cotidiana. Pacheco hace explícita esta intención en varias entrevistas, además así lo sugiere en su "Nota" que antecede el texto: "La tragedia no ha terminado. La historia continúa". (11)

Entre los recursos estilísticos que usa la escritora para expresar su identificación con la comunidad está su división implícita de la comunidad capitalina entre "nosotros" y "ellos". Primero, según se mencionó, ese "nosotros" son los sobrevivientes, en contraposición a "ellos" que fueron las víctimas del terremoto. Pronto, el "nosotros" se convierte en el grupo de los habitantes comunes y pobres; "ellos" son en este binomio aquellos, cuya avaricia ha despojado a los pobres de los lugares dignos de vivir y los ha convertido en semiesclavos. Aunque nunca se explica quiénes son

32. Palabras citadas por el editor, en la contraportada de *Zona de desastre*.

los autores de los agravios, el lector familiarizado con el sistema social de México del momento histórico preciso sabe que se trata de los que tienen el poder económico y político. A pesar de que no aparecen en el texto, su presencia se nota por las referencias que se hacen de ellos. Las acusaciones directas son pocas, pero el mostrar los efectos que ha causado su codicia desmedida y las desgracias infligidas por "ellos" a "nosotros" implica la formulación de un acto acusatorio. Los efectos de su proceder son más visibles en el aspecto físico de la Ciudad de México.

Los sitios de la memoria

La Ciudad de México

La metrópoli adquiere en el relato de Pacheco características humanas: sus viaductos, avenidas y túneles del metro parecen un tejido del sistema nervioso que "se paralizó" en el momento del sismo; las tuberías se asemejan al sistema digestivo o las arterias sanguíneas que "vomitaron o dejaron de fluir"; los conductos del gas, los cables de la luz y los muros son otros constituyentes del cuerpo de este ser que "cayó encima de sus habitantes" (13). La urbe percibida como un "gigante" es un organismo vivo, que se encuentra indefenso ante los abusos de los poderosos. La narradora hace ver que aunque la razón inmediata de la destrucción parcial de la capital era el temblor, el desastre natural representó solamente la culminación de lo que ocasionó la rapacidad humana. En el reporte de los daños suena fuerte la nota acusatoria de aquellos cuyos intereses económicos y avaricia desmedida han puesto a la ciudad al punto de la muerte aun antes del temblor. A la vez, lanza una reprimenda al público en general, incluyéndose a sí misma, por no haber tomado acción ante esos abusos:

> Durante años transitamos por la ciudad sin verla, sin oírla, sin atender a sus advertencias, sin compadecernos cuando la cegaban y mutilaban, sin hablar en su nombre cuando la enmudecían a punta de perforadoras y taladros, la sobrecargaban con pesos que no podía resistir, la destruían la avidez, el lucro y la irresponsabilidad sin medida. (13)

Nótese que esta vez la narradora se coloca del lado de "ellos", los que le infligían daño a la víctima. Su posición se justifica, sin embargo, con el hecho de que ella usa la argumentación que supuestamente puede convencer a este grupo para que se apiade de la ciudad y de los afectados por sus acciones. La descripción de lo que este grupo hacía con la ciudad recuerda la escena del abuso familiar, conocida de sobra en el sistema patriarcal. A la coincidencia del género gramatical de "la ciudad" y "la mujer" se le une la asociación de falta de poder en el caso de ambos sujetos semióticos. La metrópoli abusada se asemeja al cuerpo femenino: "herida de muerte en muchos de sus puntos más vitales" (13). El estatus de víctima clama justicia: ningún lector que tenga sentido de rectitud puede quedar indiferente ante el ultraje. Típicamente, este es el propósito del testimonio.

Los primeros auxilios

El problema principal inmediato tras el temblor fue el rescate de las vidas y los primeros auxilios a los damnificados. Varios relatos de *Zona de desastre* muestran la admirable actitud de muchos seres anónimos quienes espontáneamente se lanzaron a ayudar a los más necesitados: rescatar a los atrapados entre las ruinas, sacar a los muertos, trasladar a los heridos, organizar albergues, suministrar alimentos y atención médica, etc. Fueron miles de personas que no escatimaron fuerzas ni esperaron reconocimiento alguno por sus acciones. Uno de los personajes heroicos que desde el primer día emprendió la tarea de rescatar a la gente atrapada entre los restos de los edificios era el joven llamado "La Pulga", quien desde los primeros días cobró dimensiones legendarias. Ganó el sobrenombre por ser pequeño y delgado, lo cual le permitía abrirse camino por los agujeros más estrechos entre escombros. Pacheco no registra su verdadero nombre, por lo cual recibe críticas de parte de los defensores de la crónica más apegada a la documentación histórica.[33] No queda

33. Beth Jörgensen y Claudia Schaefer encuentran que no incluir el nombre verdadero del personaje llamado "La Pulga" es una falta de la cronista. Para contrastar esta actitud, las dos académicas señalan el afán documentario de Elena Poniatowska, quien en su crónica *Nada, nadie. Las voces del temblor* también habla de un personaje llamado "La Pulga" y lo identifica como Marcos Efrén Zariñana. No es seguro, sin embargo, que ambas escritoras hablen del mismo personaje.

claro si la escritora sabía el nombre de este personaje; sin embargo, su decisión de no incluirlo concuerda con su idea de dar acceso a la memoria colectiva, que no exige identificación. Las acciones de "La Pulga" fueron similares a las de muchos, de modo que cualquiera de los héroes anónimos puede ser considerado bajo este nombre. Paradójicamente, el referente anónimo expresa con más contundencia la participación histórica de la "gente sin historia", para usar la expresión de Barnet. A Gavroche, el prototipo literario lejano de "La Pulga", tampoco se le conoce por su nombre y apellido –lo recuerdan solamente los lectores más incisivos de *Los Miserables*–,[34] pero su heroica historia y su muerte las conocen hasta los que no han leído la novela.

Los gestos de heroísmo, solidaridad y entrega anónima resuenan también entre los que necesitan ayuda. El capítulo "Luz en tinieblas" coloca en el centro de la atención a una familia numerosa cuya casa ha quedado quebrada, pero cuyos integrantes no sufrieron daños físicos y aún tenían reservas de comida. La familia es también significativamente anónima. Estas personas están conscientes de que hay otras gentes que no tienen ni siquiera donde vivir o qué comer; por eso no aceptan la comida que reparten los voluntarios, para no quitarla a quienes la necesiten más. Al enfocar la postura de estos individuos Pacheco recalca la dignidad y la solidaridad existente en el grupo de los que, en otro contexto, Monsiváis llama, con rencorosa ironía, "lejanía tumultuosa".[35]

A la admirable solidaridad de los ciudadanos se contrapone la actitud de las instituciones. Aunque según los reportes de muchas fuentes, incluyendo los estudios hechos por los investigadores de la UNAM,[36] hubo

34. Gavroche es uno de los personajes secundarios de la novela de Victor Hugo, *Los miserables* (1862). Un muchacho callejero, hijo del posadero Thénardier y de su esposa, conocido solamente por su nombre adoptado, a pesar de su papel relativamente insignificante, llegó a ser uno de los personajes más reconocibles. En la percepción común es el representante del pueblo en su perspectiva romántica: humilde, pero bueno y noble por naturaleza, siempre optimista, capaz de los sacrificios más altos (incluyendo la vida propia) por los ideales de la libertad y la justicia.

35. En su "Prólogo" a *La luz de México*, Carlos Monsiváis escribe en referencia al programa televisivo de Pacheco: "[...] Cristina recoge [...] voces de grupos y personas que por lo común la televisión solo registra como 'lejanía tumultosa'"; p. 11.

36. Universidad Nacional Autónoma de México.

respuesta positiva por parte de algunas dependencias gubernamentales, el imaginario común conserva el resentimiento por la falta de ayuda administrativa a los damnificados tras el temblor.[37] No solamente se acusa la ausencia de la asistencia física para el rescate de las vidas, socorro médico, implantación de las medidas de salubridad y de seguridad pública, apoyo para cubrir las necesidades de comida y vivienda, etc. También se denuncia la desorganización oficial en la distribución de los recursos enviados por las organizaciones civiles nacionales e internacionales. Según han hecho saber todos los medios de comunicación, desde los primeros días tras el terremoto han llegado a México toneladas de medicamentos, comida, frazadas, tiendas de campaña, etc. Muchos de los damnificados no recibieron esta ayuda o tuvieron que esperar mucho tiempo para recibirla. En el sentir general, la demora o falta de entrega de los artículos necesitados se debía al hecho de que había personas en los cargos administrativos que aprovecharon la situación para desviar los cargamentos y robar estos bienes. De esto acusan las situaciones captadas en el capítulo que da título a todo el libro, "Zona de desastre". La conversación de la pareja que vive en una casa improvisada entre los escombros refleja este problema:

> –Ese amigo que trabaja en el aeropuerto me contó que ayer llegaron muchas cajas con medicinas y bastantes cobijas de lana.
>
> –¿Y yo qué me gano? Mis hijos están enfermos, tienen frío... Ándele, háganse para acá, criaturas... [...]
>
> –No sé qué día de esta semana llegaron siete o diez mil tiendas de campaña de por allá, de un país de Europa.
>
> –¿Tiendas de campaña? ¿Quién te lo dijo? –pregunta la mujer. [...]

---

37. El estudio de Arreola *et al.* analiza la respuesta de varias instancias administrativas a las necesidades urgentes de los damnificados. Se critican diversas dependencias gubernamentales, tales como la Secretaría de la Defensa Nacional, la Secretaría de Protección y Vialidad del DDF, y la Procuraduría General de Justicia del DDF. No obstante, los autores reconocen el esfuerzo del gobierno capitalino y otras agencias administrativas: "La acción desplegada por el gobierno capitalino y por diversas agencias gubernamentales de la administración central, organismos descentralizados y empresas paraestatales, si bien varió en función de las instituciones, en términos amplios contribuyó a enfrentar numerosos problemas, principalmente mediante la aplicación de medidas de seguridad, de acciones encaminadas a rehabilitar los servicios públicos y de ayuda a la población afectada". Véase la bibliografía; pp. 108-109.

–Nadie. Lo leí en el periódico.
–¿Y dónde están? ¿Por qué, si está lloviendo, no nos las han traído? (31)

El tema del alojamiento en los albergues está relacionado con el de la vivienda indigna, que ya era candente en México aun antes del terremoto. Las historias como "Monumento histórico", "Luz en las tinieblas" y "Ruinas sobre ruinas" muestran tanto el problema del momento tristemente excepcional, como el que es permanente. El temblor solamente descubrió la necesidad de miles de personas para tener unas condiciones de vida decentes. Para algunos, las condiciones empeoraron con el temblor, pero estas son como el ápice de un témpano. Otros, que en el desastre lo perdieron todo, se ilusionaron con las promesas del gobierno. No obstante, las ilusiones son muy pasajeras: los pobres han tenido demasiada experiencia con las promesas falsas de sus consecutivos gobiernos para creer que esta vez se les iban a entregar alojamientos, junto con un área de recreo. Los diálogos de la junta de los damnificados reflejan esa pérdida de la inocencia: "No sé qué tan rápido crecen los árboles, pero sé que los viejos muy pronto se mueren" (57).

La falta de protección ciudadana

En "Los lamentos de San Camilito" se citan las acusaciones de los mariachis de la Plaza de Garibaldi, quienes no solo sufrieron por el temblor, sino también por el asalto de los rescatistas oficiales.[38] El testimonio de un informante anónimo exhibe el grado de desprotección ciudadana:

38. El testimonio del mariachi se relaciona con otro aspecto, que los analistas de la UNAM describieron medio año después, al analizar las actitudes del gobierno: "La gran movilización de la ciudadanía y la apabullante respuesta popular solidaria, junto con el estupor y anonadamiento gubernamental, son quizá las más impresionantes lecciones sociopolíticas del sismo. Por ello, algunas autoridades tratarán de impedir que la movilización de los voluntarios prosiga –pese al inicial reconocimiento explícito que les manifestó el Presidente– y, sobre todo, que pueda cristalizar en algo más. Así, los militares, pese a la desesperación que los voluntarios mostraban por salvar vidas, les cerraron el paso y las autoridades capitalinas comenzaron por pedirles que evitaran entrar en la zona de desastre, recordándoles que el centro estaba acordonado y cerrado el tránsito en numerosas avenidas; les recomendaron que entregaran sus donaciones

> [...] nos sacaron de las que habían sido nuestras viviendas y nos concentraron a todos en la plaza. Desde allí podíamos ver nuestros departamentos o sus restos. Pensábamos en nuestras pertenencias. Intentamos acercarnos a las ruinas para rescatar lo que pudiéramos, pero no nos lo permitieron. Cuando nos dejaron, ya era tarde: no encontramos nada: nos habían saqueado lo poquísimo que nos quedaba. Nosotros queríamos, sobre todo, sacar nuestros instrumentos. Inútil: muchos desaparecieron y otros, la mayoría, estaban hechos pedazos. ¿Usted cree que vamos a poder hacernos de otros nuevos? Una guitarra vale más de ciento cincuenta mil pesos, una vihuela sesenta mil y así, todo por el estilo. (90)

Los relatos del temblor descubren también muchos abusos de la gente en contra de sus prójimos. En "La prisionera", por ejemplo, Pacheco relata la historia de una niña a quien su madre postiza amarraba al árbol en el patio de su casa, para que no le molestara cuando la visitaba su amante; en "La condena" narra el asalto del hombre que al regreso del trabajo cae en la emboscada de unos ladrones y muere en la calle; en "Monte de Piedad" destaca la paliza de una mujer y el robo de su dinero por parte de un exesposo. Estos cuadros no son efectos del terremoto; son la realidad cotidiana de las gentes pobres y desprotegidas. El desastre natural solo evidencia la necesidad de asistencia social a estos sectores.

El trabajo

El robo de las pertenencias significa para los mariachis de "Los lamentos de San Camilito" perder las herramientas de trabajo, lo cual es desastroso. El tema de la pérdida del empleo se repite en muchas narraciones. Siguiendo el problema de las pérdidas humanas y el alojamiento inmediato, este es el asunto más agobiante para los habitantes pobres de la ciudad. "El salario del miedo" y "Los hilos de la vida: las costureras" reflejan la desesperación de miles de personas, particularmente mujeres, quienes encima del trauma provocado por la pérdida de sus compañeros y compañeras de

---

en las delegaciones para evitar 'desbordamientos de solidaridad' y confusión. Y de plano, finalmente buscaron someterlos a su control mediante la exigencia de que se registraran y portaran gafetes autorizados, previa investigación 'para garantizar su honestidad'" (Arreola *et al.*; p. 112).

trabajo que murieron sepultadas bajo los escombros de los talleres mal construidos, tienen que sufrir sus propias penurias porque se salvaron. Los dueños de las fábricas del vestido no se sintieron en obligación de proteger a sus empleados ante la pérdida repentina de su fuente de ingreso. La mayoría de los afectados en esos talleres "que aun antes del terremoto fueron tumbas" trabajaban "a cambio de salarios de hambre" (40-41). El enfoque sobre este grupo permite la expresión directa del subalterno, reproducida por la autora.

Pacheco elige para ello el testimonio que le parece el más representativo: "A esas mujeres de muy diversas edades no solo las une el propósito de que se haga justicia: muchos rasgos comunes hacen de sus historias una sola, infinitamente repetida. De cuantas voces escuché elegí una que es representativa: la de María de la Luz" (42). Esta costurera reporta los abusos de los dueños de las fábricas, quienes se preocuparon más por su mercancía que por los trabajadores y se desentendieron de cualquier responsabilidad de protegerlos: "Luego le ayudamos al patrón a sacar las máquinas, telas, hilos, cierres. Lo hicimos con mucho miedo porque lo que quedaba del edificio se movía cuando pisábamos" (47). Además, los patrones eran reticentes a pagar las indemnizaciones y solo pagaron tres semanas de sueldo, sin darles oportunidad de regresar al trabajo más que a algunas costureras y sin contarles la antigüedad.

Paradójicamente, la desgracia concentrada despierta la conciencia de grupo. Las trabajadoras, quienes antes estaban dispersas y no cuestionaban sus salarios ni sus condiciones laborales por el miedo de perder el empleo, al quedar de pronto sin la única fuente de ingreso comenzaron a organizarse. Su vulnerabilidad despertó la solidaridad de otros, como los estudiantes de la UAM de Azcapotzalco: "ellos nos enseñaron a organizarnos y gracias a ellos vamos a formar un frente de apoyo para las costureras del centro y también a organizar una cooperativa" (48). Las empleadas entendieron que la organización que les había sido impuesta antes, CROM,[39] era un "sindicato blanco" que en realidad nunca representó a los trabajadores. Por eso, formaron su propia organización: el sindicato "19 de Septiembre", a través del cual exigirían mejores condiciones de trabajo y que se les pagaran sus salarios.

39. Confederación Regional Obrera Mexicana. Fundada en marzo de 1918, CROM fue la primera confederación de trabajadores de carácter nacional, que representa a empleados de todo tipo de industrias.

El testimonio de María de la Luz también descubre la trayectoria de su vida, que explica cómo llegó a trabajar en ese lugar. Su narración muestra un mundo de pobreza y falta de oportunidades en el campo donde creció y explotación y abusos en el trabajo de la ciudad. A esos problemas se agregan los que causa la desigualdad cultural entre los sexos: María de la Luz cuenta que ella tenía que hacerse cargo de sus hijos porque su esposo, con las presiones y angustias de la pobreza, comenzó a beber.

Otra paradoja que resulta de la lectura de este texto es la revisión de la perspectiva sobre el papel social de la mujer. En la mayoría de los relatos de *Zona de desastre*, en particular el sector femenino es presentado como una fuerza social más significativa que el masculino; una fuerza más poderosa de lo que reconocían las versiones dominantes. En el testimonio de María de la Luz el papel de la madre resulta mucho más constructivo que el del padre. Las trabajadoras de la fábrica también resultan mucho más organizadas y combativas que los trabajadores, puesto que forman su sindicato y asisten a las manifestaciones, mientras que ellos:

> tienen miedo de que el patrón tome represalias [...]. Se justifican diciendo: "Somos padres de familia. Si no llevamos dinero a la casa, ¿quién va a mantener a nuestras esposas, a nuestros hijos?" (49)

A pesar de lo que se acostumbraba a creer sobre el decisivo papel de los varones en la vida política y social, *Zona de desastre* destaca la importancia del papel femenino en la formación de la conciencia política. María de la Luz lo dice:

> Casi todas nosotras somos también cabezas de familia y por lo mismo tenemos que luchar para que las condiciones nuestras mejoren hoy y sean todavía más aceptables para el momento en que nuestros hijos –si es que no llegan a tener la fortuna de estudiar– tomen un trabajo tan duro como el nuestro pero en mejores condiciones. (49)

El barrio

Muchas de las historias captan la tragedia de quienes "lucharon contra la destrucción y la muerte", preservando el sentido de la unidad de su barrio. "Ruinas sobre las ruinas", "El rescate de los niños", "Palacio Negro", "Los lamentos de San Camilito", "Entre *Dios nunca muere* y *Viva mi desgracia*",

"Doña María de Jesús: cien años de soledad", entre otros, son narraciones que devuelven los personajes prototípicos de la vida de la ciudad: los vendedores ambulantes, los mariachis de Garibaldi, los habitantes de los vecindarios, los organilleros. Su presencia contribuye a conformar la memoria colectiva del México anterior al terremoto. Dentro de la pobreza, entre las adversidades de la vida diaria se han desarrollado sentimientos nobles y se han tomado infinitas acciones de solidaridad con los demás. En el dolor hay alivio por las actitudes humanas reflejadas en las historias como rechazar recibir la comida de los repartidores voluntarios con el fin de dejarla a los que la necesiten más; quedarse a vivir en una casa que está a punto de derrumbarse porque era la única opción para no desprenderse del perro que le salvó la vida al hijo menor de la familia; hacerse cargo de una anciana que fue vecina de toda la vida y ahora no tiene quien la recoja; la señora que se ha quedado sin nada pero al recuperar el violín de su esposo que murió, se lo regala a otro músico quien también lo perdió todo, y otras parecidas.

En las narraciones hay una clara nota de nostalgia por este espíritu solidario del México de antaño. Las políticas de modernización han cambiado la ciudad y el terremoto aceleró el proceso, forzando a las personas a dejar sus hogares y mudarse para otro lado. Pacheco está consciente de que esas formas de la vida cultural y el aspecto unitario de la gente del pueblo van a cambiar pronto; por ello se apresura a retratar este aspecto de la ciudad en su crónica antes de que se pierda. Uno de los capítulos registra la entrevista con un cilindrero, don Antonio López Vázquez, en la que se percibe esta preocupación:

> –¿A qué atribuye usted que existan ya tan pocos cilindreros?
>
> –Pues a dos cosas: la primera a que no hay técnicos que sepan repararlos. Cuando un aparato se nos descompone nosotros mismos buscamos la forma de componerlo. El problema más grave se presenta cuando se nos rompe alguna pieza. Entonces no podemos conseguirlas ni aquí, ni en el extranjero. En Alemania, por ejemplo, ya nadie sabe lo que son los cilindros. Y eso que, como le dije, son originarios de allá. (127)

El rostro perdido

El punto final de la continuidad histórica de la Ciudad de México se pone en el capítulo "Las cenizas del Regis", que gira alrededor de la demolición del hotel que era uno de los símbolos de la elegancia capitalina de otros tiempos. Con precisión de minutos y segundos la narradora registra los hechos de cuando se colocaron las cargas de dinamita en los edificios de Salinas y Rocha, y luego del hotel Regis. Describe la liquidación de los restos del hotel Regis y parte del paisaje al que se acostumbraron los habitantes en sus excursiones domingueras al céntrico parque de La Alameda. Muchos adquirieron una relación orgánica con él: "Te juro que cuando se oyó la explosión creí que la carga de dinamita estaba dentro de mí". El momento de dinamitarlo adquiere el simbolismo del fin de una época. Este edificio era "el prestigio de los años revolucionarios, cuando los generales tramaban aquí en el Regis la toma del poder y llegaban a hospedarse Caruso y Valle Inclán, Ana Pavlova y Blasco Ibáñez" (122). Con el derrumbe de este hotel, comienza la memoria –y el olvido– del glorioso pasado.

El desplome del inmueble significa también la caída de la imagen de un México progresista y democrático. El recuerdo de los revolucionarios que se reunían allí está cargado de intención. El lector sabe que la revolución no trajo los efectos esperados y, según refleja el texto, las clases que la hicieron viven en condiciones de pobreza. La demagogia practicada por el gobierno y la imagen oficial del país era falsa. Esa imagen se derrumbó con la sacudida del temblor. La caída del elegante hotel representa simbólicamente la caída del discurso de la hegemonía. Pacheco sugiere esta interpretación al incluir una poética imagen que se relaciona con el dicho popular de caerse la cara de alguien por la vergüenza:

> En el escenario de la destrucción, que es también del olvido, parecen escucharse las últimas palabras de María Sabina, la mujer serpiente, la mujer de piedra, la mujer colibrí: 'No veo mi rostro. No lo veo. Miro la paz en el mundo: pero me siento triste. Miro gente que vi de niña: a mi abuelo, a mi bisabuelo, a mi padre. Pero no veo mi rostro, no lo veo'. (124)[40]

---

40. El personaje al que se refiere la autora en este párrafo, María Sabina García (1888-1985) era una curandera mazateca sencilla y humilde, quien se convirtió en una celebridad nacional e internacional por su conocimiento y uso ceremonial y curativo de los hongos alucinógenos. Era considerada una chamana, puesto que además del uso medicinal de los hongos practicaba la videncia. Acompañaba sus largas ceremonias con los cantos de su propia poesía. Su talento de poeta

Con este capítulo podría acabar la obra, pero no acaba, como tampoco acaban las desventuras de los damnificados y los pobres de la ciudad. Le siguen tres narraciones más, que muestran más penurias de la gente y dejan ver en claro que las oportunidades para la gente pobre se ven disminuidas tanto por el efecto del temblor como por las políticas modernizadoras. Aunque la ciudad como un ser orgánico, ese "gigante" –ahora sin su rostro de glamour– se esté recuperando tras reparar los servicios principales y dinamitar los edificios inservibles, muchas personas siguen con sus problemas irresueltos de vivienda, trabajo y asistencia ciudadana. Las estructuras de poder no han cambiado y los seres anónimos siguen llegando a la metrópoli, esperanzados inútilmente por encontrar en ella una suerte mejor, como muestra el penúltimo capítulo: "La vida bajo los árboles". Esta narración muestra cómo los problemas graves de la vida cotidiana sin perspectivas pueden acabar con el amor entre la pareja, así como con las ganas de vivir.

El último capítulo, "El fin de la espera", resulta por demás emblemático para la historia de muchos individuos. Su título inspira cierta esperanza en que la pesadilla de las desgracias se esté acabando, pero resulta que es solo para revelar el final trágico de la espera de una mujer, cuyo marido desapareció enterrado bajo los escombros del edificio donde trabajaba como vigilante. Los trabajos de rescate llevaron cien días –un tiempo muy largo de incertidumbre y desesperanza para la familia. La reacción de Amalia ante los restos irreconocibles de su esposo es quizás típica: ella estaba de alguna manera preparada para ver los estragos de la muerte, sin embargo se derrumba cuando recoge la tarjeta de identidad "perfectamente protegida por la mica, la fotografía en colores de su esposo" (141). Es el contraste entre la imagen de este hombre y la realidad que tiene enfrente, el bulto ante el cual está arrodillada.

El resultado del proceso de recordar

Aunque en el terremoto de 1985 sufrieron también muchas personas de clases privilegiadas, Pacheco no representa en su texto a todos los habitantes de la Ciudad de México. En sus historias privilegia a los pobres, este sector

es conocido gracias a las traducciones que hizo del mazateco al castellano otro poeta originario de la Sierra de Oaxaca, Álvaro Estrada.

público oprimido que, como observa su editor, bien podría formar parte de *Los olvidados* (1950), de Luis Buñuel. La decisión de enfocar el grupo desposeído denota una voluntad política. Como señalan Antze y Lambek:

> Las memorias son actos de conmemoración, del testimonio, de la acusación. Las memorias no describen meramente la relación del hablante con el pasado, sino que lo colocan en referencia a él. Como aseveraciones y representaciones, llevan una carga moral de diversos tipos".[41]

Pacheco demuestra estar consciente de las implicaciones de su acción de solidaridad con el sector marginado. Como se indica en la parte que discute su postura ética, su actitud es voluntaria. Con su crónica Cristina Pacheco es una de las primeras escritoras en México que ejerce el cambio en la orientación ideológica de este género literario. Según constatan Jörgensen y Corona en *The Contemporary Mexican Chronicle*, el espacio literario de este género estaba por tradición reservado para representar la conciencia burguesa. Esta práctica estaba en consonancia con los intereses del poder dominante, que la incluía entre sus múltiples medios que tiene para organizar y controlar a los habitantes.[42] Al acudir a la *anamnēsis* del sujeto colectivo de la periferia tradicionalmente silente, la escritora logra resemantizar los márgenes del discurso social y literario. Lo hace por medio del contenido y de la forma. Entre sus estrategias narrativas cuenta con el aprovechamiento de la crónica, tradicionalmente reservada para el discurso del centro, que afianzaba el poder hegemónico. Consagrar esta forma literaria al sector periférico significa descentralizar y fragmentar ese poder.

Zona de desastre documenta el trauma colectivo, reflejado en la repetición sin fin de los dramas de la gente pobre. La presencia de un trauma siempre es acusadora porque detrás de él siempre hay un culpable. Aunque

---

41. Antze, Paul y Michael Lambek, eds. *Tense Past. Cultural Essays in Trauma and Memory.* New York: Routledge, 1996; p. xxv. La traducción es mía. La cita original: "Memories are acts of commemoration, of testimony, of confession, of accusation. Memories do not merely describe the speaker's relation to the past but place her quite specifically in reference to it. As assertions and performances, they carry moral entailments of various sorts".

42. Corona, Ignacio y Beth Ellen Jörgensen. "Introduction". *The Contemporary Mexican Chronicle. Theoretical Perspectives on the Liminal Genre.* Albany: SUNY P, 2002; p. 10.

no se puede culpar a nadie por el terremoto, este acontecimiento resultó ser el detonador para revelar los abusos largamente sufridos por el pueblo, provenientes de la clase pudiente. El testimonio de la escritora, sumado a los de otras personas, registra un panorama de destrucción, desolación y desamparo para un sector que desde antes del temblor se encontraba en una situación precaria, desigual e injusta. La situación de estas gentes empeoró dramáticamente con el desastre natural. Paradójicamente, los problemas acumulados, causados por la pobreza, la ignorancia y la falta de asistencia pública se hicieron visibles a través de la tragedia inmediata. La memoria de las personas, activada por la pluma de la escritora registra tanto los problemas actuales como los que generaron los años de vivir en los márgenes de la sociedad, sin posibilidades de gozar del progreso y la democracia, que pregonaban los canales oficiales del gobierno.

Entre los sitios de la memoria que visita el sujeto colectivo en este capítulo se discutieron los lugares comunes: la Ciudad de México; la solidaridad de los rescatistas voluntarios y los abusos de los oficiales; los problemas agravados de la vivienda, el trabajo, la asistencia social. Pero también se muestra a este sujeto a la luz de su continuidad histórica: su relación con la ciudad y el país, su dignidad humana. Además, se destaca la figura femenina en su contexto social. La imagen de las empleadas de la industria textil que presenta Pacheco contradice las versiones de los escritores anteriores sobre la pasividad o la negatividad de la actividad femenina. Las costureras son el ejemplo de las mujeres que no son malas por el hecho de trabajar, sino al contrario: merecen ser reconocidas por sus esfuerzos; ellas se hacen cargo de sus familias, frecuentemente incluyendo a sus maridos borrachos e ineptos. Son, además, valientes y activas, y tienen o adquieren conciencia política. Representan, también, un poder político, particularmente cuando ven amenazado su campo de responsabilidad que les fue asignado por la tradición: la familia. Entre ellas, se muestran solidarias, característica que adquiere más brío en vista de las circunstancias del desastre natural.

La categoría de no ficción del referente condiciona las percepciones de muchos lectores que esperan encontrar en las crónicas la verdad histórica, a pesar de la naturaleza borrosa entre lo "real" y lo "ficticio" de la representación textual. Pero la literatura representa y no constituye ni refleja la realidad. En mi lectura de *Zona de desastre* no tiene relevancia el grado de "pureza" de los testimonios. Pacheco reproduce las técnicas asociadas con el testimonio y con su autoridad de periodista y escritora afirma que las historias son verdaderas. Si exagera una realidad, es para hacer que esta se entienda, como sucede en el relato "La condena", en el que narra los pensamientos de un hombre que se estaba muriendo o en "Zona de desastre", que reproduce los diálogos de una pareja de damnificados, desesperados por no recibir la ayuda anunciada. En sus narraciones hay un punto de partida real que inspira la imaginación y la fantasía, y desde esta representación textual incita a los lectores a tomar posición frente a las injusticias denunciadas.

Las historias de vida, el modo en que conviven y el discurso de los marginados, constituyen un discurso paralelo al de los ricos, es decir al poder dominante, puesto que representan una alternativa que antes no existía salvo excepciones. Las muchas voces de los silenciados son activadas por la imaginación literaria de Pacheco y su valor cuenta por igual que los testimonios. Aunque no son quizás "testimonios" en el sentido estricto, dado que a falta de referencias exactas su verificación histórica es imposible, actúan desde la esfera de la literatura como su representación. Esta "polifonía testimonial" que contienen las crónicas de Pacheco coincide con la propuesta política del "testimonio concientizador" que presenta George Yúdice en su artículo "Testimonio y concientización":

> [...] los testimonios que surgen de luchas comunitarias a nivel local y cuyo propósito no es representar sino contribuir mediante su acción a la transformación social y conciencial. El énfasis no recae sobre la fidelidad a un orden de cosas ni sobre la función de portavoz ni sobre la ejemplaridad –los tres sentidos de *representación*– sino sobre la creación de solidaridad, de una identidad que se está formando en y a través de la lucha.[43]

El acto de conmemorar no es arbitrario; siempre lleva una intención. La interpretación personal que añade Pacheco a sus crónicas va más allá de los comentarios. Ella emplea toda una estrategia para convencer de lo que escribe, usando diversos recursos del arte literario. Las historias que narra son sinécdoques, escritas en el tiempo presente, que gracias a las técnicas asociadas con el testimonio producen un recuento convincente del trauma que encauza al lector a sentir empatía hacia los que sufrieron.

43. Yúdice, George. "Testimonio y concientización". *Revista de Crítica Literaria Latinoamericana. 36.* Lima: Latinoamericana editores, 1989; p. 212.

Una de las consecuencias implícitas de incluir las memorias de la gente del pueblo en la crónica es instaurar al sector marginado en la identidad nacional. Como observa Paul Ricoeur: "Para decirlo sin rodeos, no tenemos nada mejor que la memoria para significar que algo ha sucedido, ha ocurrido, ha sucedido antes para declarar que lo recordamos".[44] Los acontecimientos no solamente generan la historia, sino también otras vías de transmisión de memoria e identidad: la memoria colectiva.[45] Esta es algo vivo, circulante también entre los seres marginados. Recogerla en un texto escrito significa otorgar un espacio literario a este sector que antes no tenía versión alternativa. Con su obra Pacheco aporta a la crónica mexicana la posibilidad de convertirse en un instrumento democratizador.

44. Ricoeur, Paul. *Memory, History, Forgetting*. Chicago: U of Chicago P, 2004; p. 21. La traducción es mía. La cita en inglés: "To put it bluntly, we have nothing better than memory to signify that something has taken place, has occurred, has happened before to we declare that we remember it".

45. Para la discusión sobre la teoría de la memoria colectiva por y para los historiadores véanse, por ejemplo, los textos de: Keith Michael Baker, "Memory and Practice", Natalie Zemon Davis y Randolph Starn, eds., "Memory and Counter Memory" o James Fentress and Chris Wickham, *Social Memory*, entre otros.

Capítulo 5

Llenando los huecos de la historia: *La familia vino del norte*, de Silvia Molina

Introducción

Para algunos, la restauración del pasado a través de la ficción literaria no puede tener el mismo peso que la narración histórica. No obstante, no faltan estudiosos que han llevado a cabo estudios sociológicos e históricos sobre la literatura y reconocen que la relación entre estos dos tipos del discurso es muy estrecha.[1] A este efecto Paul Ricoeur señala que el trabajo del historiador es relatar lo ocurrido en el pasado y esa operación se hace posible gracias a la narración. De manera parecida funciona la literatura: es a partir de la narración que se hace posible reflejar autenticidad en la obra.[2] La conciliación entre las dos visiones descansa en la sensibilidad del escritor o de la escritora.

Silvia Molina, con su formación de historiadora y artista de la palabra, une las dos maneras de explorar el pasado en su novela *La familia vino*

---

1. En el ámbito europeo, los críticos prominentes que han llevado a cabo los estudios literarios desde la perspectiva sociológica e histórica son Walter Benjamin, Mijaíl Bajtín, George Luckacs, Robert Jameson, por mencionar algunos. En América Latina, destacan Antonio Cornejo Polar, Nelson Manrique, Roberto González Echevarría o Beatriz Sarlo, entre otros.

2. Ricoeur, Paul, *et al. Historia y narratividad*. España: Paidós Ibérica, 2009. p. 158.

del norte (1988), donde se apropia de la historia nacional y la cuenta a su manera.[3] Su trama principal gira alrededor de la investigación que emprende la narradora, Dorotea, con el fin de descubrir las razones que empujaron a su abuelo a permanecer oculto en el sótano de su casa por más de un año durante la época constitucional de la Revolución Mexicana. Con su creativa técnica de narrativa metaficcional fragmentada, la autora involucra a los lectores en la tarea de unir las piezas de la información dispersa para hacer sentido de lo ocurrido en un pasado abarcable por la memoria colectiva. El cometido obliga a examinar cada pieza de información nueva para ver cómo se combina con las demás y revisar las versiones conocidas de la verdad histórica. Visto de esta manera, se puede considerar que el proceso de la memoria en este capítulo sirve el propósito de (re)construir la Historia misma y concienciar sobre la manera en cómo se narra el pasado.

El intento de desentrañar las incógnitas de lo sucedido al protagonista del relato requiere de pruebas y aunque la narradora usa algunas huellas ortodoxas, su fuente principal de información es la memoria que poseen los miembros de su familia. Tomando prestado el término propuesto por Roberto González Echevarría se puede afirmar que ella acude a los "archivos vivientes" para recuperar sus versiones de los hechos y, tras unir los fragmentos, (re)interpretarlos. Según el estudioso, esos archivos comprenden dos figuras clave: la muerte y la vejez. Significativamente, la novela comienza con la muerte del abuelo revolucionario, que la narradora reconoce como "el anuncio de un ciclo que acababa de cerrarse, el símbolo de una época terminada" (63).[4] Una vez cerrado el ciclo, comienza el proceso de restauración del pasado por medio de la memoria. A su vez, sus fuentes de información sobre el pasado son personas mayores. A este respecto explica Echevarría:

3. En su entrevista conmigo, Silvia Molina negó ser historiadora profesional, sin embargo su formación, su interés en la historia y su disciplina investigativa son patentes en sus obras. Ella estudió antropología en la Escuela Nacional de Antropología y luego Letras Hispánicas en la UNAM. Casi todas sus obras incluyen un contexto histórico cuyo conocimiento a fondo es más que evidente.

4. Los números entre paréntesis de este y demás fragmentos en el presente capítulo corresponden a las páginas del texto analizado: Molina, Silvia. *La familia vino del norte*. 1987. México D.F.: Cal y Arena, 2003.

> Estas figuras oraculares son vínculos con el pasado y depósitos de conocimientos, como archivos vivientes. Pero sus recuerdos son incompletos y selectivos. La senilidad es una figura que representa los huecos en estos personajes de archivo. [...] Hay una extraña facultad creadora en los recuerdos de estos personajes que es paralela a la forma en que se lleva a cabo la selección en el Archivo para crear la ficción, y que se encuentra en sus lapsos de memoria.[5]

En el proceso de su investigación, la narradora y también protagonista de la novela logra llenar los vacíos de la historia que hasta entonces desconocía, acotados tanto por la narrativa nacional, como la familiar. Al seguir sus pasos, el lector puede percatarse de la maleabilidad de la historia y de los riesgos que implica atenerse a una sola versión. De su percepción depende, entre otras cosas, cómo definir la identidad nacional y personal. El caso de Dorotea ejemplifica esos dilemas, puesto que en el resultado de su búsqueda ella destruye algunos de los mitos oficiales, ofrece su propia versión histórica, deconstruye la identidad de su abuelo y construye la suya propia.

Estrategia narrativa

En primera instancia, el título de la novela sugiere un referente bastante común para las décadas del desarrollo dinámico de la Ciudad de México precedentes al tiempo narrativo: una familia emigrada desde algún lugar de provincia, en este caso del norte. Efectivamente, la narradora relata la trayectoria de sus abuelos paternos que vinieron a establecerse en la capital desde el estado norteño de Sonora. Sin embargo, esta es solo una parte del referente. Al avanzar en el texto, el lector se percata que al mismo tiempo se trata de la "otra" familia del abuelo: la revolucionaria, es decir el grupo de los militares sonorenses, con el cual el protagonista del relato ha llegado al centro del país para luchar en contra del régimen dictatorial de Porfirio Díaz. Por tanto, se trata de la "familia" que vino del norte para apropiarse del triunfo de la revolución y ponerse al frente de la nueva organización de la República Mexicana.

5. González Echevarría, Roberto. *Myth and Archive: A Theory of Latin American Narrative*. Cambridge: Cambridge UP, 1990; p. 249.

Muchos estudiosos concuerdan que, aunque han sido varias las fracciones que contribuyeron al derrocamiento del dictador, en la etapa constitucionalista de la revolución el grupo que aportó la ideología, se estableció en el poder y le dio forma a la nueva organización estatal era el sonorense.[6] No debe perderse de vista que de este grupo surgieron –entre otros personajes de importancia– dos de los presidentes más influyentes de la época 1920-1934: Álvaro Obregón (1920-1924) y Plutarco Elías Calles, (1924-1928).[7] La historia de la familia de Teodoro Leyva, quien era uno de los generales del ejército norteño sonorense, es entonces inseparable de esa "otra familia". Por ello, la narración de Dorotea sobre lo ocurrido a él revela también parte de la historia de la Revolución Mexicana y de las maquinaciones del nuevo régimen gubernamental.

El relato de la nieta del revolucionario gira en torno a dos hilos narrativos: por un lado, sigue la suerte de su búsqueda de la verdad relegada por la historia oficial, por el otro, detalla su relación amorosa con el escritor/periodista/publicista Manuel, con quien comparte su trabajo. Los dos argumentos se entrelazan, puesto que los avatares amorosos de Dorotea tienen un impacto directo sobre su investigación. La historia contemporánea (de Dorotea y su pareja) hace réplica a la añeja (de Teodoro Leyva y su familia del norte) en tanto que ambas acaban en traición entre los que al comienzo del camino estaban unidos en perseguir los mismos fines.

El desarrollo de la doble trama se encierra en el marco de las cartas entre Dorotea y su compañero, que pretenden añadir veracidad al

6. No existe un consenso sobre cuándo terminó el proceso revolucionario: muchas fuentes sitúan su final en el año 1917, tras la proclamación de la Constitución mexicana, sin embargo, debido a que las luchas entre diversas facciones continuaron por varios años después de este logro, algunos historiadores señalan que la Revolución Mexicana terminó con la presidencia de Álvaro Obregón (1920-1924) o con su asesinato en 1928, o con Plutarco Elías Calles, quien extendió su poder presidencial a través del interino y puso fin a la Guerra Cristera en 1929; otros más aseguran que el proceso se extendió hasta los años 1940, cuando se llevaron a cabo las reformas revolucionarias más grandes (aunque no completas) bajo la presidencia de Lázaro Cárdenas.

7. Aunque Plutarco Elías Calles fungió como presidente nominal solamente entre 1924 y 1928, su gobierno de hecho se extendió hasta 1934, debido a su enorme influencia en la política mexicana. Ese período se llama el Maximato, nombre derivado del apodo de Calles: "Jefe Máximo de la Revolución".

texto. Paradójicamente, la inclusión de esas cartas solo apunta hacia la ficcionalidad de la novela, puesto que los protagonistas son ficticios. Esta estrategia pone de relieve la necesidad de una lectura crítica. Según lo observado por Linda Hutcheon, la maniobra metanarrativa requiere que el lector cumpla un papel más complejo del habitual, en el sentido de que tiene que estar atento no solamente a la historia narrada, sino también a las informaciones sobre el contexto en el cual esta emerge y toma forma.[8] *La familia vino del norte* enfoca la construcción del relato sobre el pasado, entonces el discurso ficticio se orienta tanto hacia la historia fabulada, como hacia el referente extratextual y, en última cuenta hacia sí mismo, subvirtiendo las verdades de lo que afirma.

El espejismo de las dos historias comienza por lo que parece un juego lingüístico: el abuelo se llama Teodoro y la nieta, Dorotea. Sus nombres son una inversión de los mismos elementos y la narradora lo reconoce como una necesidad de continuación y compleción: "doro-tea-doro-teo-doro [...] Y entre los dos queríamos expresar algo. Los dos juntos para decir teníamos más fuerza. Yo hablaría de lo que él dejó pendiente, yo iba a aclarar lo que él no se atrevió" (51-52). Para cumplir con su misión, descubriría los hechos de la historia omitidos en las versiones de su abuelo y los publicaría en su propio libro.

El juego de dobles se hace evidente también en la manera de traer el pasado al presente. Dorotea usa tanto las memorias materiales: el diario escrito durante la revolución, las fotografías y los periódicos, como la memoria individual y familiar. En otras palabras, su restauración de lo ocurrido se basa tanto en las pruebas tangibles, como en la materia oral intangible, que por arte de la escritura toma una forma material dentro de la novela de Molina.

Curiosamente, Manuel llama a la rememoración de los miembros de la familia como "memoria humana" para diferenciarla de la oficial, dejando espacio para la conjetura que el antónimo de este calificativo puede también ser "inhumana". Aunque no hay evidencia clara de que el emisor tuviera tal intención, el sentido subyace como un error freudiano, delatando su conocimiento de las falacias de la memoria oficial. Conviene tomar en cuenta que Manuel, cuyo trabajo de periodista es informar, es un experto también en ocultar algunas cosas.

8. Hutcheon, Linda. *A Poetics of Postmodernism: History, Theory, Fiction*. New York: Routledge, 1988.

Los juegos del lenguaje y de la estructura textual en *La familia vino del norte* continúan en la evocación de los diversos sitios de la memoria –como se verá adelante– y ayudan a descubrir diferentes perspectivas sobre el pasado y el presente. En su efecto final, conducen al cuestionamiento de la verdad histórica promovida por el discurso oficial de las instancias de poder. También hacen cuestionar las historias familiares y las percepciones culturales, y alertan a los lectores ante la aceptación de las narrativas no comprobadas e incompletas.

Los sitios de la memoria

Las fotografías

Las dos partes de la narración de Dorotea se abren con fotografías: la primera, con la familia Leyva –el bisabuelo Teófilo, la bisabuela Margarita y Teodoro Leyva de niño; la segunda, con la "familia" revolucionaria– Teodoro Leyva de adulto, vestido con su atuendo militar, el general Francisco Serrano y el general Benjamín Hill. A lo largo de la obra, se discuten también otras fotografías, así como una pintura al óleo, que sirve el mismo propósito que aquellas cuando la narradora reflexiona sobre sus ancestros. Además de las notas identificatorias, algunas llevan apuntes al reverso, como "Navojoa, 1907. El año que llegó el tren" (34), situándolas en el contexto histórico verificable.

La presencia de las fotografías impresas y descritas nos coloca en un terreno híbrido donde confluyen historia y ficción, donde la primera pretende mostrar la verdad y la segunda cuestiona el valor informativo de la primera. Es evidente que algunas informaciones han sido modificadas: por lo menos los nombres de los Leyva no corresponden a las imágenes incluidas, puesto que los personajes de la novela son ficticios. Otras, de personajes históricos conocidos, cuyas imágenes se pueden cotejar fácilmente con otras fuentes, presentan la información correcta sobre sus identidades, pero el relato que surge con base en ellas es ficcional. Como observa Marianne Hirsch, "Las fotografías son fragmentos de historia, nunca son historias en sí".[9] En otras palabras, independientemente de la

9. Hirsch, Marianne. *Family Frames. Photography, Narrative and Postmemory.*

veracidad de las referencias, los significados pueden ser interpretados o reinterpretados de múltiples maneras.

Sirviéndose de las imágenes incluidas en la primera parte, Dorotea construye su genealogía familiar por la línea de su padre, hijo de Teodoro. Al describirlas, enfoca las diferencias de clase y de origen étnico dentro de su familia, evidentes sobre todo entre sus bisabuelas. La indígena, Margarita Villegas de Leyva, aparece en su relato como una mujer típica del campo, esposa de un "peón de campo y de albañilería, y luego barretero", quien llegó a ser "pequeño agricultor, a veces rentando, a veces mediando":

> [En] una avenida amplia y sin pavimentar, con casitas de madera. [...] A duras penas podía creerse que tuviera entonces treinta y cinco años: se veía hecha una anciana. Todos vestían con modestia y llevaban los zapatos empolvados. (34)

El estrato social humilde de esta ancestra se encuentra en franco contraste con el de la otra, cuya imagen resguarda una pintura al óleo:

> En cambio, la otra bisabuela, la rubia, la de ojos azules, con su vestido de encaje, su sombrilla de seda y su educación europea en la postura graciosa, presidía la gran estancia desde su enorme pintura al óleo. Cuánto sabía yo de las haciendas que la Revolución le arrebató, de su colegio en San Francisco, de su ajuar parisino, de sus caprichos, de las joyas que algún día iba a heredar. (35)

La diferencia de clases entre sus antepasados sirve para recordar las razones por las que se hizo la lucha revolucionaria y al mismo tiempo denunciar sus fallas, puesto que las inequidades que el nuevo orden social suponía eliminar no han desaparecido. Si acaso, las riquezas y los privilegios solo han cambiado de manos, beneficiando a un grupo nuevo de las familias de los ganadores de la revolución. La familia Leyva es quizás una de ellas, aunque no queda claro si sus riquezas se deben a los dividendos que pudo haber obtenido el abuelo por su participación en la revolución o si provienen de la dote que aportó la mujer con quien se casó. En todo caso, la suerte de la bisabuela campesina de Sonora cambió tras

Cambridge: Harvard UP, 1997; p. 83. La traducción del inglés es mía. Cita original: "Photographs are fragments of stories, never stories in themselves".

la revolución, pero la realidad social del tiempo de Dorotea no permite pensar que fue igual para los demás:

> Margarita Villegas nunca tuvo derecho en la iglesia de Álamos a un reclinatorio, y en la Plaza de Armas, donde era la Serenata, tampoco podía mezclarse con las familias 'de abolengo': caminaba donde ya no había ni siquiera piso de cemento. [...] murió en la Ciudad de México en la casa de una de sus nueras en el Paseo de la Reforma, pero si hubiera sido en Álamos, meses antes de morir hubiera asistido a la iglesia donde habría tenido ya un reclinatorio con su nombre grabado en una plaquita, y los jueves y los domingos habría escuchado la Serenata sentadita en su banca viendo de lejos a los que caminaban más allá del pavimento. (101)

En un arranque de frustración, Dorotea declara su desacuerdo con la familia, cuya posición de ventaja no era justificable desde su óptica, y cuya conducta no era aceptable: "Estaba cansada de sobrellevar las relaciones de una familia complicada que gozaba de un sinnúmero de privilegios que no había hecho nada por merecer. Todos a mi alrededor se sentían dueños de un prestigio que en la práctica mancillaban" (82). Ante el conflicto que le causa pertenecer a esta familia decide mudarse de su casa paterna, pero no resuelve su problema porque sigue siendo parte de ella. Su posición ideológica la aleja de los suyos, sin embargo, la búsqueda de su lugar en el mundo le va a costar tropiezos dolorosos, como se percata tras la asociación con un hombre que la usa y la traiciona.

Con las fotografías de la segunda parte del libro Dorotea construye la genealogía de la "otra familia" del abuelo. La imagen de Teodoro Leyva preside la exhibición en la plana donde aparecen también las de los generales Benjamín Hill y Francisco Serrano. El abuelo, esta vez de adulto, aparece solo una vez en el libro con su uniforme del ejército, pero en su texto Dorotea hace otras alusiones a su apariencia al estilo militar. Lo presenta como un sujeto "[a]lto, moreno, delgado pero fortísimo, con una sonrisa que compraba la voluntad de cualquiera y con una mirada que penetraba las cosas estampando en ellas su franqueza ..." (22). Aunque se muestra embelesada con esa imagen varonil, es muy pronta en disociarse de la cultura militar que representa:

> ... yo también me habría enamorado del abuelo y lo habría perseguido hasta alcanzarlo, como lo hizo la abuela. Pero a mí me tocaron otros tiempos, y jamás me habría enamorado de un militar... La única vez

> que estuve a punto de enamorarme de un soldado fue cuando Carlos se disfrazó de capitán para una fiesta de quince años a la que mis papás se empeñaron en que fuéramos. Carlos no tenía smoking y se le hizo fácil alquilar el uniforme frente a Televicentro, en una de esas casas que surtían a los actores de vestuario. (22)

Según el conocimiento de Dorotea, su abuelo era un gran revolucionario "que había entrado victorioso a la Ciudad de México por el Paseo de la Reforma, en agosto de 1914". A pesar de ello, al final de su vida "no quedaba más que una familia desarticulada" (21). A su muerte, Teodoro Leyva recibió los honores militares: "vi salir el féretro del Velatorio a recibir los últimos honores... y la corneta ordenaba a los cadetes que presentaran sus armas y dispararan" (20), pero en el entierro participaron solamente los miembros de su familia más cercana y algunos amigos. Además, la nota del periódico que informaba sobre su fallecimiento era mínima, señalando la poca deferencia que le tenía el régimen presente. Entre la certeza del gran papel que el abuelo jugó en la gesta revolucionaria y su posterior marginalización, la nieta percibe una discrepancia y no entiende el porqué: "¿Se había preguntado alguien por qué su nombre tampoco aparecía en los libros sobre la Revolución? ¿Y por qué en cambio sus amigos y sus enemigos desfilaban por las páginas de casi todos?" (21). Evidentemente, el general Leyva había sido desplazado, alejado del centro de los vencedores y fuera del discurso oficial. Ante la incógnita, Dorotea se impone la tarea de investigar la verdad sobre lo ocurrido a su antepasado y llenar los huecos dejados por la historia oficial.

La búsqueda de la verdad histórica por un personaje literario ficticio es una de las herramientas de la literatura posmoderna, que permite la expresión a las voces marginadas. A este respecto señala Linda Hutcheon en *A Poetics of Postmodernism* (1988) que una de las características de la metaficción historiográfica es revisar e interpretar las historias silenciadas del Otro que han permanecido fuera de la historia oficial por razones de género, raza o estrato social. Al apropiarse de la "verdad" histórica difundida por la narrativa hegemónica el escritor "entra a un terreno del saber reservado antes a los historiadores para exponer diferentes puntos de vista".[10] Escribir sobre el personaje ficticio Teodoro Leyva como parte del panorama histórico revolucionario le permite a Silvia Molina aludir a

10. Seydel, Ute. *Narrar historia(s). La ficcionalización de temas históricos por*

las figuras olvidadas de héroes revolucionarios que han sido alejados por discrepancias ideológicas u otras razones y revisar las historias promovidas por el discurso dominante.

Teodor Leyva se asocia con varias figuras de la *familia sonorense*, pero solo dos aparecen en las fotografías del texto de Molina. El general Benjamín Hill era el mentor y el superior de Leyva quien lo había seguido desde Sonora en 1910 y se consideraba orgullosamente "su brazo derecho". El joven combatiente consideraba a Hill "uno de los hombres más grandes que había tenido la Revolución" (74) y "estaba seguro de que [...] hubiera sido el próximo candidato a la presidencia de la República" (73). Según aprende Dorotea en el proceso de su investigación, este jefe entrañable de su abuelo tuvo la iniciativa de reunir a todas las facciones de los revolucionarios esparcidos todavía por la República para formar "cuerpos orgánicos" (73), acción que presumiblemente pondría fin a las luchas por el poder entre los diversos grupos revolucionarios. Leyva estaba acompañando al general Hill cuando este le explicó su propuesta al que entonces fungía de Secretario de Guerra, el general Plutarco Elías Calles, y por sí mismo escuchó que el plan fue aprobado verbalmente por aquel. Por ello quedó muy sorprendido cuando una semana después se encontró con el telegrama dirigido a su jefe, donde Calles le refutaba a Hill las acciones que este había emprendido para llevar a cabo su proyecto. Sin comentárselo a su jefe, acudió entonces directamente al emisor del telegrama para aclarar la contradicción. Calles negó haber firmado ese texto y le pidió a Leyva que se lo devolviera. Él lo hizo, pero cuando un poco después su jefe murió repentinamente, comenzó a sospechar la traición: "era obvio que estorbaba en los planes de alguien" (73). A la vez, como testigo del juego sucio en contra de Hill, sintió que él también engrosó la lista de las personas que estorbaban: "se dio cuenta de que la misma persona que había hecho a un lado al hombre más leal y más franco de la familia, iba sin duda a tratar de deshacerse de él" (74).

La muerte misteriosa del general Benjamín Hill, quien falleció a los pocos días de ser nombrado Secretario de Guerra y Marina en 1920, ha dado lugar a varias especulaciones y hasta hoy en día hay quienes sostienen que fue envenenado, mientras las fuentes oficiales aseguran que lo ha matado el cáncer. Tras su investigación, Dorotea concluye que a su

las escritoras mexicanas Elena Garro, Rosa Beltrán y Carmen Boullosa. Madrid: Iberoamericana-Vervuert, 2007; pp. 153-154.

abuelo no le ha pasado nada por haber sido testigo de las artimañas del general Calles, quien en unos años iba a convertirse en presidente. No obstante, con la narración de este episodio sienta las bases para mostrar el comienzo de las divisiones dentro de la familia revolucionaria.

El segundo de los personajes cuya imagen acompaña a la de Teodoro Leyva en la segunda parte del texto es el general Francisco Serrano. Según el historiador Pedro Castro, este miembro del grupo Sonora "no era un personaje de relieve" al comienzo de la época constitucional, pero ante la preocupación de los líderes nacionales por seleccionar el mejor candidato para la sucesión presidencial después de Plutarco Elías Calles pronto cobró importancia como "estrella mayor". La revolución fue ganada por los militares y en vista de las tensiones que enfrentaba el Estado mexicano a raíz de la Guerra Cristera y los levantamientos huelguistas de obreros y campesinos, la mejor opción parecía elegir a otro general del grupo para que siguiera el proyecto institucional encaminado por esta fracción bajo Álvaro Obregón y Plutarco Elías Calles. Serrano tenía una carrera militar intachable y su candidatura fue apoyada al principio por el *Caudillo*, sin embargo Obregón cambió de idea y lanzó su propia campaña para ocupar el puesto presidencial de nuevo. El acto fue visto por muchos como una traición a los ideales de la Revolución, sobre todo al axioma de la no reelección. En respuesta a tal violación, los militares descontentos del grupo no-reeleccionista, concentrados alrededor de la figura del general Francisco Serrano, comenzaron a maquinar el plan de golpe en contra del régimen de Calles y Obregón. El complot fue descubierto, los golpistas aprehendidos en Cuernavaca el 3 de octubre de 1926 y fusilados el mismo día por el camino a la capital, cerca de la localidad de Huitzilac.[11]

La evidencia de los lazos que unían al general Leyva con el general Serrano y con otros personajes relevantes de la historia nacional se encuentra en las fotografías que estaban en posesión de la familia de Dorotea: "En la caja venía una foto familiar de la boda; se la enseñé a Manuel: era de grupo en una escalera. [...] Entre las tías, los padrinos y los cuñados,

11. Pedro Castro. "La campaña presidencial de 1927-1928 y el ocaso del caudillismo". *Estudios de historia moderna y contemporánea de México*. México D.F.: Universidad Nacional Autónoma de México, 2012. Consultado por el internet el 11 de julio de 2021. <http://www.ejournal.unam.mx/ehm/ehm23/EHM02304.pdf>.

Manuel reconoció de inmediato al general Serrano y al general Obregón" (102). Aunque en primera instancia esta información pasa desapercibida, más tarde, cuando Dorotea mira con Manuel otra foto grupal en la que reconoce a Serrano, el periodista conecta los cabos y señala el vínculo posible entre el asesinato del primero y la fuga del segundo:

> ¿Era amigo de tu abuelo?
> Desde niños. Fueron compadres.
> ¿Compadres?
> El general Serrano fue padrino de mi papá.
> ¿Y cómo no me habías dicho nada?
> ¿De qué?
> De su amistad con Serrano.
> ¿Por qué?
> Allí está.
> ¿Allí está qué?
> El encierro de tu abuelo.
> ¿El encierro?
> ¿En qué año se escondió?
> En 1927. (79)

La conexión que hace Manuel gracias a la imagen fotográfica hace patente el hecho de que las fotografías no son meramente imágenes del tiempo congelado, sino que ayudan a imaginar historias a partir de ellas. Ponerlas en juego sirve el propósito de proveer pruebas de la existencia del pasado, además, en el texto de Silvia Molina vale también para atestar el enlace entre las historias personales y la nacional, aun si las personales son ficticias.

El diario del abuelo

La existencia del diario en la novela supone introducir un elemento de verdad histórica. La confesión íntima registrada en blanco y negro en la época precisa de cuando al personaje le estaban ocurriendo las cosas tiene un peso enorme de verosimilitud. Por lo menos, la percepción común suele colocarlar esas narrativas en el nivel de artefactos históricos. A este respecto expresa María Isabel Filinich: "La escritura como modalidad de verbalización de la historia remite, de una u otra manera, a la forma del documento, del texto que tiene una existencia aparte del acto narrativo de destinarlo como historia a un narratario. A la manera del documento histórico, puede presentarse como *anterior* al acto narrativo".[12] Sin embargo, la narración de los hechos se presenta desde una perspectiva subjetiva y requiere de revisión de lo ocurrido y reinterpretación del contenido. Determinar cuánta verdad encierran esos escritos es una tarea propia del historiador y –por supuesto– hasta cierto grado, del lector.

Dorotea emprendió la tarea investigativa sobre el pasado de su abuelo mucho antes de encontrar el diario. A petición de ella, Teodoro Leyva le contaba su historia cuando ya estaba cerca del final de su vida, pero nunco reveló que había escrito algo. No fue sino hasta después de su entierro cuando la nieta encontró sus apuntes entre los papeles de su buró cuando curioseaba en su despacho. En primera instancia el hallazgo le entusiasmó porque suponía que tenía en sus manos lo que iba a revelar la verdad que quería encontrar. No obstante, al cotejarlo con otras informaciones, pone en duda la veracidad de su versión.

Después de la revolución muchos de los excombatientes publicaron sus memorias y autobiografías en las que narraron sus experiencias en los campos de batalla. Sus textos frecuentemente omiten algunos hechos, mientras exageran sus propias contribuciones a los éxitos de la refriega. Era posible que el abuelo no estaba muy orgulloso de lo que entonces hacía o de mitificar su historia como aquellos generales, por eso nunca le dijo a la nieta de la existencia de esos apuntes. Dorotea se propuso entonces encontrar lo que su ancestro quería ocultar y por qué. Su tarea cobra el carácter del trabajo que realiza un historiador en tanto que tiene que hacer sentido de las piezas que tiene en sus manos. Como ocurre en casos de investigación histórica, el diario del abuelo es fragmentado. Se encuentra esparcido entre hojas sueltas, con una escritura frecuentemente difícil de descifrar y organización incierta. La nieta debe hacer un gran esfuerzo para transcribirlo y ponerlo en orden, completando los vacíos con las memorias orales.

En sus apuntes, Teodoro Leyva narra lo que hizo a partir del momento que se encontraba en Texcoco, mientras se reunían en Cuernavaca los golpistas en contra del régimen de Calles y Obregón y hacían planes para conquistar la presidencia de la nación. Dorotea se da cuenta que las

12. Filinich, María Isabel. *La voz y la mirada: teoría y análisis de la enunciación literaria*. México, D.F.: Plaza y Valdés, 1999; p. 120.

explicaciones de su abuelo en cierto punto carecen de lógica y concluye que la historia fue alterada desde el inicio por él mismo: "[...] según él, solo por el hecho de estar en un restorán con unos amigos cuando llegaron los golpistas que secundarían el plan de Balbuena, tuvo que adherirse. Ridículo y falso, totalmente falso" (141). Surge la pregunta lógica sobre la razón de esa falsificación. La deducción de Dorotea es que el general decidió alterar su diario por temor: "Qué pretendería Teodoro Leyva con esa afirmación? Pues sin duda, quedar bien con 'la familia', por si daban con él. No tengo otra explicación. ¿Cómo aceptar que sí, que estaba contra sus hermanos sonorenses, dispuesto a matarlos o a morir por la bandera de la no reelección?" (141). El escrito que suponía ser una prueba fidedigna de lo ocurrido resultó ser una desinformación estratégica, un elemento de confusión intencionada, que no por provenir del pasado iba a proporcionar la verdad. Como se da cuenta la investigadora al final, la versión "oficial" del abuelo procuraba limpiar su imagen, del mismo modo que lo han hecho otros escritores de memorias de la revolución.

Según descubre Dorotea por otros lados, Teodoro Leyva no solamente ocultó su conspiración en contra de los que querían traicionar los principios revolucionarios, sino que también se desentendió de sus amigos, los golpistas. Como el único de este grupo, él se enteró –por una información confidencial que le trajo su hermano– que la conspiración ha sido descubierta. Esto le permitió correr en otra dirección en la mañana crítica y pretender que no tenía nada que ver con los serranistas. Mientras a ellos los "pasaron por las armas", Leyva logró escaparse y en el momento apropiado, aprovechando el cambio en el gobierno, abandonar su autoexilio para buscar su reinstauración en el ejército. Su proceder no parece muy decoroso, lo cual sugiere que el abuelo no quería revelar su secreto para poder mantener intacto el mito sobre su integridad de revolucionario.

Al darse cuenta que lo que ella creía un documento histórico ha sido elaborado con información falsa, Dorotea rectifica la versión de su abuelo. Desafortunadamente, comparte su conocimiento con Manuel, quien se adueña de su historia y usurpa el derecho de publicarla desde su perspectiva. Con su acción hace evidente el hecho de que la historia no solo es frágil, sino que también puede ser un artículo que se puede adquirir de manera legal o ilegal, alterar u olvidar.

Los archivos humanos

Para completar los vacíos en la información sobre el pasado de su abuelo Dorotea indaga en la memoria de los miembros de su familia, incluyendo a Senobita, la empleada doméstica que ha estado casi toda su vida con los Leyva. Según concuerdan varios estudiosos, la memoria como búsqueda requiere de la imaginación. Ricoeur explica que el movimiento de retrospección de la memoria es similar al que realiza el historiador con el archivo. Lo describe como "el movimiento mediante el que el historiador se somete al acontecimiento a través de la huella que deja en forma de archivo".[13] Tal procedimiento emplea la imaginación dentro del relato histórico debido a la estructura mixta de "la huella", que es de efecto-signo. Para explicar el efecto como marca de algo es preciso deducir la causa. A su vez, el signo de algo en el presente que representa el pasado requiere de interpretación. Desde esta perspectiva, los relatos histórico y ficcional se construyen de manera parecida.

La narradora-investigadora demuestra estar consciente de que no todos los relatos sobre el pasado representan el acceso al "archivo" de la memoria. Con humor subvierte las historias falsas, como la que escuchó de su tía después del entierro del abuelo. En esa conversación la señora afirmaba recordar cosas que a todas luces no era posible que hubieran ocurrido:

> –De veras, mijita, pregúntale a tu abuelo... éramos muy pobres y mi mamá me mandaba a vender gelatinas a los alzados entre las balas.
> –Pero si acababas de nacer, tía; y creo que ni existía la gelatina...
> –Después, cuando mis hermanos se fueron, cosíamos para vivir.
> –Pero si entonces debes haber sido una niña de meses. (20)

Los trucos de los archivos falsos no desalientan a la protagonista en su búsqueda de la verdad sobre su abuelo, que espera rescatar de las memorias de los miembros de su familia. Su tarea no es sencilla porque esa historia está envuelta en el aura del misterio, pero su insistencia logra que cada quien aporte algún aspecto de lo ocurrido, que ella y –junto con ella– el lector deben armar como si fuera un rompecabezas. La materia

13. Ricoeur, Paul *et al. Historia y narratividad*. España: Paidós Ibérica, 2009; p. 180.

escurridiza del recuerdo es lo que permite en últimas cuentas descifrar el secreto.

Para Dorotea, la fuente primaria de información sobre el pasado del abuelo es él mismo. Ella siempre había tenido interés en su historia e insistía en que le contara sobre sus peripecias. En ese tiempo todavía no sabía de la existencia del diario, entonces las conversaciones eran lo único con lo que contaba. Necesitaba conocer su pasado para, según afirma, transmitir el conocimiento a la próxima generación:

> –A veces también pienso que como no escribió sus memorias… pues… nadie sabe…
> –Pues lo que vivió en la Revolución; su verdad, abuelo.
> –¡Huy! ¿Para qué…?
> –Pues por lo pronto para que yo sepa; qué tal si un día tengo un hijo y le pongo Teodoro y luego me pregunta por qué. Le tendría que contar: mi abuelo hizo esto y esto otro también. (35-36)

El abuelo le cuenta cómo llegó a formar parte del ejército revolucionario y cómo se relacionaba con el general Benjamín Hill y con otros del grupo de Sonora, tres de los cuales hasta llegaron a ser presidentes: Álvaro Obregón, Plutarco Elías Calles y Emilio Portes Gil. A pesar de que le gustaba compartir con Dorotea muchos detalles de su vida revolucionaria, nunca le habló de las razones que lo llevaron al autoexilio. Durante su vida las preguntas sobre el tema del sótano estaban fuera de la cuestión, "a no 'herir susceptibilidades'", según se decía en su familia (83). No es entonces sino hasta después de su muerte que Dorotea emprende la investigación para aclarar la discrepancia entre la historia familiar sobre la grandeza del abuelo y la oficial que dejó al gran general en el olvido.

Después del fallecimiento de este personaje la persona más obvia para interrogar era su esposa, por ser la más cercana a él y porque podía recordar cosas de aquella época. Dorotea logra vencer la resistencia de su abuela y gracias a su rememoración alejar las sospechas que levantó Manuel sobre la posible participación de Teodoro Leyva en el rumorado asesinato del general Hill. Además de avalar la lealtad y la entrega total de su esposo a su jefe, los recuerdos de la señora ponen en visibilidad el distanciamiento entre los miembros del grupo sonorense:

> –También creo que meses antes, el general Calles había hecho algunos comentarios al general Hill menospreciando a José Inés Novelo, del

> Partido Liberal Constitucionalista. El general Hill defendió a Novello por supuesto: era muy franco. Pero ese incidente llegó a ser el punto de partida de muchas discusiones. (69)

En otra conversación Dorotea conoce los detalles de la llegada del general desde la sierra veracruzana, donde se ocultaba en los primeros meses de su fuga. La versión de su abuela sobre el contacto que hizo su esposo con la familia a través de un campesino que vendía frutas, los preparativos para acondicionar su escondite, su ingeniosa entrada en la casa y su vida mientras permanecía oculto se confirma con las de los demás miembros de la familia y con el diario. Su relato no solo aclara qué le sucedía al personaje ficticio de Teodoro Leyva desde su fuga, sino que también exhibe una verdad incómoda para la historia oficial: que el gobierno nacional no toleraba ninguna oposición y con el fin de preservar el poder era capaz de asesinar hasta a los miembros de su propia "familia revolucionaria".

La rememoración de la abuela también destaca otro aspecto del pasado, que es el rol femenino en los acontecimientos. Para las mujeres, cuyo lugar era secundario al de los hombres, su papel no dejaba muchas posibilidades de maniobra. Sin embargo, ellas también encontraban maneras para apoyar a sus allegados. La madre del general Leyva fue la que dispuso la preparación del lugar seguro y relativamente comfortable para su hijo, y luego estaba a cargo de mantener en secreto su escondite. Las hermanas y la esposa de Teodoro hicieron todo lo que tuvieron a su alcance: activaron sus amistades, las hijas del presidente Calles, para conseguir la audiencia y cuando fueron llevadas ante él, se arrodillaron para rogarle clemencia para su esposo y hermano. Después continuaron viéndose todos los días con "las muchachas" para tomar el té, con lo cual proveían cierta protección para los habitantes de su casa. Las hijas del presidente no sabían que en el sótano de esa casa se ocultaba el hombre que su padre quería aprehender, pero se solidarizaban con sus amigas en el deseo de volver a ver a Teodoro Leyva vivo e instalado de nuevo en la vida pública. El recuerdo de estas instancias hace ver que a pesar de estar relegadas al telón de fondo, las mujeres también jugaron un papel importante en el desarrollo de algunos hechos de la historia, aunque sus contribuciones no se registran más que en la memoria individual.

La conversación con su padre aporta a Dorotea informaciones que tanto reconstruyen la figura de Teodoro Leyva, como traslucen las grietas que se formaron en el partido que lideraba la nación. La renuencia de hablar sobre aquella época es en el caso del papá aún más fuerte que en el de la abuela, pero Dorotea se impone y exige que se le cuente todo aunque fuera desagradable, fundando su demanda en el derecho de conocer la verdad por ser parte de la familia: "Tengo meses averiguando qué pasó, papá. Si a nadie le interesa, a mí, sí. Es estúpido que me lo diga una persona ajena a la familia, que no me lo digas tú. No tienes derecho a callar la verdad" (84). Cuando por fin habla, el padre presenta a su progenitor con una integridad ejemplar. Según afirma, Teodoro Leyva llegó ante el general Álvaro Obregón para disuadirlo de lanzar su candidatura para la presidencia por segunda vez, recordándole que su acción sería una violación al principio revolucionario: "Todas las victorias que tuvimos con usted fueron defendiendo los principios de la no reelección" (86). Ese le aseguró entonces que no lo haría y que apoyaría la candidatura del general Francisco Serrano, pero cuando aquel llegó a postularse como candidato presidencial, Obregón lanzó su propia campaña. Cuando el abuelo fue a verlo de nuevo, le reclamó la separación de los ideales revolucionarios. Le dijo abiertamente que no lo seguiría y se declaró serranista. En respuesta, el general Obregón le dijo: "'Pues sigue tu camino, te va a llevar la chingada'" (90). Siendo un político astuto, le hizo creer a Leyva que no tendría problema con su decisión de apoyar a su opositor y hasta lo invitó todavía a comer en su casa. Sin embargo, desde este momento se ve claramente que con la división ideológica dentro de su grupo el abuelo se colocó en el bando contrario al que tenía el poder. Este hecho explica los sucesos que lo llevarían luego a la marginalización del círculo de los vencedores. También muestra que el famoso "Manco de Celaya"[14] no seguía el juego limpio.

No siempre queda claro de quién provienen algunos detalles que ofrece la narradora, entendiéndose que es simplemente la memoria

14. El general Álvaro Obregón tenía el apodo de "El Manco de Celaya" a causa de la falta del brazo derecho que le fue arrancado por una bomba durante la Batalla de Celaya (del 6 al 15 de abril de 1915). El nombre de esta batalla refiere a una serie de encuentros militares entre las tropas de los convencionistas encabezadas por Pancho Villa y las de los constitucionalistas, al mando de Álvaro Obregón. Para los convencionistas, llamados así por su apoyo a la Convención Constitucional de Aguascalientes en 1914, el tema principal eran los programas de desarrollo social y la reforma agraria, mientras que para los constitucionalistas lo más importante era implementar las reformas políticas a largo plazo.

colectiva familiar: "Dicen que ..." (112). Es de la suma de esos recuerdos que Dorotea deduce la causa directa de la fuga del abuelo:

> El abuelo estaba acusado de rebelión y dado de baja en el ejército. No solo habían asesinado a Serrano y a Gómez, sino a varios de sus compañeros: con el pretexto de un juicio sumario, los habían pasado por las armas. Por eso, no se podía entregar. Ya vería la forma de solicitar un amparo. (113)

A pesar de descubrir la razón de la huida del general, Dorotea todavía no entiende por qué él no fue apresado y fusilado junto con los otros golpistas en Huitzilac. Esta pieza del rompecabezas se la proporciona Senobita. Ella le cuenta cómo Antonio Leyva, quien fuera el hombre de confianza de otro de los grandes generales asociados con el grupo sonorense, fue a advertirle a su hermano Teodoro de que el plan de Serrano ha sido descubierto. Por esta razón, en vez de viajar a Cuernavaca, Teodoro se dirigió en dirección contraria, a Texcoco. Este conocimiento lo completa Dorotea con sus especulaciones, llegando a la conclusión de que su abuelo decidió abandonar el barco de Francisco Serrano, que se estaba hundiendo, y subirse a otro, que quizás tendría más posibilidades:

> Teodoro Leyva comprendió que viajar a Cuernavaca era inútil y tomó la carretera a Texcoco: allá estaba el general Rueda Quijano; se unirían a Arnulfo R. Gómez en Veracruz. Era lo mejor. (142)

La información de Senobita es quizás la representación más clara del papel democratizador que tiene el uso de la memoria en esta novela. Siendo una persona del margen, ella se encuentra en la periferia del discurso, sin embargo, su recuerdo proporciona la última pieza del rompecabezas para completar el trabajo de la historiadora. Su aporte ilustra justamente lo que Linda Hutcheon define como las historias silenciadas por el Otro, que cobran relevancia en la narrativa posmoderna.[15]

Finalmente, el archivo más trascendente en la diégesis de Dorotea es el de su propia memoria.[16] Este funciona a veces a manera de un filtro

15. Hutcheon, Linda. *A Poetics of Postmodernism: History, Theory, Fiction*. New York: Routledge, 1988; p. 48.

16. Con el fin de evitar confusiones que pueden surgir a partir de la palabra "historia" se emplea aquí el concepto de la diégesis en el sentido que lo ha

cuando accede a los archivos de la memoria de sus familiares, otras veces de manera directa, revelando sus recuerdos individuales. En el primer sentido ella ejerce el control sobre las historias de los demás y a partir de allí que elabora su propia versión de la historia, que presenta luego en forma escrita. También puede adueñarse de los olvidos: a pesar de que su abuelo expresó claramente su posición sobre el acceso controlado al pasado: "Hay secretos que se olvidan para siempre" (41), ella no permite que eso ocurra y persiste en su indagación hasta llenar el vacío con su narrativa. En el segundo sentido, ella es dueña de sus propias memorias. Puede visitar su archivo cuantas veces desea para reflexionar sobre los elementos históricos y socioculturales de su país e identificarse o apartarse de ellos.

La Ciudad de México

Al relatar sus quehaceres, Dorotea lleva al lector por varios lugares de la Ciudad de México, registrando la geografía de las calles y la apariencia de los barrios. Las plazas de Coyoacán y de San Angel, las casas de Las Lomas, la Colonia de los Doctores y Paseo de la Reforma aparecen con detalles que anotan su caracter único y archivan el aspecto de la metrópoli tal como era en la década de los ochenta, mientras queda claro que ese rostro está cambiando a causa de las transformaciones inevitables que trae la modernización:

> la casa necesitaba una remodelación para que fuera más funcional. Estuve segura de que los nuevos dueños levantarían en su lugar un edificio de fachada de vidrio como el que desde hacía dos años estaba enclavado en el terreno contiguo, como tantos otros que existían en el Paseo de la Reforma. Incluso imaginé a los peones de la compañía de demolición golpeando las columnas neoclásicas, arrancando puertas y ventanas, desprendiendo las balaustradas de los balcones, llevándose las tinas de bronce de los baños. (63)

La preferencia de Dorotea es por el barrio de Coyoacán debido a su caracter pueblerino que aún conserva. Allí le gusta visitar las librerías,

definido Gerard Genett en *Figuras III* para diferenciar lo ocurrido en el pasado (historia) de lo que atañe al relato (diégesis).

las heladerías, las tienditas y los mercados, comprar flores, contemplar los colores de las casas, "la altura de los muros, las ventanas enmacetadas, las letras blancas sobre fondo café de los letreros de los estanquillos" (25). Trabajando de ayudante del escritor/periodista en su casa-oficina, se entretiene escuchando por la ventana abierta a los pájaros de los jardines vecinos y contempla la vida de la plaza, donde el mozo de la farmacia está 'echando novia' a la misma hora de siempre y las mujeres se acercan a la pulquería para tratar de sacar de allí a sus maridos mientras sus hijos hacen fila en la tortillería. El sabor de este barrio le parece más auténtico que el de su natal Las Lomas, "que no tenía historia" o el de San Ángel Inn a donde se mudaron sus padres, que era "un barrio más de millonarios que antiguo; una colonia solitaria y aislada" (25).

Recordando sus experiencias con sus novios, Dorotea menciona los nombres de los restaurantes donde se encontraba con ellos, como el Sanborn's de San Ángel, El Sajonia o La Cava, así como veía las películas que entonces estaban en boga: *Manhattan*, de Woody Allen o *Salón de Calavera*, de Alejandro Aura, entre otras (58-59). Estas y otras referencias relativas a la ciudad colaboran en ubicar la narración en el ámbito veraz, que Silvia Molina a través de su personaje registra para crear una perspectiva histórica transparente. En otras palabras, los datos que Dorotea aporta sobre el sitio geográfico y cultural intentan subvencionar credibilidad a la autenticidad de su diégesis.

En cierto modo una extensión de la Ciudad de México son sus lugares cercanos, como Cuernavaca, Cuautla y otros, a donde los capitalinos acuden los fines de semana para descansar. La familia Leyva tiene allí una casa con piscina y Dorotea recuerda varios momentos de su estancia en ese lugar, significativos para sus dos historias. Su época más feliz con Manuel, aunque corta, ha sido en esa casa. Allí también condujo sus conversaciones más relevantes con su abuelo y con su padre. Más aún, en este sitio pasaba muchas tardes haciendo el cuarto del juego de mesa con su abuelo y sus visitas que a veces iban a comer allí: Emilio Portes Gil –expresidente de México, y los generales Gilberto Limón y Manuel Celis. El recuerdo de esos momentos coloca a Dorotea en calidad de testigo de su propia diégesis, por lo menos hasta cierto punto. Ella estaba en contacto directo con los personajes históricos que se relacionan con su relato. A este respecto, desde la perspectiva de la sociología cultural observan los estudiosos que el registro de la vida cotidiana proporciona un 'giro subjetivo', que permite buscar en los ámbitos hasta entonces ignorados los elementos que se oponen a la "normalización" de los discursos del poder.[17]

México es el lugar donde Dorotea desea vivir porque es lo suyo, es parte de su identidad, como confiesa desde el extranjero donde vive temporalmente: "No pretendo quedarme aquí, sería estúpido, mi vida está allá, en México" (155). Las imágenes que evoca de su ciudad natal le inspiran a escribir:

> En las noches, cuando llego a mi departamento, pongo un poco de música según esté de humor, preparo algo de cenar y luego me siento cerca de la ventana a ver las luces de París. Aquí escribo, recordando imágenes de la Ciudad de México como el Templo Mayor, Tlatelolco, el Palacio Nacional, la Catedral, el Castillo de Chapultepec, el Palacio de Bellas Artes, Coyoacán... o simplemente el Paseo de la Reforma, por donde el abuelo entró a la Ciudad de México con su familia, en 1914. (155)

Obviamente, la última nota se refiere a la familia revolucionaria de Teodoro Leyva, lo cual se puede deducir fácilmente por el hecho de que en este tiempo él todavía era soltero y su madre no ha venido a la capital sino hasta el año 1920. En cambio, fue en ese año que las tropas revolucionarias entraron en la metrópoli tras la rendición del ejército porfirista.[18] Con esta indicación, Dorotea confirma su uso del concepto de la familia en el contexto de su abuelo.

Para muchas feministas la nostalgia es un sentimiento reaccionario, que no permite el progreso. Por ejemplo, Gayle Greene explica las razones por las que ese afecto puede ser atractivo para los hombres, mas no para las mujeres:

> Nostalgia is not only a longing to return home; it is also a longing to return to the state of things in which woman keeps the home and in

17. Sarlo, Beatriz. *Tiempo pasado. Cultura de la memoria y giro subjetivo. Una discusión*. Buenos Aires: Siglo XXI, 2005; pp. 17-18.

18. Cuando a mediados de julio de 1914 el general Victoriano Huerta renunció a la presidencia de la República Mexicana y salió al exilio, el nuevo gobierno interino entabló negociaciones con los revolucionarios acantonados en los alrededores de la Ciudad de México. Los acuerdos, entre los cuales se encontraba la rendición del ejército federal, se firmaron el 11 de agosto de 1914 en Teoloyucan, Estado de México. Cf. *Documentos Históricos de la Revolución Mexicana I*, "Revolución y Régimen Constitucionalista". 2-a ed., México D.F.: Ed. Jus, 1970; pp. 380-381.

> which she awaits, like Penelope, the return of her wandering Odysseus. But if going back is advantageous to those who have enjoyed power, it is dangerous to those who have not".[19]

No obstante, en el caso de Dorotea es obvio que la nostalgia es algo que le inspira a escribir y al adueñarse del poder de la palabra hacer frente a las circunstancias por las que se vio forzada a autoexiliarse y presentar su versión de la(s) historia(s).

El sótano

El lugar donde se escondía Teodoro Leyva todavía existe en la época que Dorotea lleva a cabo su investigación. Ella siente necesidad de verlo en persona, comprobar su existencia. Cuando lo hace, se decepciona al ver cómo quedó transformado por sus nuevos habitantes. Ya casi no queda huella de que allí vivió alguien encerrado por más de un año. Aunque no le cabe duda que el encierro de su abuelo ha sido real, el sitio le parece "distante, completamente ajeno" y la discrepancia con el sitio que ha imaginado a partir del relato familiar le causa desesperación. Luego recapacita y hace una reflexión sobre la experiencia: "Pensé que ésa era justamente la vida, la historia: la reconstrucción de las ruinas, un eterno recomenzar otra vez a construir, a levantarse, a transformar hasta descubrir algo diferente..." (111). De esta manera, el sitio real, físico adquiere en su texto una dimensión metafórica sobre las transformaciones de la historia.

Dorotea le atribuye también otro sentido al sótano, consistente en su representación del espacio propio donde se esté a salvo del mundo inhóspito alrededor. En el caso del abuelo la necesidad era esconderse de sus perseguidores. Para la nieta, su traslado a París significa encontrar un lugar seguro desde el que puede adquirir perspectiva y reflexionar sobre su vida: "No es que huya de mí; pero sí, qué terrible, de los otros, como lo hizo el abuelo. Estoy viviendo mi sótano en París; esperando el mejor momento para salir, como el general Teodoro Leyva" (155). Su situación es diferente a la de su abuelo en tanto que no tiene que temer la muerte a manos de sus adversarios, pero ella también necesita ese resguardo para

19. Greene, Gayle. "Feminist Fiction and the Uses of Memory". *Signs: Journal of Women in Culture and Society*. 16.1 (1991); p. 296.

fortalecerse con el fin de poder enfrentarse a sus realidades: "Solo me estoy dando una tregua para regresar más fuerte, a enfrentarme a todo aquello de lo que no puedo huir" (155).

En últimas cuentas, el sótano es algo que tienen en común el abuelo y Dorotea en tanto que desde ese espacio los dos producen una historia. Lo que el general no incluye o transmuta en su diario, Dorotea revisa y completa en su libro. Entre los dos narran la historia completa.

La prensa mexicana

Para el gobierno de las primeras décadas posrevolucionarias, interesado en promover su discurso triunfalista y acallar las voces opositoras, el control de los medios informativos tenía un peso enorme. Su práctica estaba amparada en los mecanismos legales, comenzando por la Ley de Imprenta de 1917 en la que se estableció que los diarios y los periódicos no podían atentar en contra de la paz pública. Tal formulación desplegaba un espectro de interpretación bastante amplio, que podría servir de argumento en contra de los que criticaban al gobierno o las instituciones controladas por él. Los periodistas fueron obligados a escribir favorablemente sobre el desarrollo del país y mostrar a los gobernantes consecutivos en una luz positiva. De modo contrario se exponían a la censura, persecución y exilio o muerte. Aunque no faltan ejemplos de que la prensa ha denunciado a los políticos corruptos, varios historiadores señalan que esos casos eran acciones promovidas por el mismo régimen para señalar públicamente como inmorales e irresponsables a los funcionarios que se salían fuera de su control. De hecho, esta práctica resultaba útil para mostrar que eran ciertas las afirmaciones del discurso oficial sobre el orden y la moralidad de la administración.[20]

A pesar de la promoción del principio de la libertad de prensa garantizada por la Constitución del 1917, el control gubernamental de la

20. Más información sobre el control de prensa en las primeras décadas posrevolucionarias se puede encontrar en los artículos de José Alfredo Gómez Estrada, "Elite de Estado y prácticas políticas. Una aproximación al estudio de la corrupción en México, 1920-1934" o Aurora Cano Andaluz, "El acercamiento a un régimen presidencial: opinión pública y prensa en México", por mencionar solo algunos. Ver la bibliografía.

información sobre el acontecer diario en el país se fortaleció por medio de la centralización de los aspectos económico, político y social, incluyendo en su engranaje de interdependencia a las empresas periodísticas. Para los mediados del siglo XX, el Estado ejercía el control de la importación y el precio del papel –materia prima indispensable para los periódicos–, decidía sobre los créditos necesarios para el funcionamiento y la modernización de las tecnologías, proveía subsidios, mantenía en la nómina de sus diversos departamentos a periodistas dedicados a escribir sobre sus actividades, entre otras tácticas. Ese poder proveniente del corporativismo mexicano le permitió al gobierno tener el control sobre qué y cuánto se informaba a la ciudadanía sin la necesidad de imponer censura o recurrir a métodos más drásticos practicados en los sistemas abiertamente dictatoriales.[21]

A raíz del movimiento estudiantil de 1968 el público vituperó el rol de la prensa nacional que se mostró cómplice con el gobierno del presidente Gustavo Díaz Ordaz al calificar a los manifestantes de revoltosos comunistas y minimizar el tamaño de la represión desatada en contra de ellos. La fuerza del sacudimiento provocado por los enfrentamientos de la joven población civil con la fuerza pública generó debates obligados, en los que las demandas de libertad de expresión recibieron mucha atención. Uno de los aspectos positivos que resultó a raíz de ese movimiento es que se permitieron varias reformas del sistema periodístico existente y se abrió un espacio a los medios de comunicación alternativa. A partir de entonces cobran vigor los enfoques pluralistas, en buena medida apartándose de la acostumbrada legitimación de las acciones del gobierno por medio de la prensa.[22]

Para los años ochenta, década en que se publica la novela de Silvia Molina, en el panorama mediático aparecen cada vez más periódicos independientes, en principio posicionados de una manera mejor para

21. Sobre la prensa mexicana en el período de los mediados del siglo XX se puede consultar por ejemplo el artículo de Sergio Arturo Sánchez Parra y Anderson Paul Gil Pérez "El día de la libertad de prensa en México como medio de control del Gobierno sobre la prensa, 1951-1969". Ver la bibliografía.

22. Más información sobre la relación entre el gobierno y la prensa mexicana en la segunda mitad del siglo XX se puede encontrar en los artículos de Ana María Serna, "La vida periodística mexicana y el movimiento estudiantil de 1968" o para más información sobre el lugar de la prensa en los años ochenta se puede consultar por ejemplo el artículo de Raymundo Riva Palacio, "La prensa en México. Una aproximación crítica", entre otros. Ver la bilbiografía.

su trabajo de información que implica servir de intermediarios entre la sociedad civil y el Estado. La nueva coyuntura otorga más poder a los órganos informativos, sin embargo, el juego de las presiones económicas y políticas persiste, aunque suele ser más intrincado. El caso del novio de la protagonista de *La familia vino del norte* ejemplifica esa situación. Manuel acaba de renunciar a su trabajo fijo en un diario nacional para, junto con un grupo de otros amigos de la misma profesión, dedicarse a lanzar un periódico independiente. El establecimiento de su empresa no es igual a la apertura de cualquier otro negocio. Él tiene que relacionarse con personajes de las élites políticas y sociales, pero al mismo tiempo, se afirma en el poder que le da ser periodista y empresario.

Dorotea acompaña a su novio a las fiestas y reuniones, en las que observa un rasgo común entre los participantes: "Esa noche fui con él a la fiesta del periódico y conocí un mundo todavía más grande y contradictorio que el mío. Sentí un aliento de poder en casi todos los asistentes" (62). Ese poder es el mismo que ha reducido al mínimo la nota sobre el fallecimiento de su abuelo, uno de los grandes combatientes en la revolución, quien quedó descentrado del círculo victorioso. Es también el que le permite a Manuel adueñarse de la historia del general que fue descubierta principalmente por ella y publicarla bajo su propio nombre, demostrando con ello la falta de integridad como compañero y como periodista.

A Dorotea no le interesa alternar con el mundo frecuentado por Manuel consumido por su "desenfrenada ambición de poder aunque podría disfrazarla de 'periodística'" (107). Mientras él se enajena en su escritura y en la cultivación de sus relaciones, ella se dedica a leer la poesía de Jaime Sabines y al estudio de la historia, enfocándose sobre todo en la época precolombina. Al final, cuando su compañero la traiciona al publicar la historia de su abuelo, ella responde con la publicación alternativa, la de su propio libro, incluyendo la información descubierta después del texto de Manuel y aprovechando para denunciar su deslealtad: "jamás comentó que de verdad pensaba escribir sobre Teodoro Leyva. Al publicar su ensayo sobre el abuelo, me traicionó; me correspondía a mí desmitificar la figura de Teodoro Leyva" (121).

Los marcadores socioculturales

A lo largo de la novela aparecen elementos que forman parte del ámbito social y cultural del mundo en el que se desenvuelve la protagonista. El recuerdo de estos detalles le permite a Dorotea sopesar su valor y aceptar o rechazar su adherencia a ellos. La estrategia de contraponer unos aspectos contra otros resulta útil para marcar de manera más contundente los significados.

La familia de Dorotea goza de muchos privilegios materiales. Su padre era "uno de los industriales más fuertes de la Iniciativa Privada" (95) y su abuelo tenía funciones dentro del gobierno por varios años, además de que se había casado con una mujer rica. El nivel material alto lo atestiguan sus bienes y sus conexiones: los padres viven en los barrios de la gente rica –primero en la colonia Las Lomas, luego en San Ángel. Dorotea recuerda los *Open House* que solía tener su padre para entretener a los altos funcionarios del gobierno. Del mismo modo conoció en la casa de sus abuelos en Cuautla "a más de cuatro expresidentes" que venían a comer y a pasar tiempo de ocio. En la Ciudad de México, sus abuelos habitaban en una casa al estilo porfiriano, ubicada en la avenida más elegante y ostentosa de la ciudad: Paseo de la Reforma. Sus memorias de este lugar destacan los muebles con incrustaciones de maderas finas, los candelabros, la enorme escalera de mármol y otros elementos lujosos, sumándose a los testimonios de privilegios de clase.

A pesar de que ella también goza de esos privilegios, Dorotea piensa que tal riqueza es reprochable, sobre todo por representar lo opuesto a los ideales revolucionarios:

> A veces, incluso, me avergonzaba de pertenecer a una familia que se creía con el derecho de gozar de la vida solo porque el abuelo y su hermano se la habían jugado. Y finalmente pensaba también que el mismo abuelo se había traicionado casándose con una mujer que representaba lo que combatía, llegando a tener una posición que repudió de joven. (82)

Cuando su abuela quiere regalarle sus valiosas joyas de la familia que guardaba con mucho orgullo, la joven las rechaza porque no siente tener derecho a ellas y prefiere los adornos sencillos que compra de los vendedores indígenas en las calles.

La herencia de la casa de los abuelos le causa un conflicto a la nieta. Aunque antes pensaba que no sabría qué hacer con ella, las ganas de obtener más solvencia económica con la venta del inmueble combaten con su idealismo. Por fin, adopta la posición práctica y opta por comprarse un auto sencillo, pero nuevo y un apartamento modesto en una colonia de clase media, al que trae algunos muebles chicos de la abuela para llenarlo con algo.

La música

Junto a Manuel, Dorotea aprende sobre la música clásica europea. Al poner el tocadiscos, él siempre anuncia los nombres de los compositores y las piezas que iba a tocar, de modo que al cabo de algún tiempo el saber de ella se expande bastante. Aunque le parece bien aprender de esa música, Dorotea decide hacer su aporte a la cultura musical de su compañero y le trae un disco del compositor mexicano Silvestre Revueltas. El carácter de la música de este gran modernista contiene rasgos que coinciden con la estética del nacionalismo mexicano, aunque no se puede negar su trascendencia a dimensiones universales. La selección de su música pone de relieve la intención de Dorotea de cultivar el carácter nacional. A todas luces, ella quiere definir su identidad en lo mexicano, aunque a veces lo tome con humor, como en el episodio de la portera disgustada cuando sus canarios se volvieron "como locos" por la música de Revueltas: "¡Cómo festejamos la protesta de la portera! Manuel, incluso, anotó en su diario: 'Los canarios no suelen amar la música de Revueltas. Tal vez por los contrastes entre las frases y las disonancias'" (78).

Los mitos de género

La posición inferior de la mujer frente al hombre no es única para México, pero, como se explicó en la "Introducción" a este volumen, se trata de una situación no solamente arraigada desde hace siglos, sino también ensalzada por el discurso posrevolucionario. La glorificación de la masculinidad de los revolucionarios cumplía un papel ideológico importante, el de asentar el mito sobre la superioridad varonil –especialmente para los que no han podido lograr equidad socioeconómica– porque de esta manera por lo menos tenían poder sobre las mujeres. Por esta razón, en adición al machismo y el sexismo tradicional, la dominación masculina permeaba las conciencias de los hombres y de las mujeres en México aún en los años ochenta, a pesar de los logros del movimiento feminista.

En la novela de Molina se percibe ese enaltecimiento de la figura del macho revolucionario en la autodefensa que formula Teodoro Leyva cuando se le acusa de imputar falsedades a otro militar de alto rango: "Mi general, no soy un calumniador, soy hombre y se lo demuestro donde quiera" (76). Tras explicar los hechos desde su perspectiva, vuelve a usar el mismo argumento porque lo percibe como el valor más estimable, junto al de ser soldado: "De manera que no soy un calumniador como usted dice. Soy un hombre. Soy soldado" (77). Usando esos argumentos el protagonista espera ser comprendido, puesto que apela a los valores que entiende como los más altos y los asume compartidos por su interlocutor: ser un macho y un soldado.

A Dorotea, interesada en las ciencias, los juegos de mesa y la historia, le parecen sosas sus primas porque llenan al imaginario de la mujer que no tiene interés más que para las labores de casa. En ello coincide con su abuelo. Cuando toda su familia se juntaba para las vacaciones en la casa de Cuautla, este expresaba claramente su deferencia hacia ella: "–Acompáñame, Doro; deja que estas mujeres levanten la mesa" (49). Ella es precoz, independiente y terca, características que aprecia el general Leyva, quien no tiene nietos varones y aunque estos no sean los modos de comportamiento prescritos por el patriarcado para el género femenino, Dorotea goza de su estima.

La nieta favorita del general no acepta el papel de sumisa, ni quiere seguir el modelo de la niña buena que solo espera al marido adecuado. Se va de su casa familiar, pero no acepta vivir con su pareja porque se niega a perpetuar el papel de vivir para complacer al hombre, ni acepta depender de él. Sin embargo, a pesar de su empuje por jugar un papel paralelo al masculino, los hombres de su vida toman ventaja sobre ella por ser mujer. Carlos, con quien llevaba una relación seria, la traiciona con otra mujer y cuando aquella queda embarazada, se ve obligado a casarse con ella, dejando perpleja y lastimada a Dorotea. A su vez, Manuel se comporta cada vez más déspota con ella, estableciendo sus "reglas del juego" cuando trabajan juntos en la investigación, no tomando en cuenta sus intereses y necesidades, y faltándole el respeto con sus borracheras y jaleos. Encima, le roba la historia de su abuelo y la publica como si fuera únicamente el resultado de su investigación y sin haberle dicho nada previamiente.

Ante la falta de lealtad de sus compañeros Dorotea queda herida, pero no derrotada. Desafía el mito de la mujer cuyas cualidades se reflejan en la sumisión, la abnegación y en hacer siempre lo correcto. Echa de su vida tanto al primer novio que quiere regresar con ella, como al segundo, que la acosa. Tampoco va a callar las verdades históricas que descubrió, aunque estas arruinen la imagen de integridad total de su abuelo. Aprende las tácticas de los que la agredieron y responde la traición con golpes:

> Aunque mi formación me ha enseñado a desenvolverme en el rigor objetivo para interpretar los hechos históricos, al escribir esta versión de lo que Manuel ocultó, he recreado 'mi historia' con lujo de libertad; de manera que no hago alarde de otra cosa. ¿Por qué no rendirle culto al zorro yo misma? ¿Por qué yo no? (152)

Con su agencia, Dorotea desconstruye el mito de la mujer pasiva, a la vez que permite esperar el surgimiento de una fuerza femenina nueva. Es de ver cómo se cristalizará ese poder, pero lo que ha mostrado hasta el momento de la escritura del libro deja ver que da una buena sacudida al mito de la supuesta inferioridad de su género y está preparándose para enfrentar sus desafíos cuando vuelva a integrarse a su sociedad.

La cultura indígena

México es un país étnicamente diverso, en el que habitan aproximadamente diez por ciento de indígenas de distintos grupos, cerca de dos por ciento de personas de origen africano y casi diez por ciento de origen europeo; la mayoría de los ciudadanos han sido clasificados como "mestizos", es decir se identifican con rasgos culturales que incorporan elementos de las tradiciones indígenas y españolas.[23] El último grupo, a diferencia de los

23. El porcentaje de la composición étnica varía según los criterios que se usan, además de las cifras cambiantes según la época. Por ejemplo, mientras en el año 2000 el Instituto Nacional de Estadística y Geografía (Inegi) registra apenas 6% de los indígenas, el Instituto Nacional Indigenista reporta 10-14% de ciudadanos calificados dentro de este grupo en la misma época. La información incluida en este capítulo debe servir solo de una orientación aproximada sobre

anteriores, no constituye una etnia en sí misma, puesto que se trata de una categoría base de la construcción de la identidad nacional mexicana que funde el imaginario cultural indígena y español. Esa construcción fue establecida como resultado de los esfuerzos deliberados de los gobiernos posrevolucionarios que procuraban encontrar un denominador común para todos los ciudadanos –tanto en el sentido cultural, como étnico.[24] La idea de esta homogeneización ha sido criticada por varios académicos al considerar que la ingeniería social conduce a una política racial excluyente. En efecto, la construcción de la racialidad ha fallado: a varias décadas después de su promulgación, los pueblos indígenas que no se han asimilado al nuevo modelo de la cultura nacional se han visto desplazados, empujados fuera del discurso nacional.

La novela de Silvia Molina surge en el momento cuando ya queda claro que a pesar de que el artículo 2 de la Constitución mexicana define al país como una nación pluricultural fundada en el principio de los pueblos indígenas, los grupos étnicos no forman parte del proyecto de desarrollo nacional. El plan del gobierno posrevolucionario ha sido construido con base en modelos de gobiernos occidentales, tomando en cuenta la "nación mestiza". Por consiguiente, la cultura indígena –destruida por la conquista y los siglos de menosprecio del poder dominante– ha sufrido aún más desconsideración. Dorotea registra ese problema y se muestra interesada en recuperar los vestigios de esa cultura, que es parte de su legado. En sus venas corre tanto la sangre indígena, como la europea, aunque su familia solo haya privilegadio la última. Ella se da cuenta de ese "olvido" cuando reflexiona sobre el origen de su abuelo y, al mismo tiempo, sobre su propia genealogía.

En la casa de Manuel las piezas prehispánicas se encuentran colocadas en una vitrina bajo llave, en la biblioteca. Son rastros de una cultura lejana, sin embargo para Dorotea representan algo más. Ella hace la conexión con la grandeza de ese mundo desde que realiza el viaje con su novio anterior –el arqueólogo Carlos– a Oaxaca, donde conoce Mitla y Monte Albán, y a las zonas de sureste. El trabajo de Carlos es rescatar los

---

la composición de los diversos grupos de la población mexicana para la época de la publicación de *La familia vino del norte*.

24. Entre los políticos, pensadores y reformadores mexicanos que fueron fundamentales en la construcción del concepto de la "identidad mestiza" destacan José Vasconcelos (1882-1959) y Manuel Gamio (1883-1960).

vestigios de la cultura prehispánica. En otras palabras, su labor es traer el pasado al presente, dar a conocer la identidad de una gran parte de la nación mexicana. Dorotea llevaría este interés un paso más adelante.

No obstante el fracaso de la relación amorosa con el arqueólogo, la narradora se ve atraída hacia la cultura indígena, con la que se topa de vez en cuando en la ciudad. Le gusta el idioma náhuatl que le parece dulce y armonioso, y se propone aprenderlo. Lo practica con los encargados de la casa en Cuautla y afirma su predilección por su cultura. De allí decide dedicarse al estudio de la época precolombina que, según confiesa, le "había parecido siempre algo que debía conocer" (136). Cuando se ofrece la oportunidad, a sugerencia de su asesor de tesis, consigue una beca a París para trabajar en uno de los manuscritos prehispánicos:

> Por eso estoy aquí, trabajando en el *Manuscrito mexicano núm. 220*, de la Biblioteca Nacional de París. Ese manuscrito es el Diario de Chimalpahin Cuauhtlehuanitzin, cronista indígena que nació poco más de medio siglo después de la caída de Tenochtitlán; aunque Zimmerman publicó una versión paleográfica, no se ha traducido del náhuatl completamente. Cotejo la versión de Zimmerman con el original, para estar segura de que mi traducción no será de segunda mano. (154)

La actitud de Dorotea es contestataria ante la posición de su familia que procura borrar las huellas de su pasado indígena y enfatizar su linaje europeo. Esa postura consuena con la tendencia del "blanqueamiento" de la población a través del mestizaje, donde las élites establecieron el ideal de ser blanco.[25] No obstante, la protagonista se propone rescatar el legado indígena en su discurso, rebatiendo a su manera lo prescrito por la cultura dominante.

El resultado del proceso de recordar

La investigación de Dorotea explora el pasado familiar y el nacional al mismo tiempo. Para descubrir las razones por las que su abuelo tuvo

25. El historiador Federico Navarrete desarrolla la concepción del "blanqueamiento" del mestizo mexicano en su libro *Alfabeto del racismo mexicano* (2017). Una idea sucinta de esa idea se puede leer en su entrevista para el periódico *El País*, realizada por David Marcial Pérez. Ver la bibliografía.

que esconderse por más de un año en el sótano la narradora recurre a los "archivos humanos" que engrana con las fotografías, el diario del prófugo y la prensa. La combinación de la memoria oral sostenida por las pruebas materiales le permite conocer el secreto de su antecesor y revisar la historia nacional en la que estaba embebido lo que le ocurrió, puesto que el protagonista era uno de los generales de la Revolución Mexicana de 1910. En el proceso de la búsqueda de la verdad Dorotea desmantela algunos de los mitos revolucionarios, deconstruye y redefine la identidad de su abuelo, así como construye su identidad propia.

Las memorias de los familiares de esta narradora y también protagonista de su relato revelan el pasado omitido o transformado por el discurso oficial y por el mismo objeto de su investigación, el general Teodoro Leyva. De allí aprende sobre los juegos sucios y las rajaduras ideológicas entre el grupo ganador de la gesta revolucionaria. Las memorias combinadas y ordenadas por ella confirman la lealtad del fundador de su familia a los ideales de la revolución, al tiempo que denuncian la falta de ella en los dirigentes nacionales. Esta ruptura se manifiesta en los episodios del enfrentamiento de Leyva con sus superiores. Los enfrentamientos rescatados de las memorias individuales cuestionan la historia oficial del régimen posrevolucionario que pregonaba la unidad entre sus miembros y el apego a los axiomas revolucionarios. Asimismo, denuncian la alevosía de los dirigentes nacionales y la falsedad de su discurso.

Además de poner en tela de juicio la historia oficial nacional, la indagación de lo ocurrido en el pasado descubre también los vacíos de la narrativa familiar. Es por la memoria de la empleada doméstica que Dorotea se percata de que la conducta de su abuelo también se tornó maleable, ya que al enterarse de que el complot de los golpistas reunidos alrededor de Serrano ha sido descubierto huyó y se desentendió de ese grupo. Aunque Leyva no ha traicionado los principios revolucionarios y su fuga se entiende por las circunstancias que –si quería seguir con vida– no le dejaban otra opción, sus acciones cobran otra perspectiva a los ojos de la nieta.

En la exploración de los "archivos humanos" sobre su abuelo se incluyen también los de ella misma, la narradora. Dorotea recuerda las conversaciones con él, pero también las que realizó con su padre, con su abuela y con su nana Senobita. En su empeño de encontrar la verdad y definir mejor la figura de Teodoro Leyva, ella conoce mejor el pasado que también la incumbe y emprende una construcción paralela de su propia identidad. Para comenzar, declara su disociación de la cultura militar, con lo cual se separa de los lazos que unían a su abuelo a su "otra familia", la que vino del norte para con la revolución y se quedó en el centro para ocupar el control del país. Luego, revisa la composición de la parte contraria de la familia y al contemplar las fotografías de sus bisabuelos reflexiona sobre sus raíces. En su narración otorga más espacio a las mujeres que a los hombres y, al contrario del resto de su familia, expone más a la bisabuela indígena que a la de origen europeo. Asimismo, pone de relieve los indicios de la cultura indígena, suprimida por el discurso prevalente, y reconoce esta parte del legado nacional como suya. Con ello, hace frente a la práctica de "blanqueamiento" existente en el grupo mestizo de su país.

Escrutando las memorias, Dorotea rechaza también los mitos promovidos por el discurso nacional de su época sobre los avances sociales, puesto que las diferencias de clases siguen presentes en la sociedad mexicana. La posición de su propia familia es la prueba suficiente de ello. También objeta la integridad de la prensa, cuya función de mediar entre la población y el gobierno se ve sospechosa aun en el caso de las empresas independientes que están ligadas por intereses múltiples con las élites políticas y financieras.

La narradora-protagonista confronta también el mito de la supuesta superioridad del macho, persistente en su sociedad. Aunque se encuentra víctima de las prácticas generadas a causa de este mito, evidente en el trato que le ha dado su compañero, ella se impone. No solo rebate el modelo patriarcal de la mujer inferior al hombre al mostrar que ella estudia lo que le interesa, obtiene la profesión que la satisface, rechaza la dependencia del varón y confronta sus realidades. Ante el robo de los resultados de su trabajo, no se queda callada: responde la traición con el libro en el que denuncia la felonía del destacado periodista y publica la versión actualizada de la historia a su manera. Con este golpe establece su imagen de mujer con agencia, contraria al ideario patriarcal de la mujer buena como sufrida y sumisa.

De los múltiples sitios de la memoria que visita Dorotea, ella no solo denuncia los que no marchan bien, sino también eleva los que le atraen. Así, se identifica como mexicana, reconoce como suya la Ciudad de México en la que valora más las partes con sabor de pueblo, favorece la música nacional, aunque no da las espaldas a la europea, al igual que exalta las raíces indígenas sin desdeñar la occidental y cultiva la memoria de sus antepasados a pesar de que ser parte de su familia le causa conflictos.

Las vidas de los dos protagonistas de la novela son como espejismos de las contrariedades: hombre-mujer; viejo-joven; revolucionario callado –mujer rebelde. Los dos tienen en común el sótano, es decir un sitio alejado de los que les pueden hacer daño, desde el cual producen una historia. Lo que el general no incluye o transmuta en su diario, Dorotea revisa y completa en su libro. Su posición es marginal, subalterna al discurso oficial, sin embargo, entre los dos narran la historia completa. Su verdad marginal se conoce gracias a las posibilidades que ofrece la literatura posmoderna.

Para terminar, cabe enfatizar que Silvia Molina destaca en su novela el papel que tiene la memoria para combatir los olvidos. A través de su personaje Dorotea, se adueña de la historia nacional oficial para reescribirla y ofrecer una versión ficticia, pero no menos importante. En su novela, la memoria personal y colectiva entran en juego con la oficial para crear una versión nueva. En esa contraparte, la mujer construye una nueva identidad y se sobrepone a las barreras puestas por el orden patriarcal anticuado.

Con su propia voz: extractos de las conversaciones con Silvia Molina

En varios de sus textos desarrolla usted la estrategia de una narradora que usa la memoria –propia o de alguien más– para indagar en el pasado. Las versiones de esas narradoras contradicen lo que se ha sabido muchas veces por parte de la "historia oficial". ¿Cree que hacer memoria es importante para el cambio de la percepción sobre el pasado?

De la percepción colectiva, sí. De la percepción individual– no. Porque por lo general se recoge casi siempre una versión oficial de los hechos del pasado. Es muy interesante porque los historiadores revalúan los hechos del pasado según sus propias tendencias. Por ejemplo, con las celebraciones del bicentenario de la Independencia y del centenario de la Revolución Mexicana: cuando escuchamos a los historiadores, estudiamos y sabemos que dicen que el fulano de tal era un conservador, entonces nos van a dar una visión desde el punto de vista conservador de la Independencia. Otro investigador, que es liberal, nos puede dar otra visión de la misma historia. Cuando uno escucha versiones personales, se trata de las versiones de primera mano. Claro que están sujetas exactamente a lo mismo. Pero las rememoraciones siempre son historias subjetivas. En español tenemos un dicho que cada quien canta según como le fue en la feria, o algo así.

¿Entonces varias versiones individuales pueden dar un panorama más completo de la historia?

Sí, cualquiera que esté averiguando sobre el pasado está obligado a consultar varias fuentes.

En muchos casos, en sus textos se trata de un pasado ya lejano, en el que no le ha tocado vivir. ¿Por qué es importante para usted ese pasado?

Porque yo provengo de allí. Yo siempre he tenido esa preocupación. Porque cuando escribo, no es consciente, pero después de escribir, me doy cuenta que siempre tengo la preocupación –un poco de mí, de mi identidad, sobre quién soy, de dónde vengo, cuáles son mis orígenes. En mi caso, esto está fundamentado por mi propia experiencia, es algo que me ha formado a mí. La preocupación por mi propia historia. Yo perdí a mi padre cuando era muy niña, no lo conocía, entonces lo quise recuperar. Para recuperar a mi padre tuve que indagar en el pasado. La familia de mi madre, por ejemplo, vino de la familia revolucionaria, de los que hicieron la revolución realmente. Entonces también fueron mis deseos de saber quiénes fueron esos tíos que hicieron la revolución, de qué lado estaban, por qué pelearon, cómo les fue. En la historia personal, yo quería entender por ejemplo a mi abuela que de pronto un día amanece y ya se fueron sus hijos en la revolución. Eran unos niños, digamos, ¿no? Y claro, a mí, la parte personal como lo dijiste, siempre me ha importado.

En sus otros textos, habla de un pasado aún más lejano, como en Ascensión Tun o en En silencio, la lluvia. ¿Siente ese pasado también como algo suyo o es algo más separado?

Ascensión Tun siento que sí, definitivamente, porque esto pertenece a la búsqueda de mis orígenes. Mi familia paterna viene de Campeche. Yo nunca viví allí, pero uno siempre desea lo que uno no tiene. Entonces yo siempre quise saber más sobre la historia familiar. Eso me ha ayudado a buscar en el pasado. Incluso, yo tengo una colección bastante extensa de fotografías y de actas que documentan la historia: actas de nacimiento o de defunción de mis abuelos, tatarabuelos. Es muy divertido porque uno aprende mucho de la historia.

¿Esta necesidad de buscar los orígenes es algo reciente o siempre ha habido tal interés?

Yo creo que es relativamente reciente. En mi caso es a partir de que empecé a escribir. Es cuando me pude hacer las preguntas. Porque uno de a diario simplemente vive la vida, pero no te estás preguntando nada. Pero cuando tú escribes o cuando empiezas a escribir, te empiezas a preguntar. De las preguntas nace el relato.

¿Se prepara mucho para escribir una novela? ¿Cómo nace una novela de la pluma de Silvia Molina?

Por ejemplo, en el caso de *En silencio, la lluvia*, tiene mucho que ver con mi situación personal. Yo viví en Bélgica. Cuando yo llegué a Bélgica, conocía, desde luego, dos o tres ciudades que todo el mundo conoce cuando viaja: Amberes, Brujas y Gante; lo que la mayoría de los turistas visita. Pero cuando estás viviendo allí, descubres un país, entonces te vas interesando en la historia del país. Y a mí, lo que me interesó particularmente de la historia de Bélgica –porque me gustó mucho– fue: los beguinajes. Son lugares realmente muy bonitos, arquitectónicamente hablando. Son esas pequeñas ciudades que tienen una atmósfera muy especial porque son acogedores, tienen silencio, se prestan para la reflexión. En fin, yo siento que cuando yo entraba en los beguinajes, yo decía: ¿cómo han vivido aquí estas mujeres? Siempre me interesó el ¿cómo? ¿Cómo han vivido aquí? Y bueno, en la novela está la historia de una de estas mujeres porque siempre me preocupé o me dio curiosidad por saber. Porque descubrí que realmente hay mujeres muy interesantes. Porque eran mujeres que tenían una cultura superior, sabían de las artes, de todas: la literatura, la pintura, la danza, la música; educaban, eran enfermeras. Además, económicamente, eran independientes, aunque vivieran allí. Entonces me interesaron mucho. Entonces, bueno, yo tuve la oportunidad de tratar a gente del Parlamento Europeo, de la Unión Europea, y fui entremezclando las historias.

Esta novela, como sus otras novelas también, no solamente entretiene, sino que también sirve de medio de conocimiento. Creo que poca gente sabe de los beguinajes, pero al seguir la historia de Catharina de Lovaina aprende algo de ese mundo. También, al seguir lo que le ocurre a la narradora se abre una oportunidad de conocer el mundo del que antes no se hablaba: la formación de una muchacha. En las novelas anteriores, por lo menos hasta los mediados del siglo XX, se hablaba de la educación de los muchachos. Ahora son las muchachas que salen de viaje, adquieren otra perspectiva de la vida, de otra cultura y todo esto les sirve como el arma de la independencia.

Así me pasó a mí. Cuando tenía catorce años, me fui a vivir a París con una hermana de mi mamá. Entonces de ser la hija más pequeña de un matrimonio, sin padre, acostumbrada a que todos me consentían: todos mis hermanos, todos mis tíos: "pobrecita, la huerfanita", me fui con una hermana de mi mamá que tenía un carácter muy severo y no solo aprendí francés, conocí una cultura, sino que me formó. Definitivamente que me formó. Descubrí el mundo en otra perspectiva. Y también descubrí cómo me gustaba mi país. Por contraposición o por comparación, no sé. Yo decía: todo esto es precioso, pero mi país tiene más. Yo había vivido de niña en el campo mexicano por diversas razones. Así que decía: todo esto es divino, pero me gusta más la vida de campo, los animales, la gente...

¿Cree que es necesario desprenderse un poco del medio propio para apreciarlo mejor luego?

Sí, por lo menos así lo era en mi caso.

Sus protagonistas solo cuestionan la historia oficial, pero no la reescriben. No sé si esté de acuerdo conmigo. Yo lo vi por lo menos en La familia vino del norte y en La imagen de Héctor. ¿Por qué no van más lejos? O mejor, ¿por qué usted como escritora no va más lejos? ¿Solamente quiere dejar este cuestionamiento en el nivel de la duda, sin ofrecer soluciones?

No me he hecho esa pregunta. Pero tampoco se puede escribir nuevamente la historia porque se convertiría en otra historia oficial, ¿no? Entonces yo planteo que las situaciones no son exactamente como se dieron. Por ejemplo, en *Matamoros, el resplandor de la batalla*. Es sobre uno de los héroes de la Independencia. Este Matamoros fue el segundo hombre de Morelos, nuestro máximo héroe de la Independencia. Se conoce muy poco su historia porque es un hombre que siempre le gustó estar en la sombra. Pero Morelos lo nombra su segundo, su brazo derecho. Yo me preguntaba cuando estaba escribiendo ¿cómo dar un personaje sin convertirlo en algo que realmente no fue? Entonces yo me limito en esa novela a presentar los hechos de su vida sin tratar de juzgarlos o de justificarlos. Porque si no, cae uno en algo que tampoco me gusta.

Creo que en todas sus novelas hay hechos históricos y además hay ficción. Pero la ficción es verosímil justamente por la presencia de los personajes históricos. Sin embargo, siempre llega uno a dudar en algo que se acaba de afirmar. ¿Es intencional, para poder desdecirse en un momento oportuno?

No me lo he propuesto realmente conscientemente. Lo que s, me he propuesto conscientemente fue usar constantemente algo como códigos de verificación para que las historias parezcan verdaderas.

Me imagino que para hacer las historias verosímiles hay que hacer mucha investigación. Usted es historiadora de profesión, ¿verdad?

No, realmente no. Estudié antropología, pero no me recibí. Después estudié letras.

¿Cuál fue su camino para hacerse escritora?

Por milagro. Bueno, yo comencé a escribir y a leer muy tarde. Fui una lectora muy, muy, muy tardía. Yo aprendí a leer en el primero de secundaria. Porque soy disléxica y en esos tiempos no se conocía la dislexia.

¿Y cómo se las arregló para llegar a la secundaria sin saber leer?

Tenía un hermano, mi hermano mayor, que me ayudaba a aprenderlo todo de memoria. Así que me aprendía todo de memoria. Yo podía seguir las clases. Entonces, los maestros que veían que no era tonta y podía más o menos saber de qué se trataba, me iban pasando. Pero en primero de secundaria, la maestra de español me puso a leer en voz alta en el primer día de clases y descubrió que yo no leía. Entonces me dijo: te vas a primero de primaria, o sea con las pequeñitas, a que te enseñen a leer.

Ha de haber sido un shock.

Yo ya me lo esperaba. Sabía que tenía que hacerlo. Pero ella me enseñó a leer e hizo que me gustara la literatura. Pero en mi familia había una tradición muy importante de la literatura oral. Mis tías, las hermanas de mi mamá, mi misma mamá, mi abuelita siempre me contaban cuentos. Tenía una tía que me decía: te invito a dormir, y no me gustaba su casa. Pero entonces me decía: te cuento un cuento. Y entonces yo decía sí. Porque sabía que el cuento que me iba a contar era maravilloso. Porque mi tía actuaba los cuentos. Y mi padre fue escritor. Entonces yo creo que tenía un poco de herencia, un poco fabular del medio ambiente a pesar de todo, ¿no? Cuando regresé de París, leí una novela que me gustó, de José Agustín y pensé que ¡ay, si José Agustín escribe así, yo también puedo! ¿Conoces las novelas de José Agustín?

Sí, me parecen muy fáciles de leer.

Exacto. Entonces yo pensé que era muy fácil de escribir. Entonces, intenté hacer mi primera novela. Hablando como yo hablaba y todo. Con los años, la rompí, pero mucho tiempo después de esto, ya casada, me metí a un taller con Elena Poniatowska y allí escribí mi primera novela, pensando que yo quería escribir un cuento. La empecé con la idea de un cuento, pero cuando la iba escribiendo, no la podía acortar. Y así publiqué *La mañana debe seguir gris.*

¿Está de acuerdo con lo que dicen muchos críticos de que las novelas siempre contienen muchos rasgos biográficos? ¿Las suyas los contienen muchos?

Sí, sí. Sí, contienen muchos rasgos autobiográficos. Pero yo siempre he transformado la realidad. Es como un poco de manía. Como un poco de trampa hacer pensar que todo lo que sucede es verdadero, ¿no? Parto de una realidad que tiene elementos míos, pero por ejemplo en *La mañana debe seguir gris*, que de mis novelas es la más autobiográfica, la historia real no es como la cuento. La historia real fue completamente distinta porque para la literatura necesitas seguir inventando situaciones o personajes que no existieron y cambias todo. Entonces, mi obra sí tiene muchos rasgos autobiográficos, aunque no quiere decir que en su totalidad sean ciertos.

¿Sería muy aventurado decir que la protagonista de La familia vino del norte *se parece mucho a usted?*

Quizás no completamente, pero sí, seguro que tiene algo de mí. Todas mis protagonistas tienen algo de mí o de otras mujeres que yo conozco. Dorotea es un personaje rebelde, que tiene necesidad de encontrarse, de buscar su propia identidad. Ese deseo lo tienen todas mis protagonistas.

¿Y de dónde vienen las ideas para los títulos?

Me cuesta mucho trabajo el título. En *La mañana debe seguir gris*, hay una frase dentro de la novela, que dice “Afuera, la mañana debe seguir gris". Es como una metáfora de una situación espiritual y aunque era un poco larga, me gustó para el título.

La incluyó al final de la novela.

Sí. En *La familia vino del norte*, es la historia de una familia que vino del norte, pero para nosotros es que la revolución vino del norte. Entonces era como una metáfora también, muy adecuada para el libro. Y *En silencio, la lluvia*, mucha gente no lo ha entendido o no le ha importado, yo creo. Pero es una metáfora también que tiene que ver con el erotismo. Son tres historias, de tres mujeres, que se entremezclan, pero todo pasa en silencio, incluso una cosa que tiene que ver con el amor. Los títulos vienen al final siempre. Es lo más difícil.

¿Tiene guías en la escritura? ¿Otras escritoras que le hayan inspirado o han sido sus maestras?

Yo he leído mucho a escritoras porque como mujer es más fácil reconocerte entre las cosas escritas por mujeres. Tenemos las mismas pasiones, las mismas conductas, alegrías. Te reconoces más en la escritura femenina. Yo tengo mis escritoras favoritas. Son solamente dos. Una es Elena Garro. Nada más recuerda su novela *Los recuerdos del porvenir.* Me gustan mucho otras cosas también, pero esta novela realmente es como la Rulfo mexicana. Para mí, es la mejor novela escrita en el siglo XX en México. Es una novela muy inteligente, muy divertida, muy literaria.

Muy de acuerdo. ¿Cuál es la otra escritora?

La otra es una escritora que nació en la Martinica y después se fue a Inglaterra en una época muy difícil y que tiene una vida tremenda. Ella se va con un tío y entra con una *troupe* de teatro, y después cae en los brazos de un hombre y luego otro hombre –en la época en que los hombres mantenían a sus *metresses*, sus queridas, a las que les daban dinero, les ponían un piso y todo, y la sociedad no lo veía mal. Mucho menos la sociedad francesa. Ella se llama Jean Rhys. Su verdadero apellido es Rees. Sus novelas me encantan.

¿Por qué?

Cuando yo la leí, la descubrí con un amigo. Tiene una que se llama *Good morning midnight.* Allí habla de la mujer alcohólica, de la mujer desesperada, de la muje ... no sé. Algo insólito para la época de ella. A mí me encantó descubrir que no eran cuentos de hadas. Porque nosotros, los latinoamericanos, escribimos mucho de la infancia, de las cosas bonitas, pero esta de pronto que escribe del mundo de la mujer tremendo, que me parece realmente muy interesante. Leí todos sus libros. Tiene novelas realmente muy buenas, como: *After leaving Mr. McKenzie, Cities of lady, Good morning midnight.*

Usted también habla de temas que antes no se tocaban en el contexto de la mujer. Me refiero al deseo sexual, por ejemplo. O de tener varias parejas. ¿Se considera revolucionaria en este sentido?

Pues, de verdad no sé. Pero en mi escritura me gusta mucho cuidar no solamente la cuestión gramatical y que el relato esté bien, sino... quizá tiene que ver con mi carácter. Soy muy cuidadosa en el tratamiento de ciertos temas. No digo que no los toco. Por ejemplo, en *La mañana debe seguir gris*, el capítulo más erótico del libro son unas líneas nada más. A mí me gusta más sugerir que dar. Quizás ahora, las escritoras más jóvenes sí, tienen una escritura más franca. Pero a la mejor es cuestión de personalidades.

De todas maneras, usted presenta a las mujeres con muchas complicaciones interiores y en general, las presenta a una luz favorable. En cambio, a los hombres –me parece que los que aparecen en sus novelas están mucho menos definidos interiormente que las mujeres. ¿Estaría de acuerdo con ello?

No sé. Si es que sale así, no es consciente.

El hecho de contar su historia personal o familiar parece muy importante para las protagonistas de sus novelas. En el acto de contar parece haber una voluntad de transmitir esas historias a otras generaciones. Lo expresan al escribir sus historias sea en cartas o libros. Todas de alguna manera fracasan. Sin embargo, pensándolo bien, no fracasan porque usted hace que sus historias se vean publicadas. ¿Estaría de acuerdo conmigo?

Sí, sí estoy de acuerdo con eso.

¿Cree que expresar sus memorias empodera de alguna manera a las mujeres?

Yo creo que mis protagonistas sí, se expresan. No sé si esto les da poder. No sé a qué te refieras con la palabra "poder". El poder de cambiar, sí. El poder de tomar una decisión, sí. De cambiar su alrededor, también. De reflexionar sobre sus vidas. De cobrar una perspectiva. La protagonista de

La familia vino del norte se va a Europa, donde reflexiona y se da cuenta de que no es eso lo que ella quiere vivir. Una de las protagonistas de *En silencio, la lluvia* deja al marido porque no es lo que quiere vivir. En *La mañana debe seguir gris* también: quiere cambiar. Es más bien el deseo de cambio. Una realización personal.

¿Cree que es justo hablar de escritura femenina?

Nunca me había gustado este término. Yo siempre he dicho que la literatura no tiene género. Yo soy una escritora, tengo amigos que son escritores y por lo que veo, en la mayor parte de las narrativas de hombres son las historias de hombres, desde el punto de vista de un hombre. Entonces yo creo que la escritura de mujeres tiene esta parte, tiene un punto de vista quizás. Pero no me parece que la escritura tenga un género. Yo pienso que debe hablarse simplemente de la literatura. Y la literatura es hecha tanto por escritores como por escritoras.

En algunos de sus textos aparecen protagonistas infantiles que no tienen alguno de sus progenitores. ¿Se puede pensar que la falta de sus padres les hace perder la inocencia?

No. Yo creo que les da otra manera de ver el mundo. Pierden la inocencia por otras razones, pero no por la falta de un padre o de una madre.

¿Cuál de sus novelas le gusta más?

La mañana debe seguir gris me ha dado a lo largo del tiempo desde que se publicó –ya más de treinta años– muy buenos amigos y amigas. Es una novela que a pesar de tanto tiempo sigue fresca, se sigue leyendo en las escuelas secundarias y preparatorias y sigue siendo válida. Entonces a esta novela la quiero mucho por lo que me ha dado. Fue mi novela más espontánea. Cuando yo la escribí, tampoco me puse a pensar en la estrategia de escritura, ni el punto de vista, ni nada. La escribí como me salió. Y la novela más reciente es una novela de más madurez mía. Por contraste con la primera que fue muy espontánea, en esta novela sí, hubo una reflexión constante de cómo y por qué, y por qué esa palabra, etcétera.

En sus cuentos para niños hay muchos elementos de mitologías indígenas. ¿Cuál es el propósito principal de esos cuentos?

Tengo dos tipos de cuentos. Unos son recopilaciones de leyendas indígenas, de origen prehispánico. Eso tiene que ver mucho con mi formación como antropóloga porque yo estudié antropología. Cuando yo estudiaba en la maestría –que no terminé– cuando leía la historia de los dioses, me preguntaba cómo no se les enseña a los niños de una manera más fácil. Porque reconocerlos es muy complicado si no sabes, pero si te enseñan cuáles son sus principales atributos y tú ves a una imagen, entonces dices "Ah, este es Tláloc porque tiene los anteojos y sus bigotes", y así. Entonces, esos son recreaciones de leyendas prehispánicas. Cuando yo descubrí, tiempo después de hacer eso, el placer de inventar un cuento para niños, empecé a hacer realmente cuentos que no eran recreaciones de mitos. Eso me encantó. La verdad, es muy bonito escribir para niños. Aunque es muy difícil. Es más difícil que hacer una novela. Porque tú todavía puedes decir: Ay, me aburre, pero a lo mejor en la página veinte, mejora. Y los niños, no. Si en la primera página al niño no le gustó lo que leyó, es muy difícil [que siga]. Entonces, eso implica mucho mayor trabajo. Pero es muy gratificante. Muy, muy gratificante.

En México no es solamente la mitología indígena la que cuenta, ¿cierto? En todas partes se pueden notar las influencias del mundo clásico, la atención a las proporciones griegas, las esculturas y las pinturas de personajes de las mitologías griega y romana. ¿Cómo se combinan esas grandes mitologías tan complejas?

Yo creo que nosotros, los mexicanos, somos el producto de dos culturas. Por un lado, el mundo prehispánico que permanece a pesar de que por la situación de la colonia nunca se reconoció su importancia. O sea, nunca se le dio al mundo indígena el grado de aceptación cultural que tenía. Se reconocían las culturas europeas. A pesar de que cuando llegaron los europeos a México encontraron una cultura sumamente desarrollada, la azteca, y una que ya iba en decadencia, la maya. Pero la cultura que encontraron era indudablemente superior. Por ejemplo, en ciencia, en medicina, en la astrología, en los números, en las matemáticas era superior. Y la tradición pasó. Aunque prohibida, en las familias se conservaron los mitos. Además, los propios españoles también los fijaron en los textos de las crónicas. Cuando nos colonizan los españoles, nos traen la tradición judeocristiana y con ello nos traen toda esa información clásica. Y sucesivamente, nuestros gobernantes se guiaban por las modas europeas. Nos llegaban un poco tarde, pero nos llegaban. Por eso nosotros tenemos ese afrancesamiento, por ejemplo. Si tú caminas, lo ves en la arquitectura. Aquí, por ejemplo, en Polanco, las casas son de la época de Porfirio Díaz. La arquitectura francesa: el *art nouveau*, el *art déco*, etc. Entonces sí, convivimos con las dos. Yo tuve una invitación como escritora en residencia en Utah, con los mormones. Entonces, todo el mundo pensaba que yo era mormona porque estaba allí, y los que no, me querían mormonizar. Hubo una reunión de profesores en donde todos los profesores presentes eran mormones y yo no, entonces el público –porque era como una conferencia– les preguntó que cuál era la diferencia de haber sido no sé qué y hacerse mormona. Entonces, la profesora argentina decía "Bueno, yo ya no tomo café con leche y no pasa nada". Y cuando me preguntaron a mí, yo dije "Yo estoy muy agradecida porque me invitaron sin ser mormona". Quería decir que yo no podría hacerme mormona porque mi cultura es una cultura demasiado rica para dejarla. O sea, no es un concepto religioso, sino cultural. La iglesia es el arte. Todo el arte que tenemos en las iglesias y las catedrales, etc., es mi cultura. Mi religión realmente ha sido mi cultura. Yo no entendería todo lo que tú dices, ¿no? Las esculturas de los santos, el arte colonial y luego el arte neoclásico, etc., es cultura. O sea, la cultura, es todo lo que te ha formado. No es abandonar el café con leche.

¿Cree que las escritoras mexicanas se influencian entre sí?

No.

Así que ¿no piensa que su escritura haya sido de alguna manera copiada o haya influido a las escritoras más jóvenes?

No, no lo creo.

De las escritoras mexicanas nuevas, ¿hay algo que le guste en particular?

De las más jóvenes, no, porque en realidad publican muy poco. Conozco mejor a las escritoras de mi generación.

En sus obras se vislumbra cómo la mujer mexicana, al menos de la clase media, ha logrado ser más libre. ¿Cree que su escritura ha contribuido a su vez a esas ganas de ser libres por parte de las mexicanas?

No es mi propósito. Yo creo que muchas lectoras sí, pueden reconocerse en mi escritura, que es lo que yo he hecho en la lectura de otras mujeres. Pero tampoco es una cosa que yo quiera trasmitir a alguien, ni mucho menos.

Capítulo 6

Alimentando la memoria colectiva: *Las siete cabritas*, de Elena Poniatowska

Introducción

Como se ha visto en los capítulos anteriores, las imágenes del pasado pueden ser o bien materia prima para la construcción de la identidad, o bien herramienta de la contestación, una forma de denunciar las injusticias vividas, o de poner en duda las narrativas existentes. Esto nos ha llevado a enfatizar el presentismo y la maleabilidad de la memoria.[1] No obstante, las distorsiones tienen límites.[2] El pasado que perdura a

1. Dentro del presentismo se distinguen dos tendencias de interpretación: instrumental y de comprensión. Según la primera, la memoria es un instrumento de manipulación del pasado, que se debe a múltiples razones prácticas, mientras que los que defienden la segunda posición sostienen que la forma de los recuerdos es una consecuencia inevitable del hecho de interpretar el mundo conforme las experiencias personales y dentro de un marco cultural definido. Los defensores de la primera tendencia son historiadores tales como Hobsbawm y Ranger (*The Invention of Tradition*, 1983); los que subrayan el condicionamiento cultural son Mead (*The Philosophy of the Present*, 1959) y Mannheim ("The problem of generations", en *Essays in the Sociology of Culture*, 1956), entre otros. La discusión de la presente sección adopta la posición de Halbwachs (*On Collective Memory*, 1992), quien combina los dos elementos en su interpretación.

2. La idea de que las memorias se distorsionan mientras persisten en nuestras mentes fue captada por Salvador Dalí en sus pinturas. Muchas de esas pinturas

pesar de las transformaciones es una fuente incuestionable de conocimiento y contribuye a la comprensión colectiva del mundo. La rememoración sirve también al propósito de generar conocimiento de la historia y así beneficiar a contemporáneos y a generaciones futuras. Este capítulo tratará la evocación como instrumento de producción del saber colectivo.

La fuente principal del saber colectivo es lo que Jan Assmann llama la "memoria comunicativa": consiste en recordar los hechos de la vida diaria tales como situaciones interesantes, chismes, chistes, memorias, etc.[3] Cuando la expresión de las vivencias deja de ser oral y se consolida en forma de un texto, una imagen o un monumento, se habla de la memoria cultural. Esta ya no se relaciona directamente con la vida cotidiana porque sus horizontes sobrepasan los límites temporales. A pesar de ello, también forma parte de la memoria colectiva, puesto que genera un sentimiento de identidad grupal.[4] La experiencia colectiva se enriquece tanto por medio de la memoria comunicativa, como por la memoria cultural. Por ello, compartir el saber de lo ocurrido reviste gran importancia para la colectividad.

El valor de los conocimientos transmitidos por grandes personajes del pasado hace ampliar la visión de uno, afianzar las posiciones y avanzar con más firmeza hacia el futuro. Lo reconoce Isaac Newton al confesar: "Si he visto más allá, es por haber subido a hombros de gigantes".[5] Sin embargo, las mujeres no han podido subirse tan fácilmente en los hombros de sus predecesoras. Desafortunadamente, su aislamiento y su exclusión del mundo de las letras no les ha permitido aprender y construir sobre lo ya hecho para progresar más. Según observa Gerda Lerner, por ignorar los avances de sus antecesoras, cada mujer está condenada a comenzar

---

expresan gráficamente lo que Kandel y Schwartz formularon desde el campo de la neurobiología: "we do not perceive the world precisely as it is but, rather, as a modified version that is altered on the basis of past experience" (811).

3. Assmann, Jan. "Collective Memory and Cultural Identity". Trad. John Czaplicka. *New German Critique*. 65 (Spring, 1995); p. 126.

4. El término que usa Assmann para ello es "concretion of identity".

5. Citado en Lerner, Gerda. "A Life of Learning: Charles Homer Haskins Prize Lecture for 2006". ACLS occasional paper no. 62. Ed. Martin E. Marty. New York: American Council of Learned Societies, 2006; p. 166. La traducción del inglés es mía. En el texto citado: "If I have seen further, it is by standing on the shoulders of giants".

por el principio, en vez de poder aprovechar el terreno ya conquistado por otras, "como si ninguna mujer antes que ella hubiera pensado o escrito".[6] Por esta razón, Lerner propone que el grupo femenino debe hacer prioritaria la transmisión de conocimientos sobre los logros y las hazañas de las "gigantes" del pasado.[7]

En México, Elena Poniatowska ha contribuido a llenar ese vacío recuperando para la memoria colectiva importantes personajes históricos que aportaron mucho a la cultura y cuyas vidas privadas presentaban una alternativa a los modelos femeninos reconocidos. Sus biografías incluyen tanto a artistas como Tina Modotti en *Tinísima* (1992), Leonora Carrington en *Leonora* (2011) o Lupe Marín en *Dos veces única* (2015), como a personajes poco o nada conocidos, pero cuyas vidas hacen reflexionar sobre los asuntos humanos, tales como Gaby Brimmer o Jesusa Palancares en *Gaby Brimmer* (1979) y *Hasta no verte Jesús mío* (1969), entre otras. En su labor de alzar monumentos literarios de vida a personajes extraordinarios Poniatowska no discrimina a los hombres, como lo prueban las biografías de Juan Soriano en *Juan Soriano. Niño de mil vidas* (2000), Guillermo Haro en *El universo o nada* (2013) y varios individuos de su familia en *La flor de Lis* (1988) y *El amante polaco* (2019); su escritura comprende también otros temas y subgéneros de los que enfoca la presente misiva. Para el propósito de este capítulo se elige la colección *Las siete cabritas* (2000), que –aunque el año de su publicación excede de la década del ochenta– se opta por incluirla en este volumen bajo el entendido de que es el libro que mejor ilustra el esfuerzo de la escritora por insertar a los sujetos femeninos en la memoria colectiva. El tomo consiste en siete historias de vida contadas por la escritora-narradora que habla desde la

6. Ibid; p. 166. En el original: "as though no woman before her had ever thought or written".

7. Hablando sobre la necesidad de abrir campo para la investigación académica femenina dentro de los estudios históricos, Lerner escribe: "Because women were for millennia educationally deprived, they were denied the ability to develop systems of knowledge [...]. The most advanced women thinkers were forced into dialogue with male thinkers and were denied both authority and knowledge of their own history. The implication for the present is that those wanting finally to achieve women's full participation in the intellectual work of humankind need to abolish not only discrimination, but its long-range consequences in the thinking and socialization of women". Ibid.; p. 6.

perspectiva del "ahora" con el fin de transmitir el conocimiento de lo ocurrido en el pasado de tal forma que permanezca en el futuro.

Las siete mujeres recordadas por Poniatowska eran pintoras, poetas y narradoras, mayormente activas en los primeros tres cuartos del siglo xx: Frida Kahlo, Pita Amor, Nahui Olin, María Izquierdo, Elena Garro, Rosario Castellanos y Nellie Campobello. Todas ellas desafiaron a la sociedad machista que exigía de la mujer sumisión, silencio y noexistencia pública. Liberadas y controvertidas, las siete expresaron públicamente sus inquietudes intelectuales y artísticas, exhibieron su inteligencia y sus talentos, y retaron el comportamiento prescrito para su género por el patriarcado. Sus vidas no fueron fáciles, pero todas alcanzaron éxitos importantes y con su conducta rompieron muchos esquemas sociales. Sus logros, sin embargo, pronto se silenciaron y casi todas cayeron en el olvido. Se rescató únicamente a Frida Kahlo, principalmente como "pop icon figure".[8]

Al restituir la memoria de estas personas, Poniatowska amplía el discurso sobre el pasado, reformulando el conocimiento de los lectores. Sus historias se integran a la Historia y siguen el principio horaciano de "instruir deleitando", tradicionalmente la tarea de hombres. Se trata de un tiempo que no es muy lejano y persiste aún en la memoria social mexicana como la época de construcción nacional, conocida de sobra por el discurso androcéntrico ejercido en todos los medios culturales y oficiales. Su rememoración en *Las siete cabritas* no contradice las versiones anteriores, pero agrega elementos que permiten renovar y ampliar ese conocimiento sobre el pasado colectivo, añadiéndole la perspectiva de mujer.

Estrategia narrativa

Desde la entrada, llama la atención la amplia gama de recursos usados en el marco exterior: el título de la colección, la dedicatoria, los encabezados de los capítulos y las fotografías. Esos elementos, aunados a la manera de narrar y el contenido mismo, comprenden información encapsulada que transmite mensajes intencionados a la permanencia en la conciencia

8. Término usado por Elizabeth Coonrod Martínez en "Reviewed Work: *Las siete cabritas* by Elena Poniatowska". *Hispania*. 85. 1 (Mar 2002); p. 88.

de los lectores por mucho tiempo. La composición del marco exterior es importante a la par con el texto, puesto que su impacto hace factible que el conocimiento adquirido sea retransmitido a otras personas en forma oral como parte de la memoria comunicativa.

La autora ha sido criticada por la falta de disciplina periodística,[9] sin embargo, conviene recordar que en una obra literaria lo que se escribe es una percepción de la realidad, que no necesita del "rigor analítico e informativo" que se espera de la prensa. El valor cognitivo se logra a través de diversas estrategias propias de la literatura.

El título del libro

El título, *Las siete cabritas,* alude al estilo de vida que llevaban sus protagonistas y la relevancia que ejercieron sobre la vida cultural mexicana: "porque a todas las tildaron de locas y porque más locas que una cabra centellean como las Siete Hermanas de la bóveda celeste" (16).[10] Llamarlas "cabritas" y no cabras anuncia desde la entrada el trato gentil y comprensivo de sus supuestos disparates. En México, y en español en general, decir que una mujer es "más loca que una cabra", es reprobar su conducta por estar fuera de lo común y razonable. El diminutivo suaviza las connotaciones negativas del epíteto al asignarle una carga emotiva positiva: señala que el tono del recuerdo de sus actos debe hacerse con indulgencia y con admiración. Es de común entendimiento entre el lector y el narrador que para que una mujer pudiera destacarse en ese momento tenía que "ser loca como una cabra". De hecho, las remembranzas de las siete extraordinarias mujeres cumplen con lo anunciado al combinar varios tonos de acercamiento hacia las mismas: admiración, compasión, solidaridad, respeto, además de ironía y burla –en vez de censura. Usar

9. Cf. las notas de Omar González en su blog *Las mil y una nota* del 5 de marzo de 2016: "falta de rigor analítico e informativo al citar con vaguedad libros y referencias, fragmentos de entrevistados, declaraciones y fuentes, y al no advertir en pies de página o en una nota los sitios donde fueron publicados por primera vez" <http://notasomargonzalez.blogspot.com/2014/04/las-siete-cabritas.html>.

10. En este capítulo, los números entre paréntesis corresponden a citas del texto base de mi análisis, provenientes de la siguiente edición: Poniatowska, Elena, *Las siete cabritas*. México, D.F.: Era, 2000.

tal metáfora en el título es también disponer a los lectores a leer con benevolencia sobre los objetos de esta rememoración.

La escritora explica en el prólogo que la traslación del título no se refiere solamente a la supuesta locura de las protagonistas, sino también a su permanencia y su capacidad de iluminar el camino para las nuevas generaciones. El sustantivo "cabritas" o "cabrillas" es también el nombre de origen prehispánico para la constelación de las Siete Hermanas, o las Pléyades, que es un cúmulo de estrellas más identificables a simple vista y de brillo comparable entre sí.[11] Este nombre fue usado por un grupo de poetas helénicos, así como en el siglo dieciséis por los poetas franceses agrupados en el círculo de Ronsard, quienes se esforzaron por romper con la tradición de escribir en latín para desarrollar la expresión de los temas clásicos en su propia lengua. Quizás la escritora ha relacionado esos artistas innovadores y los objetos de sus remembranzas, pero aún si no fuera así, resulta clara su metáfora de las Siete Hermanas o "cabrillas" como figuras de mujeres extraordinarias que iluminan el camino para las futuras generaciones.

El índice

Los títulos de los capítulos también están cargados de significado, ya que sugieren características de cada protagonista. La expresión de esos nombres se hace aún más relevante por la ingeniosa composición del índice, en el cual cada capítulo se anuncia en una página separada que incluye una fotografía de cada persona aludida. Estas son pruebas tangibles del pasado: sin el referente no existiría la foto. Son los *lieux de mémoire* por excelencia. Marianne Hirsch capta su importancia al decir que "El referente acecha la imagen como un fantasma: es un renacido,

11. Según la mitología griega, las Siete Hermanas eran las hijas del titán Atlas y la ninfa marina Pleyóne, y eran muy agraciadas. Estimulados por sus múltiples encantos, muchos dioses olímpicos mantuvieron relaciones con ellas, lo cual resultó en el nacimiento de varios hijos, muchos de ellos célebres. Al verse perseguidas por el gigante y cazador Orión, las hermanas pidieron auxilio a Zeus, quien les concedió refugio en el cielo. Cf. Radice, Betty, ed. *Who's Who in the Ancient World*. Baltimore, MD: Penguin Books, 1973, p. 198.

un retorno del otro perdido y muerto".[12] Incluir esas fotos es instalar a las personas del pasado en el presente; ellas transmiten una noción de la verdad que refuerza lo expresado en palabras o, a la inversa, el texto explica el contenido de las imágenes.[13] Juntos, el texto y la imagen, colaboran en hacer un esfuerzo por convencer de la verdad contenida en la narración.

El capítulo con el que comienza la selección narra la vida de Frida Kahlo y se llama "Diego estoy sola, Diego ya no estoy sola: Frida Kahlo". La primera parte de esta frase proviene del diario íntimo de la pintora, donde expresó repetidamente su sentido de la soledad, causado por el abandono de su esposo.[14] La fotografía que acompaña refuerza la idea del sufrimiento, ya que muestra a la artista en la cama, con su vestimenta diurna, aparentemente recluida en su intimidad para sufrir un dolor o una pena. Pero tanto las palabras como la imagen encierran un truco: la segunda parte del título niega la primera, así como la segunda mirada a la foto revela la presencia de un perro, confundido con el atuendo de

---

12. Hirsch, Marianne. *Family Frames. Photography, Narrative and Postmemory.* Cambridge: Harvard UP, 1997; p. 5. La traducción es mía. La cita original en inglés: "The referent haunts the picture like a ghost: it is a revenant, a return of the lost and dead other".

13. Roland Barthes sostiene que las fotografías mantienen una relación única con lo real no por medio del discurso, sino a través de una especie de alquimia: "The photograph is literally an emanation of the referent. From a real body, which was there, proceed radiations which ultimately touch me, who am here; the duration of the transmission is insignificant; the photograph of the missing being [...] will touch me like the delayed rays of a star. A sort of umbilical cord links the body of the photographed thing to my gaze: light, though impalpable, is here a carnal medium, a skin I share with anyone who has been photographed". Cf. Barthes, Roland. *Camera Lucida: Reflections on Photography.* New York: Hill and Wang, 1981; pp. 80-81.

14. En su *Diario,* Kahlo construye de manera gráfica y lingüística su subjetividad de persona y de artista. Una de las características de su borrador es la práctica textual relacionada con la escritura automática –la asociación libre de palabras que pudieran parecer incoherentes, pero que remiten a las estructuras psíquicas del sujeto. De la lectura del *Diario* destaca el amor obsesivo de Frida Kahlo por su amante, maestro y esposo, Diego Rivera. Él, según las confesiones de la pintora, era el suplemento necesario para su ser. El *Diario* de Kahlo fue publicado varias décadas después de su muerte, con el prólogo de Carlos Fuentes y la introducción de Sarah Lowe, en 1995.

la pintora. La incógnita del título se aclarará en la lectura, en la cual se comprobará la existencia de una nueva "persona": la encarnación de la memoria de Kahlo. Esta nueva identidad ya no depende de su amado quien la hacía sentirse sola: ella ha logrado la supervivencia de su mito, independiente de él. Así lo concibe Poniatowska o por lo menos así se lo permite entender, puesto que esta historia es la única en la que introduce un personaje de ficción. Esta noción se confirma en un ensayo que escribió Poniatowska para el periódico *La Jornada*:

> ¿Olvidar a Frida? Nadie puede hacerlo, ni siquiera los que nunca la conocieron. La fridamanía nos la recuerda a cada momento, al reproducirla en camisetas, tarjetas postales, carteles, revistas, llaveros, perfumes, catálogos y libros. Es un objeto de culto para millones de personas en el mundo. [...] La herencia de Frida es para México. Frida, Frieda, Fridita; Frida, encaje de bolita; Frida, rebozo; Frida, clavada de claveles; Frida, boquita de jarro; Frida, tira bordada; Frida, color azul añil; Frida, media remendada; Frida, pañuelito de llorar; Frida, fondo salido; Frida, amarillo congo; Frida, difuntita. Tú, Frida, nunca más estarás sola.[15]

La siguiente sección está dedicada a la poeta Guadalupe Amor Schmidtlein, conocida como Pita Amor, quien era tía de la escritora, por el lado materno. La fotografía muestra a la artista joven, con su cabello trenzado, pegado a la cabeza y adornado con flores y tules, con su mirada estudiada y la boca semiabierta, sensual. La modelo viste una expresión de la que se sabe hermosa y espera del espectador un reconocimiento como tal. La frase que encabeza la fotografía es: "Pita Amor en los brazos de Dios". Por un lado, el título se refiere a la reciente muerte de la artista,[16] por el otro, alude a su narcisismo. Según Poniatowska, su tía de joven era muy admirada; creía en su superioridad y exigía reconocimiento de su talento y hermosura. La narradora la recuerda con una mezcla de admiración y burla:

15. Poniatowska, Elena. "Un tesoro para el arte". *La Jornada. Sección Cultura*. 5 de julio de 2004. Accesible en la <web: http://www.jornada.unam.mx/2004/07/05/03aa1cul.php?origen=opinion.php&fly=1>.

16. Pita Amor murió el 8 de mayo de 2000, a la edad de 82 años.

> Juraba y perjuraba que era superior a Sor Juana 'porque ella está muerta y yo estoy viva'; muertos también los protectores que le granjearon su belleza, su talento y su desparpajo [...], no le quedó más que el autoelogio y decretar: 'Yo soy una diosa'. Muchos le creyeron. (51)

El título semicómico aporta las primeras informaciones sobre la artista y, junto con la fotografía, establece un tono burlón hacia la vanidad y las actitudes estrafalarias de su tía.

El tercer capítulo narra la vida de la poeta y pintora Carmen Mondragón, conocida con el nombre que le acuñó su amante, el Dr. Atl: Nahui Olin. El título reza: "Nahui Olin: la que hizo olas". La fotografía que lo acompaña explica la razón de las anunciadas turbulencias. Muestra una hermosa mujer de pelo corto y revuelto, completamente desnuda. La toma es desde abajo, mostrando a la modelo de un lado, en el contexto de un paisaje campestre que le llega hasta la mitad de sus piernas, mientras el resto de su cuerpo se destaca del fondo claro del cielo. La expresión de la joven muestra una seguridad en su cuerpo, inafectada por su desnudez. En la época en la que las mujeres solían llevar el cabello largo y usar vestidos cerrados hasta el cuello, esta fotografía sería escandalosa. El lector actual quizás no experimente el mismo *shock* ante la imagen, pero por lo menos querrá averiguar quién era la rebelde.

De manera parecida al capítulo anterior, el título de la quinta historia consta en un juego imaginativo de palabras inspiradas por el nombre de la pintora: "María Izquierdo al derecho y al revés". Anunciar que se va a hablar de alguien "al derecho y al revés" sugiere que se expondrá su vida desde la perspectiva "oficial", pública y desde la "extraoficial", privada. También, "al revés" sugiere que el comportamiento de la persona no se adhiere a la norma. El título, por lo tanto, promete acercar desde varias perspectivas la figura de esta gran pintora que se atrevió a vivir una vida diferente. Su fotografía muestra a una mujer retadora; el maquillaje destaca sus rasgos indígenas y el atuendo atrevido.

"Elena Garro: la partícula revoltosa" anuncia que va a tratar de la turbulencia de opiniones acerca de esta escritora. Su apodo, según ella misma, se lo dieron sus padres, debido a su don de producir desorden sin proponérselo y actuar "siempre inesperadamente, a pesar suyo" (119). El título anuncia que no se "blanqueará" la conducta controvertida de Garro; más bien develará las acciones inesperadas que produjeron tanta conmoción en el medio literario e intelectual mexicano. La fotografía de

Garro muestra a la controvertida escritora en una actitud de preocupación o concentración sobre un asunto que demanda su máxima atención.

El encabezado "Rosario del 'Querido niño Guerra' al 'Cabellitos de elote'" hace intertexto con el prólogo de Poniatowska para la edición de las cartas de Rosario Castellanos a su esposo Ricardo Guerra ("Querido niño Guerra") y a su hijo Gabriel ("Cabellitos de elote"), editadas en 1999.[17] Aquel texto se repite casi íntegro en *Las siete cabritas* y en él se señala que las cartas de la poeta pueden seducir –no solo a mujeres, sino también a los hombres interesados en comprender a las mujeres. Aquí vuelve a hablar de la ilustre chiapaneca atribuyéndole un grado de "locura" parecida a las otras "cabritas", aunque ella no cometiera el mismo tipo de disparates de conducta que la mayoría de las demás. La fotografía muestra a la escritora seria y serena, junto a una pared con libros. La sobriedad del entorno armoniza con la tranquilidad y paciencia con la que la modelo espera la toma de su fotografía. El desvarío que califica para colocar a la académica entre las cabritas se explicará en su sección respectiva.

El último capítulo, "Nellie Campobello: la que no tuvo muerte", intriga por su ilógica expresión. Nadie pudo no tener muerte si es que ya no existe entre los vivos. No obstante, en el caso de Campobello, por muchos años no se pudo comprobar la muerte, pero tampoco se pudo asegurar de que estuviera viva. Las últimas noticias confirmadas de la ya anciana poeta y escritora, fundadora, directora y coreógrafa del ballet nacional decían que estaba enferma y confinada a la cama, bajo el cuidado de una exalumna suya. Acceder a ella era imposible por las prohibiciones que impusieron su cuidadora y el marido de esta. Con el tiempo, la pareja la llevó a provincia, supuestamente por razones de su salud. A la falta de noticias de la escritora, sus colegas y familiares comenzaron a hablar de un posible secuestro. Varios periódicos nacionales publicaron artículos con variantes de la pregunta "¿Dónde está Nellie Campobello?". Doce años después de la última noticia de ella se descubrió que se la había enterrado en 1989 en una delegación correspondiente a su último domicilio bajo el nombre original de ella: Francisca Ernestina Moya Luna. Poniatowska alude en su título a este indignante episodio. Al mismo tiempo, el título sugiere que la rememoración no se va a limitar a la nota de su muerte,

17. En la edición póstuma de las cartas de Rosario Castellanos, titulada *Cartas a Ricardo* el prólogo escrito por Elena Poniatowska se titula "Del 'Querido Niño Guerra'" al 'Cabellitos de Elote'".

sino que va a enfocar a la persona misma, destacando la importancia de su vida. La placa fotográfica muestra a Campobello sonriente y en movimiento: camina o baila en medio de un jardín, con las manos llenas de tules o plumas. No se entiende bien el sentido del movimiento, ni se distinguen bien los objetos. La fotografía resulta tan enigmática como el título.

Los títulos del volumen y de las siete narraciones son, en suma, no solamente muy llamativos y fáciles de recordar, sino que también cuentan historias. Su función no es solamente anunciativa, ya que representan una parte íntegra del sistema semiótico y epistemológico desarrollado en el libro.

La dedicatoria

Lo primero del texto que llama la atención es la dedicatoria, evidentemente paródica: "A mis Tres Gracias, Monsiváis, Pacheco y Pitol". Dar el nombre de las divinidades mitológicas femeninas a estos grandes escritores e intelectuales mexicanos es hacer una asociación cómica e irreverente, sobre todo porque las Gracias casi siempre se reproducen como hermosas mujeres desnudas.[18] Tal acto, si es que no pretende ofender, se lo puede permitir solamente una persona que está en el mismo nivel de reconocimiento intelectual que los aludidos y que se encuentra en términos amistosos con ellos. Elena Poniatowska gozaba del mismo estatus y reconocimiento,

18. En la mitología griega las Tres Gracias o las Cárites eran hijas de Zeus y la ninfa Eurínome. Eran las diosas del encanto, la belleza y la felicidad. Presidían los banquetes, las danzas y todas las actividades y celebraciones placenteras. Sus nombres son reflejo de sus cualidades: Talía –"Festividades", Eufrósine –Júbilo, Aglaya –"Belleza". Estas diosas aparecían a veces entre los sátiros, conocidos por su fealdad, para demostrar que la apariencia física no tiene importancia y que el buen espíritu logra corregir los defectos. Las Cárites frecuentemente otorgaban a los dioses y a los mortales no solo la alegría, sino también la elocuencia, la liberalidad y la sabiduría. Su protección podía dotar a cualquier hombre de la genialidad necesaria para ser un artista excepcional. Por esta razón, muchos poetas las invocaban, así como a las Musas, para que los inspiraran. A diferencia de las Musas, sin embargo, las Gracias no se mencionan individualmente, sino en conjunto. Cf. Radice, Betty, ed. *Who's Who in the Ancient World*. Baltimore, MD: Penguin Books, 1973, p. 122.

y mantenía una relación amistosa con Carlos Monsiváis, José Emilio Pacheco y Sergio Pitol, quienes todavía vivían y ejercían sus carreras cuando se publicó este libro. Para evitar que la inscripción se entienda como una burla de sus colegas y para suavizar el impacto de la hilarante asociación, la escritora incluye el pronombre posesivo "mis", con el cual añade un significado de familiaridad y cariño hacia los objetos de su dedicatoria. Por un lado, la dedicatoria podría leerse entonces como una genuina consagración a sus amigos del oficio, figuras destacadas en la cultura mexicana. El uso del epíteto "Tres Gracias" no permite, sin embargo, quedarse en tal interpretación. Llamar con este denominativo a los hombres es, más bien, una burla de la tradición según la cual eran las mujeres quienes inspiraban la creación artística de los varones.

Detrás de la dedicatoria se asoma un mensaje feminista: Poniatowska anuncia que no va a atenerse a las tradiciones y –siendo mujer– se va a adueñar de la palabra, así como se va a servir de la costumbre masculina de invocar a las Tres Gracias. Sus Gracias, empero, no serán mujeres desnudas que destacan por su belleza, sino hombres que sobresalen por su intelecto y a los cuales ella no tiene nada que pedir porque los iguala en su arte. Esta inversión de papeles ya anuncia el tenor del contenido, ya que las protagonistas tampoco se ajustaban a los papeles tradicionales de las mujeres.

La polifonía de voces

Para contar la vida de las siete intelectuales y artistas, Poniatowska crea una forma narrativa que, como otros textos de esta escritora, se encuentra en el borde de varios subgéneros literarios. Por un lado, *Las siete cabritas* presenta una colección de biografías, puesto que la autora hace un esfuerzo documental al registrar los "hechos" vitales de las referentes: nombre completo, fecha de nacimiento y muerte, nombres de familiares y amigos, fechas de los hechos importantes en su vida privada y pública, títulos y fragmentos de sus obras. Por el otro, incluye episodios autobiográficos, lo cual acerca el texto más al género de las memorias. La narración incluye, además, elementos de ficción literaria, fotografías, fragmentos de cartas y entrevistas, chismes, chistes y memorias de otras personas.

Las siete cabritas no es, por lo tanto, una colección de biografías tradicionales, pero su intención es la misma que la de las narrativas "clásicas": dar a conocer la vida y la obra de grandes personajes que realmente existieron. Según el concepto de la imaginación social, establecido por C. Wright Mills (1916-1962), las narraciones biográficas ejercen esa función al colocarse en la intersección de la historia, la sociedad y la experiencia individual.[19] De la misma manera que una novela, este subgénero ofrece la posibilidad de observar a los personajes en su complejidad, relatando historias contextualizadas que tienen inicio, medio y final, y que pueden, hasta cierto punto, tener un grado de continuidad. A diferencia de la novela, sin embargo, los lectores de biografías habitan en el mundo del/de la protagonista y, por lo tanto, participan de algún modo en su vida. Esta es también una característica del texto de Poniatowska: sus historias muestran a las protagonistas en todo su ciclo vital: cuentan la niñez, la adolescencia, la madurez y la muerte, y ofrecen hasta una revisión de la memoria que se tiene de ellas hoy en día.

Las historias de *Las siete cabritas* aparentemente se dividen a capítulo por personaje, pero todos esos personajes vuelven a aparecer en otros capítulos. Cuando, por ejemplo, en la última sección, dedicada a Nellie Campobello, se habla de la veneración que esta tenía hacia su madre, surge la memoria de la relación que tenían Elena Garro y Rosario Castellanos con sus progenitoras, no mencionada en las partes del libro dedicadas a ellas. Estas asociaciones despiertan la atención analítica de los lectores: hacen surgir, por ejemplo, preguntas sobre el papel de la madre en la formación de los individuos recordados. El lector evaluará estos datos partiendo de su sensibilidad y conciencia formadas en el siglo XXI. Añadir conocimientos nuevos sobre las relaciones familiares del pasado le ayudará a la vez a entender (consciente o inconscientemente) su propio mundo.

La técnica de relacionar los recuerdos le permite a la narradora cubrir un panorama mucho más completo de lo que sería necesario para narrar la vida de sus referentes biográficos. Le da la posibilidad de asomarse a su mundo privado, cambiar instantáneamente de planos temporales, hacer comparaciones y expresar crítica. Por ejemplo, al hablar de las hazañas de las mujeres que escandalizaban con su desnudez critica las personas del presente: "Hoy la desnudez no causa el mismo impacto. Jesusa Rodríguez se ha encuerado en varias obras como si el mundo fuera su regadera y los únicos que ponen el grito en el cielo son los tarados de Pro Vida" (41).

---

19. Wright Mills, Charles. *La imaginación sociológica*. México, D.F.: FCE, 1961, p. 225.

Conviene subrayar que los recuerdos nunca se presentan separados de su contexto y frecuentemente el marco se vuelve más importante que la figura central.

Se amplían las estrategias para recordar el pasado al recurrir a varias fuentes de la memoria y al usar diversas técnicas narrativas. Por un lado, la autora cuenta con recuerdos propios, puesto que ella, aunque más joven que los objetos de su remembranza, compartió una época con ellas: la misma ciudad, el mismo medio cultural, hasta la misma familia en uno de los casos, ya que Pita Amor era su tía.[20] Pero además de relatar sus propias experiencias y los datos biográficos, incluye las memorias de otras personas e involucra a los lectores en la reconstrucción del mundo de sus personajes. El empleo de diversas fuentes informativas permite considerar el pasado desde varias perspectivas y los múltiples enfoques incrementan la credibilidad de las historias.

Es interesante notar que desde el principio la narradora exige que el lector tome parte activa en la rememoración. El capítulo que más lo requiere comienza la selección, de manera que dicta el tono del resto del texto. En esta parte la voz que narra la vida de Frida Kahlo pertenece a un personaje imaginario que personifica a su memoria y reclama ser la "auténtica" Frida, a diferencia de la que murió.[21] Se trata de un monólogo, pero se involucra al lector en un diálogo, ya que se le impone la tarea de imaginarse las pinturas. La escritora cuenta evidentemente con la popularidad del arte de Kahlo y con la accesibilidad de reproducciones del mismo. Para poder asimilar la historia de la vida privada de la artista, el lector debe colocarse en el punto preciso de la voz del insólito personaje y evocar en su memoria la obra de ella.

De manera parecida, la escritora-narradora elabora otro conocimiento histórico para sus lectores cuando recuerda el mundo posrevolucionario. Al comienzo de la narración sobre María Izquierdo, evoca las imágenes conocidas de ese México: "Todavía se oyen los balazos de la Revolución

20. Guadalupe Teresa Amor Schmidtlein era hija de Emmanuel Amor Subervílle, hermano de Pablo Amor Schmidtlein, quien fue abuelo de Elena Poniatowska. En otras palabras, la madre de Poniatowska –María de los Dolores (Paula) Amor Iturbide– y Pita Amor eran primas hermanas.

21. Aunque el personaje textual no tenga referente en una persona real, tampoco es ficcional por completo. Su presencia es la voz y esta tiene intertexto en el diario de la pintora, publicado en 1995.

de 1910". Esta guía al pasado enfoca en las soldaderas, cuya participación en la revolución y después de ella ha sido tan vital para el bienestar de la nación como poco reconocida. Aquí se destaca la herencia cultural indígena y se rinde tributo a las mujeres que demostraron el gran poder del mal llamado "sexo débil". Su descripción no es larga ni detallada, pero queda grabada en la imaginación:

> Las mujeres cruzan su rebozo sobre el pecho como antes cruzaron las cananas. Sus fuertes piernas de caminante les abren paso. Pretenden domar sus crines y recogen sus trenzas al aire. Todavía están hechas de tierra y agua, el maíz formó sus dientes, enderezó sus huesos, fortaleció su esqueleto, hizo aflorar la estructura de sus altos pómulos. El sol aún les delinea el rostro. Por su sangre corre el grito de Zapata: Tierra y Libertad. Al llegar a los pueblos, en un santiamén encienden la lumbre, echan al agua hirviendo en un perol gallinas robadas y las cuecen a punta de bayoneta, su fusil sobre el hombro para que nadie les impida darles de comer a los que vienen atrás. (79)

La narradora estimula asimismo la fantasía del lector para que ciertas imágenes se queden en la memoria. Para hablar de Nahui Olin, crea unos pasajes de narración típica para el relato de suspenso, que describe las labores que ha costado rescatar su identidad. Con este fin usa el enfoque omnipresente e involucra a los lectores en esta experiencia:

> Adriana Malvido toma la foto entre sus jóvenes y delgadas manos. La mira. ¿Qué tienen esos ojos? La atrapan. Adriana vuelve a mirar. Los ojos se apoderan de ella, diabólicos, igual que años atrás le ocurrió a Tomás Zurián y antes todavía al Dr. Atl, a Diego Rivera [...]. (55)

También emplea recursos poéticos que inducen imágenes mentales. Estas, según explica Jan Kordys, se fraguan en la intersección de la memoria, la narración y la conciencia.[22] Un ejemplo de ello es el "ekphrasis" del último capítulo, dedicado a Nellie Campobello, que consiste en una imagen creada por sus palabras, que muestra a la bailarina en pleno

22. Kordys, Jan. "Pamięć i opowiadanie". *Praktyki opowiadania*. Eds. Bogdan Owczarek, Zofia Mitosek y Wincenty Grajewski. Kraków: TAiWPN Universitas, 2001. 127-173; p. 138.

momento de la danza. El pasaje incluye también una anáfora, sugiriendo el ritmo con el que se podría mover la danzante:

> Esa mujer de porte real que atraviesa el aire con los brazos en alto, se llama Nellie Campobello; esa mujer de pelo jalado hacia atrás, que estira su cuello y señala el rumbo con el dedo del pie derecho, es Nellie Campobello; esa mujer que desafía la gravedad y se eleva al cielo es Nellie Campobello. (145)

Si los recursos poéticos usados en esta narración logran crear una imagen y esta hace impacto en el lugar de la conciencia mencionado por Kordys, donde reside también la memoria, la posibilidad de permanencia de esas imágenes es indiscutible.

Los recuerdos familiares de Elena Poniatowska aparecen principalmente en el contexto de Pita Amor. Para recordar a esta prima hermana de su madre, la escritora-narradora reconstruye –tal como lo hiciera en *Hasta no verte Jesús mío* (1967)– varias conversaciones con la poeta.[23] Las citas frecuentemente son largas y sería ingenuo pensar que sin el uso de la grabadora la autora recordaría exactamente las palabras que se dijeron en aquella ocasión. A pesar de ello, no se le puede negar valor informativo. Poniatowska trató a su tía durante muchos años; reconstruyó los diálogos con un grado de fidelidad razonable para que representaran la personalidad y el espíritu de esta señora. Sus recuerdos reflejan una intención testimonial.

---

23. La técnica de registrar en papel lo dicho por otra persona fue usada por Poniatowska en su primera novela testimonial, *Hasta no verte Jesús mío* (1967). Este texto, como se mencionó en el primer capítulo de esta disertación, narra la vida de una mujer que participó en la Revolución Mexicana de 1910, Josefina Bórquez. La exsoldadera aceptó contar la historia de su vida para que se publicara en un libro, sin embargo, no le permitió a su entrevistadora usar la grabadora, además le exigió que cambiara su nombre para la versión literaria (Jesusa Palancares). Poniatowska respetó el deseo de su informante y se limitó a tomar notas durante las sesiones semanales que tenía con ella, ampliándolas y reconstruyendo lo dicho después, en la privacidad de su estudio. Cynthia Steele comenta esta colaboración y sostiene que, en el proceso editorial de lo rememorado primero por la informante, luego por la escritora las imágenes del pasado se distorsionan, no obstante, siguen cumpliendo una función informativa. Cf. Steele, Cynthia. *Politics, Gender, and the Mexican Novel, 1968-1988. Beyond the Pyramid.* Austin,TX: U of Texas P, 1992, pp. 33-34.

También la narración de Elena Garro incluye citas de las conversaciones entre la escritora de *Las siete cabritas* y aquella, también escritora, que permiten a los lectores formarse una idea del carácter de la aludida. Para que el argumento sobre la magnética personalidad de su colega sea más convincente, la narradora recurre a una confesión autobiográfica:

> Alguna vez la acompañé [...] a la casa de campo que tenía en Ahuatepec el banquero Agustín (Tintino) Legorreta, a quien quería expropiarle la finca para dársela a sus legítimos dueños [...]. Ese día (memorable para mí porque Elena volvía mágico todo lo que tocaba) asistimos a una reunión con campesinos [...] y tanto a Elvira Vargas como a mí nos impresionaron la fuerza de carácter de Elena y la confianza con la que se le acercaban los campesinos. [...] La verdad, a mí me tenía subyugada. Cuando me pidió que saltara la barda de la finca del banquero Legorreta para correr a abrir la puerta principal, obedecí a ciegas, sin que me atemorizara el ladrido de los perros guardianes. El imperio que Elena ejercía sobre sus seguidores era absoluto. (108)

Poniatowska transmite además el conocimiento colectivo sobre sus sujetos biográficos, que ella adquirió de su núcleo familiar:

> Desde muy pequeña, Pita fue la consentida, la muñeca, la de las exigencias y rabietas, la de los terrores nocturnos. Era una criatura tan linda que Carmen Amor estrenó su cámara fotográfica con ella y le sacó muchas fotos desnuda. Y ella se encantaba contemplándose a sí misma. Posiblemente allí se encuentre el origen de su narcisismo (36).

Igualmente, se emplean las memorias de otras personas: predominan cuantitativamente las del pintor y escultor Juan Soriano, amigo de ella. Sus anécdotas constituyen casi la mitad del texto sobre María Izquierdo, también pintora, su compatriota de Jalisco. Asimismo, Soriano contribuye notablemente en la rememoración de la escritora y coreógrafa Nellie Campobello y de la poeta, pintora y pensadora Nahui Olin. Además de este pintor jalisciense, Poniatowska cita a otros personajes del mundo artístico e intelectual, quienes recuerdan a las artistas.[24] Incluir sus

24. Entre otros, de Pita Amor habla el escritor y filósofo Alfonso Reyes; a María Izquierdo la recuerdan el poeta y diplomático guatemalteco, Luis Cardoza y Aragón, el historiador, cineasta y crítico del arte, Olivier Debroise el dramaturgo, poeta y director teatral francés, Antonin Artaud; a Nahui Olin: el muralista

recuerdos implica añadir una fuente amplia de información sobre la época: las amistades y las influencias mutuas, el ambiente cultural y social.

Los diarios, las cartas, las entrevistas, los fragmentos de la poesía y la narrativa, así como los comentarios de la obra pictórica de las artistas son otros medios de los que se sirve la escritora para ampliar el conocimiento que construye sobre el pasado. Todos estos elementos están unidos por la voz narrativa que los interpreta y completa la información para entregar una historia finita. En algunas ocasiones combina voces para ofrecer varias perspectivas de un episodio. Así sucede en el caso de la controvertida acusación que se le hizo a Elena Garro por haber delatado a sus colegas que apoyaron el movimiento estudiantil en octubre de 1968. Para comenzar, Poniatowska expresa su juicio: "A raíz de la matanza del 2 de octubre de 1968, Elena Garro se desquició. Había delatado a un sinnúmero de intelectuales"; luego añade las opiniones de otros: "José Luis Cuevas la llamó loca y Monsiváis, en *Siempre!* 'la mejor cantante del año'" (117); después cita los periódicos en los que, además de lo que dice la prensa, aparece la declaración de la misma Elena Garro (118). Las diversas perspectivas permiten creer en la objetividad de la opinión de la escritora. Es necesario recordar, sin embargo, que existen varias versiones sobre la supuesta participación de Garro como informante del gobierno y la que ofrece Poniatowska no agota el tema, ni tampoco comprueba nada.[25] Impone, en cambio, su manera de pensar sobre lo ocurrido.

Dr. Atl, la escritora y crítica del arte Raquel Tibol, el historiador del arte Tomás Zurián, el doctor Raoul Fournier, la fotógrafa Lola Álvarez Bravo, el escritor Homero Aridjis.

25. Las denuncias en contra de Elena Garro fueron formuladas no solamente por sus colegas y otras personas involucradas en el movimiento del 68; también los funcionarios del gobierno como Fernando Gutiérrez Barrios, jefe de la Dirección Federal de Seguridad (DFS), le atribuyeron el hecho de acusar a los escritores Emmanuel Carballo y Max Aub, y al filósofo Luis Villoro, entre otros, de ser agentes comunistas e instigadores del movimiento estudiantil. Patricia Rosas Lopátegui, biógrafa e intérprete de la obra de Elena Garro, refuta en muchos escritos estas y otras acusaciones, alegando que la escritora fue víctima del complot que la usó como chivo expiatorio para desviar la atención de los verdaderos culpables de la matanza de Tlatelolco. En *El asesinato de Elena Garro: periodismo a través de una perspectiva biográfica* (2005) Lopátegui realza el activismo de Garro a favor de los campesinos (también testimoniado por Poniatowska en *Las siete cabritas*) y defiende su inocencia de las acusaciones de soplona y espía. En defensa de la escritora que según su opinión fue acusada injustamente,

Entre las diversas fuentes de información figuran incluso los chismes. Es interesante ver la existencia de las habladurías junto a los datos precisos que se pueden verificar en las fuentes apropiadas. Esos rumores son a veces melodramáticos:

> Raoul Fournier decía que allá [Carmen Mondragón, alias Nahui Olin, y Manuel Rodríguez Lozano] tuvieron un hijo o una hija que murió en forma misteriosa; que posiblemente el bebé fue asfixiado por la madre al dormírsele encima, que cayó en un forcejeo entre la pareja o que la propia Nahui lo mató para vengarse de Manuel. En París, algunos aseguraban haber visto a Carmen Mondragón empujar una carreolita con un bebé de uniforme, gorra militar y botitas negras hasta la rodilla. Otros afirmaban que el carrito iba vacío. (59)

El texto no explica qué hay detrás de las habladurías. Solamente se puede inferir que en la relación entre Nahui Olin y Manuel Lozano Rodríguez había tensiones y que su vida estaba bajo presión de la crítica social. Recordar esos chismes cumple, por lo tanto, cierta función informativa, puesto que muestra un aspecto del mundo con el que tenían que enfrentarse los sujetos. Pero detrás de las anécdotas contadas en este texto puede haber otras explicaciones.

La variedad de los recursos empleados en la rememoración recuerda la técnica de la innovadora narración polifónica de Poniatowska en su novela testimonial *La noche de Tlatelolco* (1968).[26] Como en aquel texto, las voces de *Las siete cabritas* entran frecuentemente sin ser anunciadas por la narradora y en algunas ocasiones hay confusión entre ellas. También como en la novela de Tlatelolco, los recuerdos no siguen ningún orden aparente excepto la división por capítulos y subcapítulos, entre los cuales tampoco hay una secuencia lógica. No obstante, la rememoración de las artistas hecha desde la distancia temporal de varias décadas difiere

---

Lopátegui escribe también artículos donde entrevista las declaraciones de la hija de la escritora, Elena Paz Garro que contradicen las versiones acusatorias. Un ejemplo de ellos es: "Refuta hija de Garro pruebas de espionaje. Culpa a Gutiérrez Barrios de calumnias contra la escritora". *Reforma*. Cultura. 7 de octubre del 2006; p. 5. Versión electrónica <http://www.lopategui.com/CulturaElena.pdf>.

26. Con su novela testimonial *La noche de Tlatelolco* (1968) Elena Poniatowska se registra como innovadora de la literatura universal, puesto que fue la primera en usar la técnica de narración polifónica.

de las narrativas registradas poco después de lo ocurrido en octubre del 68, cuando la tragedia estaba aún presente. Aquí, la participación de la narradora es mucho más visible que en aquel testimonio colectivo. Su papel no se limita a elegir y ordenar las voces: ella es la voz principal y solo inserta las otras cuando resultan convenientes para sostener su idea.

Si bien esas voces también se confunden ocasionalmente entre sí, son todas identificables y no necesitan la protección del anonimato que resultaba necesaria en la novela testimonial. Por el contrario, su identificación resulta conveniente porque añade información adicional sobre los personajes que formaban parte del medio artístico e intelectual de la época. En la mayoría de los casos, la autora no explica de qué manera recopiló esas voces, pero parece evidente que no usó grabadora –como lo hiciera en muchos casos para su novela de Tlatelolco– sino que las anotó mucho después de haber conversado con esas personas. También contrariamente a su primera novela polifónica, las voces no se precipitan de manera agitada para dar reporte de lo ocurrido "en caliente", sino que están ordenadas en un tono sereno, a manera de una charla. A pesar de las muchas diferencias entre las dos narraciones, podría ser interesante hacer la relación entre *La noche de Tlatelolco* y *Las siete cabritas*, puesto que ambos textos reflejan un esfuerzo colectivo por preservar el conocimiento de la historia. Ambos procuran registrar la experiencia colectiva para el conocimiento de las generaciones futuras.

Los sitios de la memoria

Es difícil imaginarse la biografía de un hombre exitoso cuya vida profesional estuviera ligada tan íntimamente con su vida privada como la de las protagonistas de *Las siete cabritas*. La razón para ello, según aclaran los biógrafos Alpern, Antler, Perry and Scobie es: "Debido a que la sociedad tiende a valorar más los modelos masculinos de logro y comportamiento que los modelos femeninos, el género de una mujer puede ejercer mayores restricciones en la forma en que evoluciona su vida".[27] La introspección en la vida masculina se puede hacer sin exponerle (si

27. Alpern, Sara, Joyce Antler, Elisabeth Israels Perry. *The Challenge of Feminist Biography*. U of Illinois P, 1992, p. 7. La traducción es mía. La cita en inglés: "Because society tends to value male models of achievement and behavior more

viviera) a cualquier sentimiento de culpa o transgresión. Los hombres no tienen que justificar las circunstancias que ocasionaron sus triunfos y fracasos. Las mujeres, en cambio, si obtuvieron éxitos públicos, violaron el principio de mantenerse en privado; tan solo por eso no son modelos de conducta dentro del sistema patriarcal. Por ello, sus representaciones son tan escasas y si se producen, se las ve, por lo general, como excepciones. Sus historias presentan, además, únicamente la imagen pública de lo que Heilbrun llama "marriage plot".[28]

Poniatowska socava esta tradición al enfocar no solamente la vida pública, sino también –y con más acento– la privada. No escribe tampoco de una sola mujer excepcional, sino de siete; además, menciona a varias más, que aportaron valores para la vida cultural mexicana. En la rememoración implica también al género masculino, pero el enfoque principal es sobre ellas.

Para eliminar toda posibilidad de duda sobre la existencia de esas mujeres, la escritora acude a fotografías. Estas constituyen sitios de la memoria por excelencia porque son pruebas tangibles del pasado. Marianne Hirsch capta su importancia en este aspecto al decir que "El referente acecha la imagen como un fantasma: es un renacido, un retorno del otro perdido y muerto".[29] Incluir esas fotos en el libro es instalar a las personas de antaño en el presente; ellas transmiten una noción de la verdad que refuerza lo expresado en palabras o, a la inversa, el texto explica el contenido de las imágenes. Una vez establecido el puente entre el presente y el pasado, la escritora usa la polifonía de voces para "instalar" a las artistas en la consciencia de los lectores. Los ejes principales de esos recuerdos giran en torno a: la corporalidad (el cuerpo sexuado), la familia, la obra y el contexto social de las mismas.

---

than it values female models, a woman's gender may exercise greater constraints on the way her life evolves".

28. Heilbrun, Carolyn. *Writing a Women's Life*. New York: Norton, 1988; p. 51.

29. Hirsch, Marianne. *Family Frames. Photography, Narrative and Postmemory*. Cambridge: Harvard UP, 1997; p. 5. La traducción es mía. La cita en inglés: "The referent haunts the picture like a ghost: it is a revenant, a return of the lost and dead other".

El cuerpo sexuado

El eje común para muchos recuerdos es el cuerpo de las protagonistas. A lo largo del texto Poniatowska hace abundantes menciones de las características físicas y de la conducta social de las referentes, consideradas como pertinentes a su género: su belleza, su manera de vestir, maquillarse, y tratar a la gente. Estas descripciones recuerdan las de muchos autores hispanoamericanos del siglo XIX, que se enfocaban únicamente en el exterior de sus personajes femeninos. Pero aquí, los comentarios sobre la belleza femenina revelan un propósito más profundo que el de satisfacer lo que los investigadores de los estudios culturales llaman *male gaze*.[30] Escribir sobre la apariencia de los sujetos biográficos aquí permite revelar los conflictos que les causaba a todas tener conciencia de su corporeidad.

Según se advierte en *Las siete cabritas*, todas las protagonistas reaccionaron en contra de las prescripciones normativas sobre el cuerpo. Todas trataron de liberarse de la dominación patriarcal y procurar una autodefinición. Al discutir los métodos que usaron, Poniatowska expresa su aprobación, burla, simpatía o compasión. En algunos casos sugiere cómo deberían o no deberían ser esas actitudes en un individuo libre. Su ideología se hace eco de la de Séneca, de que nadie es de veras libre si es esclavo de su propio cuerpo.[31]

El caso que mejor ilustra esta filosofía es quizás el de María Izquierdo. Esta pintora, "[r]obusta y chaparrita, cuerpo de soldadera" (86), merece la admiración de la narradora por haber sabido sincronizar su cuerpo en armonía con su identidad y con el universo: "María Izquierdo, quien antes se pintaba una boquita de corazón, acepta su boca grande, ardiente, dolida, una boca que sabe de la siembra y la cosecha [...], inventa maquillajes a

30. La representación femenina en las artes correspondía a la práctica cultural androcéntrica: el hombre asociado con lo heroico y lo intelectual, la mujer con lo erótico y lo vanidoso. En la literatura, mientras el hombre era el de los conflictos morales e intelectuales, la mujer era presentada principalmente para complacer la mirada del hombre (*male gaze*, como lo llaman los filósofos e investigadores de los estudios culturales. Cf. por ejemplo John Berger en *Ways of Seeing*, 1972, incluido en la bibliografía).

31. Seneca, Lucius Annaeus. "Letters. The Happy Life". Seneca, Lucius Annaeus. *The Stoic Philosophy of Seneca; Essays and Letters of Seneca*. Ed. Moses Hadas. New York: Norton, 1968. En el original inglés: "No man that serves his body is free" (246-47).

base de ocre y siena tostado que esparce sobre su rostro que ahora sí acepta tal y como es" (85). Su belleza se realiza cuando refleja una aceptación interior, sus vivencias auténticas y puede reflejarse en el arte:

> Liberarse es bailar, es creer en sí misma [...]; retratarse como la madona, con el niño Dios en los brazos. A todas las vírgenes María Izquierdo les pone su cara y la curvatura de sus labios. Todas son rotundas, duras, inevitables. Una suerte de rabia contenida refleja su vida interior. Así hay que encarar la vida, con fuerza, sin apenarse de lo que uno trae adentro. [...] A mordeduras pinta María, dolida, ardiente que, ahora sí, ya sabe mucho de la vida. Ningún rostro tan hermoso como el de esta tapatía con sus pómulos altos, sus ojos negros y sus labios de cabeza olmeca [...]. (88)

Pero esta artista no era consecuente con su autenticidad, según revela Poniatowska. Cuando se casó con un diplomático, se dejó influir por el mundo con el que no se identificaba a fondo: "Henri de Chatillon, el francés, le confecciona sombreros de moda. ¡Ah, moda, cuántos crímenes se cometen en tu nombre!" (95). El cambio de su exterior provoca otros cambios, más trascendentes, que se reflejan en su estilo de pintar: "Al cambiar de su *status*, volverse mundana, reír en los cocteles y no morder ya granos de maíz sino canapés, la obra de María también pierde su fuerza" (95).[32] La traición a la identidad de su cuerpo le cuesta caro,

32. Algunos creen que el bloqueo de Diego Rivera y David Alfaro Siqueiros, que impidió a María Izquierdo ser parte de los muralistas, se debía al hecho de que ella era mujer. Otros ven en ello una relación con el cambio del estilo de vida, que se reflejó en su pintura. A pesar de que ella era una de las artistas favoritas de Diego Rivera, él abogó por bloquear su proyecto en el Departamento del Distrito Federal, argumentando que Izquierdo no tenía suficiente experiencia. Dicho proyecto distaba mucho de los trabajos anteriores de la pintora, que se caracterizaban por su estilo mexicano primitivista; si bien mostraba sus usuales enormes árboles rojizos y el cielo azul, también incluía una escena del idilio burgués que se relaciona más con las pinturas de Wateau, que con la cultura de raíz mexicana: en medio de la arbolada vereda muestra una fuente con la estatua de la Venus de Botticelli, en cuyo borde está sentada una pareja con las caras cubiertas por un paraguas, sugiriendo el beso. El proyecto fue luego realizado por Izquierdo como cuadro pintado con óleo sobre tela, bajo el título "El idilio" (1945). Cf. Manuel Zavala y Alonso, "La pieza del mes. Agosto 1998. María Izquierdo 1902-1955" en *Artes e Historia de México*. México: INBA, Agosto 2008. También: "Los murales de María Izquierdo". *La Jornada*. Jueves, 19 de

según se desprende de la lectura: pierde el estilo y la intensidad de su arte, y su vida personal se desintegra. Otra artista, Lola Álvarez Bravo, que la recuerda en su última época, afirma: "Finalmente a ella le dio un ataque de apoplejía y se quedó media chueca y él la dejó" (96). La lección queda clara para el lector: Izquierdo, quien supo ser libre por un tiempo, sometió su cuerpo a las expectativas de otros y con ello perdió no solamente su estilo personal, sino también el estilo artístico y en últimas consecuencias, su salud y su vida.

La actitud de Frida Kahlo se muestra más compleja, debido a que ella tuvo que sobreponerse a dos fuerzas controladoras a la vez: el destino y la tradición. El primer problema sobrevino por la poliomielitis que sufrió a los seis años y luego por el accidente que sufrió a los dieciocho. Su vida fue marcada por las consecuencias de estas desgracias, pero logró hasta cierto punto tener control sobre ese cuerpo: aprendió a ocultar sus defectos tras los vestidos largos, folclóricos, y lo hizo de manera tan efectiva, que sus remedios dictaron la moda. Poniatowska aplaude este espíritu de convertir la miseria en triunfo y su narradora (con voz de Frida) se muestra admirada ante la mujer que logró hacerlo. No obstante, la admiración se mezcla con la crítica: "Me volví exhibicionista, quería ser espectacular [...]. Reía como burro, echando mi cabeza hacia atrás para que nadie viera mis dientes [podridos], escondidos por mi lengua" (26). La voz de la supuesta "auténtica Frida" subvierte a la "otra Frida":

> Imagínense, en París, los modistos son tan payasos que al verme tropezar [de borracha] por las calles en medio de mis holanes inventaron para su colección un vestido al que le pusieron, háganme el condenado favor, Robe Madame Rivera. Me dio gusto aparecer en *Vogue*. Los pinches franceses dijeron que era yo extravagantemente hermosa (27).

Con esta parodia, la voz narradora sintoniza con la idea de Judith Butler, según la cual el cuerpo es solo un disfraz (9).[33] Para el personaje de la "auténtica Frida" "Nada vale más que la risa" (29).

---

enero de 2006. Sección: Cultura. Disponible en la red: <https://www.jornada.com.mx/2006/01/19/index.php?section=cultura&article=a07a1cul>

33. Butler, Judith. *Gender Trouble. Feminism and the Subversion of Identity*. New York, NY: Routledge, 1999; p. 9.

La otra fuerza controladora de su cuerpo era la normatividad patriarcal. Kahlo la burló al luchar activamente por el hombre amado, a pesar de los escándalos provocados por este, mucho mayor que ella, casado y mujeriego. Aunque este amor la obsesionó y Kahlo sufría por las traiciones de su elegido, tampoco se le sometió por completo: "Yo también tuve otros amores [...]. Nunca fui prudente, nunca obediente, nunca sumisa, siempre rebelde. De no serlo, ¿habría aguantado mi vida y pintado además?" (28). El mensaje que emerge es un llamado a la autenticidad, expresado también por la voz de "la auténtica Frida":

> Nunca he conocido a una mujer más valiente que yo, nunca he conocido a una mujer más viva, nunca una más cochina, más cabrona, nunca una tan tirada a la desgracia. Nunca debe quedarse nada sin probar. Desde mi cama, desde mis corsés [...], les digo mujeres, hermanas, amigas, no sean pendejas, abran sus piernas y no ahorquen a los hijos por venir, duerman atadas al hombro del amado o de la amada, respiren en su boca, tengan el mismo vaho; en el dolor, los movimientos son energía perdida, oigan el latir de su corazón, ese misterioso, ese mágico reloj que todos traemos dentro. (29-30)

Rosario Castellanos suscita admiración en la escritora-narradora por superar el conflicto con su cuerpo. Le faltaba autoestima, a pesar de ser una gran intelectual y gozar de popularidad en las reuniones públicas: "Extrovertida, brillante, graciosísima, daba la impresión de ser una mujer muy acostumbrada a las reuniones" (140-41). Castellanos se percibía como un fracaso en aquel papel de mujer que dictaba la norma social. Sintiéndose "fea, gorda, fodonga [¡sic!], histérica" (134), se culpaba por las infidelidades de su marido. Poniatowska lo recuerda con una dolida ironía: "Con toda razón, él busca en otras lo que no encuentra en ella. Todas las demás han de ser mejores. Rosario no lo satisface porque es un 'monstruo'" (134). La narradora culpa por ello a la tradición: "A las mujeres se nos devalúa" (141). Castellanos sirve para ejemplificar lo injusto de la costumbre para con la mujer. Su vida era similar a la de muchas otras co-géneres que sufrieron ninguneo por parte de su pareja: "Con Rosario Castellanos podemos identificarnos todas las mujeres nacidas en los treinta y cuarenta" (126). Lo que le pasaba a ella se puede ver como un ejemplo de la historia común del género femenino: "Las cartas [que le escribía Rosario Castellanos a su esposo] son devastadoras, estrujantes, obsesivas [...]. Lo son también para nosotras las mujeres que en ellas nos vemos reflejadas" (126).

A pesar de su falta de autoestima, Castellanos logra separar la esfera del cuerpo y de la mente. La falta de felicidad personal pertenece a lo corporal y no afecta –y quizás hasta estimula– la producción artística e intelectual. Poniatowska reconoce y admira esa capacidad de sobreponerse a los problemas ocasionados por el conflicto con su autoestima y la falta de correspondencia en el amor: "Rosario vive esa tragedia cotidiana y sin embargo escribe. Su cerebro dividido en dos lóbulos frontales está en realidad habitado por dos propósitos: uno para escribir, otro para sufrir. Aparentemente no se mezclan" (135). La recuerda como trabajadora incansable, madre excelente y muy buena ama de casa. Desmiente con ello las versiones que Castellanos daba sobre sí misma y que quizás sus contemporáneos creían: "[...] y es sorprendente como una mujer que se considera a sí misma carne de cañón para manicomio maneja las [dos] casas, y no solo a Gabriel sino a Ricky y Pablito" (140).

La escritora sugiere con su relato que la esclavitud que se autoimpuso Castellanos en nombre de los valores tradicionales fue la verdadera causa de su sufrimiento profundo y duradero. El primer paso de valorarse a sí misma es, según ella, pedir el divorcio (141). Al expresar este juicio, Poniatowska asume una responsabilidad social puesto que atenta en contra de la institución del matrimonio, tan defendida por el poder patriarcal.

Contrariamente a Castellanos, Pita Amor y Nahui Olin se creían muy bellas y contaban con reconocimiento. La autora da fe:

> Si [Pita Amor] era una niña preciosa, fue una adolescente realmente bella. Llamaban la atención tanto sus desplantes como sus grandes ojos abiertos, su voz profunda y su cabello rubio rojizo y largo"; (37).
>
> [En el poema] 'Calinement je suis dedans' [Nahui Olin] cariñosamente dentro de sí misma le rendía un homenaje a la lenta ondulación de sus piernas al insertarlas en medias de seda, a sus pies, a su vientre liso, a sus ojos que ardían a fuego lento, a su belleza que embaucaba a cuanto hombre, mujer, animal o quimera se cruzaba en su camino". (56)

Saberse hermosas era gratificante porque la conciencia del valor sexual les otorgaba cierto poder, que en su cultura es un atributo masculino. Las dos podían permitirse hacer cosas que se consideraban impropias para las mujeres: Pita Amor, por ejemplo, entraba en los bares gritando "Ya llegué, cabrones" y regañaba con un lenguaje muy áspero a quienes no cumplieran inmediatamente sus mandatos; las dos tuvieron romances escandalosos con hombres ilustres; las dos retaron a la opinión pública al exponerse desnudas.[34]

No obstante, el poder de la belleza, relacionado en muchos aspectos con la clase social de las dos, se convirtió en otro tipo de esclavitud para ellas y exigía mantener el impacto que causaban. De allí derivaba su esmero por cuidarse el cuerpo y por la vestimenta deslumbrante. La liberación en base al valor sexual resultaba altamente desgastadora. Además, si el poder de sus cuerpos les abría muchas puertas, también influía negativamente en la apreciación de su arte. Sus éxitos se atribuían al apoyo de sus poderosos amantes, su conducta retadora llegó a cansar. Los arranques exhibicionistas y las provocaciones a la opinión pública si bien caían en gracia en su momento y cumplían con el propósito de desafiar los modos burgueses de la época, con el tiempo dejaron de ser noticia. Su físico perdió el atractivo para el público y así perdieron su arma más poderosa. Ambas terminaron viviendo sus últimos años en soledad, con la razón desviada.

La narradora no aplaude el comportamiento de estas "cabritas", pero tampoco lo condena. En vez de ello, trata de justificarlas y se empeña en explicar la causa de sus excentricidades. Intenta mostrar que su "locura" era resultado de un sistema sexista que, en realidad, no tenía cabida para tales comportamientos: "Los casos de Nahui Olin y de Pita Amor son emblemáticos. El rechazo y la censura las volvieron cada vez más contestatarias y las dos hicieron del reto y de la provocación su forma de vida" (54). Fue quizás este estilo el que acabó por destruirlas. Ciertamente, su final se conforma con lo que Carolyn Heilbrun describe como típico en el caso de las mujeres que no tuvieron más oportunidad de expresar su inconformidad con su cultura: "Forbidden anger, women could find no voice in which publicly to complain; they took refuge in depression or madness" (15). Al hablar de los alborotos que causaban las

34. Tanto Pita Amor como Nahui Olin sirvieron de modelos para varias obras de fotografía y pintura. Además, era ampliamente comentada su conducta liberal y provocadora de mostrar sus cuerpos desnudos en público. Según Poniatowska, Nahui Olin recibía a sus visitas completamente desnuda; Pita Amor salía en medio de la noche a la avenida de la Reforma para lucir su cuerpo cubierto solamente por una piel fina.

dos artistas, la escritora somete a revisión el juicio que se tenía de ellas. Con la conciencia que se tiene hoy, sus actos ya no escandalizan a nadie, excepto de los que Poniatowska llama "tarados" (41). La rememoración hace ver que las dos divas habían tenido que pagar un precio muy alto por sus libertades. Condenarlas por sus escándalos, que hoy en día ni siquiera resultan tales, sería castigarlas doblemente, puesto que su inconformidad con el papel de mujeres sumisas ya les propició muchos sentimientos contrarios, desgracias personales, burlas y finalmente soledad y locura.

Como Amor y Olin, Elena Garro era también una mujer "deslumbrante", quien "suscitó grandes pasiones" (108). Poniatowska asegura que "[s]u magnetismo era el del sol" (109). Su físico era para ella distintivo de una clase social privilegiada. Rubia, tenía miedo de los morenos, pero se solidarizaba con los campesinos y luchaba por sus derechos. Esta solidaridad la expresaba por medio de acciones tales como pelear por las tierras, pero no influía en la actitud que tenía hacia su cuerpo. La narración de Poniatowska se tiñe de burla cuando recuerda a su colega que no quería privarse de lujos:

> Alguna vez que Elena llevaba un abrigo de piel a una audiencia [con los campesinos] le pregunté si no le parecía inapropiado, y me respondió: 'No soy una hipócrita; [...] Si yo soy dueña de un abrigo de pieles, me lo pongo donde sea y cuando sea". (108)

Garro tampoco quería renunciar a vivir en los hoteles más caros de París, aunque no tuviera nada que comer. Su obstinación en consentirse llegó a ser una enfermedad: desarrolló una obsesión enfermiza por la integridad de su persona y se creía perseguida todo el tiempo. Además, tenía pavor a los temblores. Estas obsesiones la sometían a una esclavitud de otro tipo, que necesitaba más bien de atención médica, según hace ver la escritora (104).

También Nellie Campobello amaba el lujo, aunque había dedicado varios escritos a la crítica de "los malos", que según ella eran los ricos. Poniatowska censura tal actitud: "y se le olvida que se movió en los salones de candiles y la platea dorada de los sexenios alemanista y avilacamachista. Lució los abrigos de pieles y los adornos de la época" (160). A pesar de su crítica, expresa admiración ante la fortaleza de esta mujer que no aceptó ser dócil. Aunque vivía en un ambiente machista, logró publicar libros sobre la Revolución Mexicana y fundar la Escuela Nacional de Danza.

Su condición femenina no le impidió lograr sus propósitos, empero se los había obstaculizado. En su caso, el cuerpo adquiere una importancia especial por su misma desaparición. El abuso de su físico es indignante: mayor y enferma, Campobello fue víctima tanto de las personas que la ultrajaron como de la ineptitud de las instituciones de seguridad pública. Recordar este penoso asunto es acusar a los responsables.

El enfoque en la corporalidad le permite a la escritora-narradora hacer una revisión crítica de las políticas de regulación social discriminatoria hacia el género femenino. Sus recuerdos contrastan la situación en la que vivían las mujeres ilustradas hace medio siglo con la actual y revelan lo absurdo de las imposiciones en contra de las cuales ellas tuvieron que luchar. Aunque se hayan considerado libres de su categoría genérica, su actividad profesional, artística y social nunca fue libre de esa condición. La sociedad tenía ciertas expectativas respecto de la imagen femenina y no cumplirlas llevó a adoptar actitudes combativas hacia lo estipulado. Precisamente la disparidad entre la percepción que ellas tenían y la que les mandaba la tradición en relación con sus cuerpos les granjeó el apodo de "cabritas" que les puso la escritora.

La familia

Como parte de la discusión de la corporeidad de las "cabritas", se relatan las primeras experiencias que amoldaron sus personalidades e influyeron en sus destinos. Es característico que casi todas las protagonistas carecieran de una relación cercana con sus madres. Algunas eran huérfanas y la falta de la relación de madre-hija se justifica de manera natural; las demás, sin embargo, tuvieron el problema de no ser comprendidas por sus progenitoras.

La imagen que se evoca de la madre de Frida Kahlo es traumática: "A veces yo la odiaba, sobre todo cuando sacaba los ratones del sótano y los ahogaba en un barril. Aquello me impresionaba de un modo horrible. Quizá fue cruel porque no estaba enamorada de mi padre" (22). La falta de distancia afectiva de la madre, aunada al sentido de exclusión en el colegio, estaba compensada por el cariño de su padre. Él la cuidó, la consintió y desarrolló su interés intelectual y artístico.

Asimismo, Nahui Olin estaba muy mimada por su padre. De una familia rica, "afrancesada", recibió una educación de clase alta, de la cual se mofa la narradora: "Nahui podía relinchar en francés porque provenía de la cuadra de yeguas finas del Colegio Francés de San Cosme" (57). No tuvo una buena relación con su madre, pero su padre la consentía mucho –tanto que, según la opinión de una amiga de la familia, esa relación no era muy normal: "'Nahui tuvo una mamá clasista, durísima, estricta, formalista, terrible. Su refugio fue su papá, quien la resguardó, y hay elementos que te pueden llevar a pensar que su relación fue más que la de un padre y una hija. Personalmente me queda la duda'" (56). Poniatowska no comenta esas especulaciones; afirma, en cambio, que hay notas de los diarios infantiles de esta "cabrita", donde se destaca que la niña se sentía incomprendida por sus padres.

Pita Amor era la séptima hija y, según la narradora, sus padres ya no le prestaron la misma atención que a los demás hijos. La niña utilizó esta circunstancia para imponer su voluntad sobre todos los que estaban a su alrededor. En la voz de la que la recuerda se siente una nota acusadora hacia esos padres que no supieron educar mejor a su hija: "Ni su padre ni su madre tuvieron fuerza para controlarla y la dejaron libre como sus palabras. [...] Desde muy pequeña, Pita fue la consentida, la muñeca, la de las exigencias y rabietas, la de los terrores nocturnos" (36).

María Izquierdo fue también una niña muy despierta y desatendida en su edad temprana:

> Vivió con su abuela y una tía, ambas beatas y aburridas [...]. Nunca participó en la gran feria anual de San Juan [...] (80). De esta casa aburrida escapa tan pronto se le presenta la primera oportunidad: se casa a la edad de catorce años. Sin embargo, las imágenes que la impresionaron en la niñez impregnarían para siempre su arte: "una sola función de circo a la que sí la llevaron la marcó de por vida y habría de pintar caballitos de feria, acróbatas, trapecistas, bailarinas sobre la cuerda floja, elefantes, saltimbanquis [...] (81).

Tampoco Elena Garro ni Rosario Castellanos tuvieron buenas relaciones con los padres, mucho menos con las madres:

> Elena Garro habló siempre más de su padre José Antonio Garro y del legendario compañero de sus correrías, Boni, que de su madre norteña: Esperanza Navarro. Rosario Castellanos nunca se sintió amada por los suyos y menos aún tras la muerte de Benjamín, su hermano menor.

> 'Ahora ya no tenemos por quien luchar', escuchó decir a su padre, César Castellanos. (164)

La única que, según el texto, sintió devoción por su madre era Nellie Campobello. En sus libros, poemas, diarios y entrevistas esta escritora expresaba su amor con palabras que muestran que la madre representaba los valores más altos. En *Las siete cabritas* Poniatowska destaca esa adoración y llama a Nellie Campobello "[l]a escritora que más ama a su madre"; no obstante, deja ver que la figura materna que ella adoraba estaba agrandada por la nostalgia: "Para referirse a su madre, Nellie escribe la palabra *Ella* en cursivas, destacándola como a una diosa para honrarla aún más. La convierte en mujer maravilla dispuesta a la entrega y al olvido de sí misma" (165).[35]

Por otro lado, la crítica literaria Doris Meyer encuentra que la idolatración de la figura materna por parte de Campobello se debía a su necesidad de aclarar su propia vida: "En la relación especular de biógrafa y sujeto, la autora remodela su propia identidad al rescatar la de su madre del olvido histórico".[36] En *Las siete cabritas* se comprueba que Campobello adoraba la imagen de una madre que no era precisamente el modelo femenino prescrito para su época: débil, sumisa y callada, sino que era "una madre fuerte, de manos que saben enrolar un cigarro de hoja y prenderlo al atardecer, de manos de costurera que levanta bastillas, de manos que pueden empuñar un fusil [...]" (165).

La falta de comprensión por parte de los padres, especialmente la relación fallida de madre-hija, se presenta en el texto de Poniatowska como una circunstancia de desventaja a la vez que ventaja. En una sociedad que exigía de las madres apoyo al régimen patriarcal y androcéntrico, las hijas con inquietudes artísticas e intelectuales tendrían que enfrentarse con sus progenitoras para poder desarrollar su talento. Faltando la madre o careciendo de lazo profundo con ella, la hija tiene más campo para rebelarse en contra de las reglas sociales de desigualdad con los hombres.

35. El énfasis es del original.

36. Meyer, Doris. "Nellie Campobello's *Las Manos De Mamá*: A Rereading". *Hispania*, vol. 68, no. 4, 1985, p. 749. La traducción es mía. La cita original: "In the mirroring relationship of biographer and subject, the author reshapes her own identity as she rescues that of her mother from historical oblivion".

La obra artística e intelectual

En *Las siete cabritas* la obra artística e intelectual de las mujeres retratadas se presenta inseparablemente relacionada a sus vidas privadas. El personaje ficticio que narra la vida de Frida Kahlo, por ejemplo, subraya la influencia mutua entre el arte y la vida de ella. Por un lado, la fuente de su inspiración eran su propio cuerpo sufrido y su feminidad lisiada; por el otro, la actividad creativa tuvo para ella una importancia vital: "La pintura me completó la vida. Perdí tres hijos y otra serie de cosas que hubieran llenado mi vida. Horrible. Todo eso lo sustituyó la pintura" (23). Si en sus contactos con la gente Kahlo fue todo un disfraz, en el arte plasmó una imagen íntima. Se criticó ese tono privado, pero los expertos internacionales la reconocieron como una gran innovadora del arte precisamente por saber plasmar en los lienzos la intimidad humana, femenina.

El mundo privado era también el tema de la obra de Pita Amor. Poniatowska se empeña en dejar en la conciencia de los lectores la imagen de esta mujer que no solamente escandalizaba, sino que también era poeta y se dedicaba al arte performativo, aunque este no se considerara digno de una mujer decente en la época. En su poesía, Amor expresó sus inquietudes más íntimas, su dolor por la pérdida de la madre y su sentimiento de culpa por la muerte de su hijo. También destacó sus juicios sobre otros poetas y sus autoalabanzas. Para destacar la importancia de la obra de ella, Poniatowska cita la opinión del también poeta, escritor e intelectual, Alfonso Reyes: "En 1958, cuando Guadalupe Amor publicó su libro de poemas *Sirviéndole a Dios de hoguera*, Reyes afirmó que era el mejor de cuantos había escrito hasta entonces. Don Alfonso le dijo a la propia Pita que 'había agarrado el núcleo de la poesía'" (45). Además de ejercer la poesía, Pita Amor era también una mujer de la escena. Su actuación ante el público era un arte efímero, pero requería de talento y ella lo tenía, y lo ejerció (casi) libremente.

Nahui Olin era también poeta, además de pintora, pero no ha dejado una obra extensa. No obstante, Poniatowska reconoce su contribución al arte lírico por su aporte de lo que Hélène Cixous llamaría *écriture féminine*. En *Las siete cabritas* se citan varios de sus poemas y la escritora confirma: "Nahui Olin es quizá la primera que se acepta como mujer-cuerpo, mujer-cántaro, mujer-ánfora. Poderosa por libre, se derrama a sí misma sin muros de contención. Parece que la piel de Nahui está escribiendo" (63). El erotismo que expresaba Nahui Olin en sus poemas y en sus pinturas excedía los límites de la tolerancia social. Hasta hoy en día, según Poniatowska, su intensidad resulta inigualable: "No hay hombre o mujer ahorita en México y a principios del siglo XXI que se atreva a escribir así, a sentir así, a enamorarse así, a pintar así" (63). La pasión que expresa Olin en sus poemas también se refleja en su pintura. Lo que se destaca más es el empleo de los colores brillantes que despiertan los sentidos. Los críticos de arte pictórico caracterizan su estilo como ingenuo e intuitivo, pero recalcan su destreza. Olin usa las perspectivas planas; la mayoría de sus temas son de la vida cotidiana. En los cuadros donde se retrata a sí misma y a sus amantes presenta su cuerpo sin prejuicios y recalca el placer sexual.

El arte de María Izquierdo destaca por su arraigo en lo mexicano. Poniatowska admira su pintura que "no es folklórica sino esencial" (84). La compara favorablemente con la de un pintor nacionalista muy conocido en la época: "Incluso, ya muy enferma, repetirá sus bodegones y alacenas porque son parte de lo mexicano, listo para la exportación como las niñas de trenzas y ojos fijos sentadas en sillitas floreadas de Gustavo Montoya, un pintor que no le llega ni a los talones" (86). Desde la perspectiva de hoy, Poniatowska es capaz de emitir juicios sobre lo sucedido en la vida de la pintora: "Al buscar el reconocimiento y caer en todo el ajetreo que implican los honores, mucho antes de entrar de lleno en ese horizonte negro, María Izquierdo se diluye" (97). También se conduele de la suerte de la pintora, quien quedó en la sombra por la dinámica de la memoria que, al favorecer a unos, deja a los otros en el olvido: "María Izquierdo, hecha a un lado por 'la fridomanía', apenas si se menciona" (98). Empero afirma que aún es posible rescatarla del olvido. Alaba por ello a los organizadores de la gran exposición de sus pinturas en noviembre de 1988, en el Centro Cultural de Arte Contemporáneo. Esta conmemoración, según la autora de *Las siete cabritas*, le devolvió vida a la pintora: "A partir de ese momento, María vuelve a caminar como una Adelita de la Revolución, con su rebozo rojo cruzado, desde San Juan de los Lagos hasta la capital" (99).

Al hablar de Elena Garro, la escritora no escatima alabanzas de su escritura. Incluye para ello las opiniones de investigadoras que estudiaron su obra a fondo: Margo Glantz, Beatriz Espejo, Silvia Molina y Patricia Rosas Lópategui. Según Poniatowska, la escritura de Elena Garro merece un lugar privilegiado por su compromiso con las mujeres, entre otras razones: "Auténtica expositora de la psicología femenina, Elena Garro, al seducirnos, defiende a las mujeres del mundo, sin siquiera proponérselo" (105). Los textos de Garro que ameritan más atención son, en su opinión, el cuento "La culpa es de los tlaxcaltecas" y la novela *Los recuerdos del porvenir*. La autora afirma también que "[e]s difícil separar la obra de la vida de Elena Garro porque, más que la de otros escritores, su obra es autobiográfica y porque su vida –más que la de otros escritores– suscita el morbo y la curiosidad" (114-15). Desde el presente, teniendo toda su obra a la vista, la juzga:

> Amarrada a sí misma, centrada en su yo, su prosa también era solar como en *Los recuerdos del porvenir*, *La semana de colores* y *El hogar sólido*, y reiterativa y lacia en las novelas de los últimos años: *Testimonios sobre Mariana*, *La casa junto al río*, *Reencuentro de personajes*, *Inés*, *Y Matarazo no llamó*. Fue perdiendo fuerza al convertirse en una larga recriminación en contra de Octavio Paz [...]". (109)

En el capítulo dedicado a Rosario Castellanos, la autora trata de "enderezar" la fama de esta escritora y poeta que quedó catalogada en el estrecho marco del indigenismo. Sus célebres textos en los que denunció la violación de los derechos humanos que ocurría en su región natal le valieron injustamente la consideración de "provinciana y caserita" (124). Poniatowska defiende la posición de su colega, haciendo claro que los problemas humanos expresados en estos y otros escritos son también universales. Afirma que el arte que ejerce Castellanos le merece la comparación con Sor Juana Inés de la Cruz (125). Pero a pesar de que menciona todas las novelas y los más famosos poemas de Castellanos, el análisis de su obra en *Las siete cabritas* se limita casi exclusivamente a las cartas que escribió a su esposo y a su hijo, y se enfoca en la conexión que existe entre esas cartas y la realidad de su vida. De esta manera lo privado de esta escritora se vuelve mucho más significativo que su esfera de acción pública.

Los textos que escribió Nellie Campobello son autobiográficos y todo comentario sobre ellos tiene que relacionarse también con la vida de la escritora-poeta. Poniatowska no comparte la afición de ella por la Revolución Mexicana ni su idealización del "Centauro del Norte", Pancho Villa. Dice que con sus *Apuntes sobre la vida militar de Francisco Villa* Campobello demuestra que "[a]críticamente, prefiere ver el bosque y no los árboles" (153). En cambio, alaba las novelas que su colega mayor escribió sobre la revolución desde la perspectiva de una niña: "de todos los novelistas de la revolución es la única que obtiene la noticia más fresca" (155). Le aplaude la habilidad de abrirse camino en el mundo machista y lograr publicar sus novelas a pesar de ser mujer. Reconoce también otra aportación de Nellie Campobello y de su hermana Gloria: su gran contribución a la cultura nacional mexicana en fundar la Escuela Nacional de Danza.

En las narraciones sobre la obra de todas las artistas el enfoque es en la relación entre esta y su vida privada. Porque el tiempo ya ha alisado los inconvenientes, la escritora se permite evaluar consolidando sus aportes. La perspectiva del tiempo le permite emitir juicios sobre el total de las creaciones de sus sujetos. Aunque en algunos casos sus opiniones son críticas, Poniatowska defiende los valores artísticos y sociales de las obras, y celebra su contribución a la cultura mexicana.

El entorno cultural

La autora nunca explica cómo escogió estas "cabritas" y no otras, a las que decidió recordar textualmente, aunque ella misma señala que había otras que desafiaron las normas sociales para imponer su voluntad humana y artística. Aprovecha la narrativa de las siete para recordar a muchas más, entre las cuales figuran Lupe Marín, Lola Álvarez Bravo, Remedios Varo, Tina Modotti, María Félix, Concha Michel, Benita Galeana, Antonieta Rivas Mercado, Carito Amor, Gloria Campobello y Dolores del Río. A algunas solamente las menciona, afirmando su gran papel en el desarrollo de la cultura mexicana; otras merecen algunas líneas donde se exponen sus méritos: de Magdalena Mondragón, por ejemplo, dice que "[sus] obras no se comparan al heroísmo de su vida. Norteña como Nellie, Magdalena Mondragón, inconforme, se burla del poder en *Los presidentes me dan risa*, prohibida en las librerías por subversiva" (167).

El recuerdo de las grandes mujeres incluye a muchos hombres célebres con los que ellas estaban relacionadas de alguna manera. Entre ellos: Diego Rivera, Alfonso Reyes, Dr. Atl, Ricardo Guerra, Rufino Tamayo, Octavio Paz y Martín Luis Guzmán. No reciben mucha atención, excepto por su relación con las protagonistas de *Las siete cabritas.* Se citan, sin embargo, algunas anécdotas de Juan Soriano y de Antonin Artaud, amigos de algunas de ellas. Además, se menciona el quehacer masculino en el sentido de mostrar el panorama completo de la época en la cual actuaban las protagonistas. Las narraciones de *Las siete cabritas* están enfocadas en las mujeres y constituyen una celebración del quehacer cultural femenino y del espíritu de libertad que, según la autora, adquirieron las mujeres tras la Revolución Mexicana: "En los veinte las mujeres son libres porque son ellas mismas. Hacen lo que les dicta su instinto, no entran en complicidades con la sociedad, la religión, los cánones. No existe gran diferencia entre su mundo interior y su mundo exterior" (79).

Con su referencia en lo real, sus relatos contribuyen a formar la visión del mundo de los lectores y su percepción de la historia. Elizabeth Young-Bruehl, escritora profesional de biografías, sostiene que los seres del pasado se rescatan del olvido precisamente para proveer tal conocimiento del mundo real; sus hazañas pueden iluminar el camino de los lectores contemporáneos y futuros:

> Esperamos alguna iluminación en nuestros tiempos, y la esperamos de la gente, y de las ideas tal como vienen de la gente en relación con otra gente, de las conversaciones. Hay muchas razones por las que la biografía como género amplió exponencialmente su participación en la escena editorial global en las décadas de 1970 y 1980, y por qué las memorias y autobiografías siguieron su ejemplo en la década de 1990, pero esta expectativa de iluminación es, me parece, la razón principal. La gente quiere leer sobre personas, personas reales incluso más que personajes ficticios, porque muchos personajes ficticios actuales parecen tan intelectualizados y despiadados. Las biografías [...] tratan sobre personas con el cuerpo, las emociones y la complejidad social de las novelas euroamericanas durante la época que ahora los académicos conocen como 'modernista'.[37]

37. Young-Bruehl, Elizabeth. *Subject to Biography. Psychoanalysis, Feminism, and Writing Women's Lives*. Cambridge: Harvard UP, 1998; p. 12. La traducción es mía. La cita en inglés: "We expect some illumination in our times, and we expect it from people, and from ideas as they come from people in relation to other people, from conversations. There are many reasons why biography as a genre expanded its share of the global publishing scene exponentially in the 1970s and 1980s, and why memoirs and autobiographies followed suit in the 1990s, but this expectation of illumination is, it seems to me, the chief reason. People want to read about people –real people even more than fictional characters –because so many current fictional characters seem so intellectualized and

La iluminación que proporciona el texto de Poniatowska con la evocación de las siete artistas seleccionadas y decenas de otras figuras relacionadas con ellas permite conocer detalles de toda una época de la vida cultural mexicana. Al igual que la obra de Marcel Proust, À la recherche du temps perdu (1913-27), *Las siete cabritas* está salpicada de reminiscencias: un recuerdo hace surgir a otro, que se asemeja en algo al anterior.[38] Tal y como observa Gilles Deleuze en *Proust et les signes* (1964), las reminiscencias tienen carácter inesperado y espontáneo; se originan de mecanismos inconscientes y se convierten imperceptiblemente en una reconstrucción consciente, basada en la selección y el ajuste. Se interconectan en este proceso la memoria, la narración y la conciencia. Tenemos entonces la impresión de que la rememoración es sinónima a la reconstrucción y que consiste en traer "algo" que ya se había consolidado en el pasado; este "algo" permite tener la sensación de una realidad recuperada. No obstante, señala Deleuze, la reminiscencia es solo en parte espontánea: en tanto los rasgos de una experiencia se asemejan a los de otra, anterior a esta, convocada por la semejanza. Pero las imágenes recuperadas no son simplemente reproducciones de lo que ha sido, sino que implican una reconstrucción creativa, en la que se entremezclan las impresiones e información del presente.[39] En otras palabras, el pasado se renueva en la memoria con cada reconstrucción y se le agregan los contextos del presente, filtrados por una conciencia ya diferente.

Al rememorar a las siete artistas y su entorno, Poniatowska escribe también de su propio mundo. Particularmente, cuando habla de Pita Amor, la escritora incurre en recuerdos autobiográficos: "Mi madre y Pita son primas hermanas, hijas de dos hermanos: Emmanuel, padre de Pita, y Pablo, padre de mamá" (43). Cuenta con humor que el parentesco

heartless. Biographies [...] are about people in the full-bodied, full-emotioned, socially intricate way Euro-American novels were during the time now known by academics as 'modernist'."

38. El ejemplo más conocido de la obra proustiana es de naturaleza sensorial. En su novela *En busca del tiempo perdido* (original en francés: À la recherche du temps perdu, 1913-1927), el sabor de la magdalena sumergida en el té trae involuntariamente el recuerdo de otras situaciones de la infancia.

39. Kordys, Jan. "Pamięć i opowiadanie". *Praktyki opowiadania*. Eds. Bogdan Owczarek, Zofia Mitosek y Wincenty Grajewski. Kraków: TAiWPN Universitas, 2001. 127-173; p. 139.

le valió a ella el ataque por parte de un lector quien, sugestionado por la leyenda sobre el origen del apellido Amor que estaba unido a la fama estrambótica de Pita, le mandó una carta a la entonces periodista del *Excélsior*, Elena Poniatowska Amor, llamándola degenerada (43). Comenta también con humor la relación entre la artista y ella: "Pita me prohibió usar mi apellido materno: Amor. 'Tú eres una pinche periodista, yo una diosa'" (43). En más de una ocasión menciona los nombres de los parientes que tenían en común y las reuniones familiares de todos. En este texto la escritora le permite al lector asomarse a su mundo privado, aunque esta incursión sea muy limitada y totalmente bajo su control.

El resultado del proceso de recordar

El texto de *Las siete cabritas* representa un esfuerzo por rescatar del olvido a algunas figuras del ayer, en el que caerían sin duda las siete mujeres protagonistas de no existir esfuerzos como el de Elena Poniatowska de traerlas a la atención del público lector.[40] La escritora demuestra estar consciente del valor de evocar el pasado y lo expresa varias veces en el texto. Por ejemplo, a las personas que fueron las primeras en recordar públicamente a Nahui Olin les reconoce el mérito de salvarle la vida: "En 1993, la rescató Blanca Garduño, directora del Museo Taller Diego Rivera, y la sacó del agua verde Tomás Zurián Ugarte, su salvavidas, y organizó en torno a su hermoso cuerpo de ahogada la exposición 'Nahui Olin, una mujer de los tiempos modernos'" (73). También, en otro contexto, observa la influencia que puede tener la palabra escrita en fijar la imagen: "Que un escritor de la talla de Martín Luis Guzmán [...] se ocupara de Francisco Villa le da una dimensión que nunca habría tenido sin las *Memorias de Pancho Villa* (1936)" (151). La escritora se conduele, además, de otras personas que tuvieron aportaciones significantes para la cultura mexicana, pero se quedaron en el olvido: "¡Ojalá y todas las mujeres, Chabela Villaseñor, Concha Michel, Blanca Luz Brum, Cuca Barrón y otras, tuvieran a un salvador que casi veinte años después de su muerte las recordara con los amorosos colores de la benevolencia!" (73).

40. Aunque hoy en día Frida Kahlo se ha impuesto como un gran ícono artístico y cultural, su persona no era muy conocida todavía en el tiempo de la escritura de *Las siete cabritas*.

Su acción de rememoración es, por tanto, consciente: con *Las siete cabritas* la autora procura anclar de modo permanente a las figuras femeninas históricas que controlaban su sexualidad, su sensualidad y su expresión corporal, y que tuvieron grandes logros artísticos y visibilidad pública.

Mujeres como las siete "cabritas" no se retrataban muy frecuentemente en la literatura. Estas "abuelas fecundas", como las llama el editor, pueden abonar impacto siempre y cuando estén presentes en la memoria colectiva. Los ejes de la memoria que elabora la escritora son entonces intencionados para cumplir toda una misión de contribuir al conocimiento de los y las que los leen. Son sitios que se relacionan principalmente con el cuerpo femenino contemplado desde su función social. La rememoración recae, por tanto, en asuntos relacionados con el mundo "típicamente" femenino: se recuerdan muchos detalles de su belleza, su manera de vestir y su manera de relacionarse.

El aspecto de la apariencia física, según se vio en el texto, afectaba a todas las mujeres recordadas. Como destaca la escritora, la belleza –entendida bajo el conjunto de criterios exclusivos sobre el aspecto exterior de la mujer– puede ser motivo de distinción social ilusoria y dañina. Las mujeres que se reconocían muy hermosas, Nahui Olin y Pita Amor, si bien se beneficiaron en un principio de las ventajas que les otorgaba ese poder sexual, también sufrieron por depender demasiado de él. Su físico se deterioró con el tiempo y tras ello, perdieron su arma más poderosa; además, aun en la época en la que sus encantos ejercían el mayor impacto, su obra artística estaba subvaluada por los prejuicios que se tenía sobre las mujeres bellas y sus éxitos se atribuían a la ayuda de los hombres con los que estaban relacionadas gracias a su atractivo físico. No menos dañina se muestra la convicción de la falta de belleza, como en el caso de Rosario Castellanos, cuya falta de autoestima contribuyó, según Poniatowska, al deterioro de sus relaciones maritales. La autora critica todo entendimiento superfluo de la belleza, influido por la perspectiva masculina. En su lugar propone otro, que incluya la proyección del interior de la persona, como lo hace ver en el caso de María Izquierdo cuando esta se mantenía auténtica a su personalidad.

La manera de vestir, que constituye parte de la atención al cuerpo femenino, se presenta como un instrumento de control social, que actúa de manera contradictoria en muchos casos. Querer incrementar el poder sexual a través de la apariencia por parte de las protagonistas de *Las siete cabritas* imponía la exigencia de vestirse con distinción, lo cual significaba integrar las normas de control social, del cual ellas se querían liberar. De allí que las decisiones que tomaban al respecto del vestido eran casi en todos los casos drásticas: Pita Amor y Nahui Olin gastaban su fortuna en la vestimenta; Elena Garro y Nellie Campobello aparecían en pieles muy caras para mostrar su pertenencia a la clase social superior y María Izquierdo trastornó su personalidad al cambiar el estilo del atuendo que originalmente tenía acentos de folklore y le sentaba bien a uno más mundano para satisfacer las exigencias de la moda de los diplomáticos. Frida Kahlo, en cambio, creó todo un estilo nuevo e impuso una moda al ocultar los defectos de su cuerpo tras los vestidos folclóricos. Solamente Rosario Castellanos se muestra ecuánime en cuanto al estilo de vestir y no se deja alborotar por las pretensiones falsas.

No menos importante era la formación que tuvieron estas mujeres en su edad temprana. Los recuerdos relacionados con sus familias permiten entender que la falta de relaciones afectivas con la madre fue, en la mayoría de los casos, un elemento de desventaja y de ventaja al mismo tiempo: aunque hayan sufrido por falta de cuidados y de mimos maternos, esa ausencia les abrió a las hijas el camino hacia la emancipación.

El comportamiento social de las siete era motivo de muchos conflictos. De allí que su actuación frecuentemente se consideraba impropia. En *Las siete cabritas* se cuentan muchos episodios de los escándalos que provocaban las artistas. Casi todas las aludidas originaban turbulencias por romper las normas más visibles de la conducta social, tales como mostrar su cuerpo desnudo, usar las palabras groseras, emborracharse en público o tener amantes y divorciarse. Pero no solamente en esto consistían sus trasgresiones de las reglas sociales; estas se hacen más graves en tanto fueron plantadas por ellas en su arte, visible para el público.

Otro eje de la memoria es el de la obra de las siete artistas. La mayoría de ellas no son muy conocidas y sus éxitos ya estaban olvidados. Al rescatar la memoria de estas "cabritas" Poniatowska despierta el interés sobre su creación. Aunque de manera muy concisa, sus comentarios resumen lo más representativo de sus trabajos. Con ello contribuye al conocimiento del lector que, quizás, de otra forma nunca tendría la oportunidad de enterarse de la existencia de sus obras.

La evocación del entorno de las mujeres recordadas permite ver el panorama cultural de la primera mitad del siglo, en el que participaron tanto los hombres célebres, como otras mujeres notables, aunque no necesariamente famosas. La mención de la gran participación femenina hace ver que a principios del siglo existían mujeres modernas extraordinarias que, junto con las aludidas, forman la plataforma de "hombros", por usar la imagen de Newton, en los que pueden subirse las jóvenes (y no necesariamente jóvenes) actuales y futuras.

El que ella sea mujer tiene implicaciones para el carácter de la *anamnēsis*. Las "traducciones" de la historia por parte de Poniatowska no están libres de contextos. La autora no teme ser acusada de parcial y expresa abiertamente su actitud subjetiva hacia sus sujetos. Aunque no pretende "mejorar" a sus heroínas, ya que incluye también narraciones y opiniones desfavorables, en sus narraciones despliega sentimientos de admiración, compasión, ternura, burla e ironía. En su práctica ejerce lo que las autoras de *The Challenge of Feminist Biography* observan como característico del discurso biográfico femenino: "escribir la vida de una mujer requiere una voz activa, no neutra, del biógrafo. Inherente a esa voz está la voluntad de aprender de la especificidad de la vida de un sujeto, de reconocer y expresar sus complejidades, contradicciones y tensiones".[41]

Al revelar los sentimientos que suscitan hoy los seres de ayer la escritora tiende el puente entre varios planos temporales. Su disposición subjetiva, que pertenece al presente, afecta a los sujetos que son del pasado; también tiene la posibilidad de influir en los seres del futuro, puesto que el conocimiento que su texto genera está impregnado de sus actitudes. Las estrategias usadas para la rememoración sirven para crear conocimiento, así como para crear empatía de los lectores hacia los sujetos biográficos. Esta intención se percibe desde el título, a través del cual la escritora predispone la actitud que se debe tener hacia las protagonistas de *Las siete cabritas*. Para afianzar la complicidad con el lector, ya en la dedicatoria se permite una broma de los famosos intelectuales mexicanos, con lo cual tanto despierta el buen humor como dicta una perspectiva feminista.

El conocimiento creado puede servir para varios propósitos. Retomando la idea de Assman, saber cuáles fueron los logros y los fracasos de quienes nos antecedieron es importante por dos razones: "Un grupo

41. Alpern, Sara, Joyce Antler, Elisabeth Israels Perry. *The Challenge of Feminist Biography*. U of Illinois P, 1992. La traducción del inglés es mía. En el texto original: "writing a woman's life requires an active, not a neutral, voice from the biographer. Inherent in that voice is the willingness to learn from the specificity of a subject's life, to acknowledge and express her complexities, contradictions, and tensions".

recuerda el pasado por miedo a desviarse de su modelo, el siguiente por miedo a repetir el pasado: 'Aquellos que no recuerdan el pasado, están condenados a repetirlo'".[42] Los dos motivos influyen poderosamente en la cristalización de la experiencia colectiva.

Con su propia voz: extractos de las conversaciones con Elena Poniatowska

Muchos de sus textos se remiten al pasado y no solamente al mundo que usted presenció, no sólo el que le tocó vivir de pequeña, sino también el que es anterior a su memoria individual. La reconstrucción de este pasado es muy detallada, como en Las siete cabritas *o* Tinísima, *o* Mi querido Diego. *¿Por qué tiene tanto interés en el pasado?*

En realidad, mi interés principal está en el presente porque soy periodista. Ciertamente las novelas que cita usted están ligadas al pasado, pero es que están ligadas con el presente. Pero en general, cuando un escritor escribe sobre algunos acontecimientos es que esos ya han sucedido, entonces hay que darles una cierta perspectiva. Entonces en la novela como digamos *La flor de lis*, que es quizás la más autobiográfica, se habla del descubrimiento de México. En otros libros, la vida de una soldadera porque en general en México las soldaderas eran muy despreciadas. Se les consideraba *cat followers*, mujeres que nada más seguían a los soldados y no que fueron esenciales para la Revolución Mexicana. Entonces yo creo que un escritor en general cuando habla de algo en el presente, tiene que comenzar por los acontecimientos que ya se hicieron.

---

42. Assmann, Jan. "Collective Memory and Cultural Identity". Trad. John Czaplicka. *New German Critique*. 65 (Spring, 1995). 125-133. La traducción del inglés es mía. En el texto original: "One group remembers the past in fear of deviating from its model, the next for fear of repeating the past: 'Those who cannot remember their past are condemned to relive it'". La cita que usó Assmann en su artículo se conoce como la máxima del filósofo, ensayista, poeta, y novelista español, Jorge Santayana, publicada originalmente en "La razón en el Sentido Común", el primero de los cinco volúmenes de su obra *La vida de la Razón o Fases del progreso Humano* (1905-1905).

Ciertamente, antes de la publicación de su libro Hasta no verte Jesús mío, *la percepción sobre las soldaderas no era muy favorable: se las mostraba como personajes sucios, agresivos o simplemente no existentes. Pero usted muestra a Jesusa Palancares en una luz muy positiva. También se habla allí de la existencia de otras soldaderas, que, a fin de cuentas, contribuyeron mucho a la formación nacional. ¿Podríamos considerar que fueron ellas las que comenzaron a cambiar la participación de las mujeres en la vida pública?*

Sí. Bueno, en la historia de México hubo otras mujeres, tales como Juana Gutiérrez de Mendoza, o las que participaron en la Guerra de la Independencia, como doña Josefa Ortiz de Domínguez. Pero eran escasas.

¿Y las escritoras eran también pocas?

Hubo muchísimas en el siglo XVI y XVII. Además de Sor Juana Inés de la Cruz hubo muchísimas otras religiosas que escribían poesía: alabanzas a Dios, etc., desde el convento.

¿Usted se considera de alguna manera continuadora de la tradición de su escritura?

Bueno, creo que a mí no me toca definir. Sería muy difícil que yo fuera crítica. Yo me inicié en el periodismo y trato de hacer periodismo, pero también trato de escribir novela y cuento, y poesía, y lo que puedo.

Hay otras escritoras contemporáneas que comenzaron como usted, haciendo periodismo. ¿Es el camino natural para las escritoras ser primero periodistas para luego convertirse en escritoras?

No lo creo. De mi generación soy la única que hace periodismo. Antes que yo, lo hicieron dos mujeres, pero ellas no escribieron novelas. Una era Elvira Vargas y hacía periodismo político, hacía editoriales, y Rosa Castro que venía de Costa Rica y ella hacía también entrevistas y reportajes. La mitad de las escritoras actuales: Laura Esquivel, Ángeles Mastretta... De las que hacen periodismo solamente está Guadalupe Loaeza, ¿no?

¿Usted quiso ser escritora desde el principio o le nació esta idea cuando ya era periodista?

No, yo no quería ser escritora, pero en vista de que las mujeres tenían poca cosa que se podía hacer, yo lo que quería hacer antes era cantar en un cabaret. Pero claro que yo no podía hacer eso. Eso de ser escritora también era mal visto, pero por lo menos yo podía escribir en mi casa. Era una profesión más decente, así es como empecé a escribir.

Pita Amor era su tía, ¿verdad? Ella sí, hizo cosas fuera de la casa, ¿cierto?

Sí, Pita Amor fue un fenómeno de rebeldía. Fue una mujer que quiso actuar en películas e hizo unas dos o tres, o quizás cuatro películas, pero con papeles secundarios. En una noche, cuando regresaba de una parranda, escribió con el lápiz de cejas sobre la bolsa de pan que traía su primer poema. Luego escribió más. Hizo unas décimas a Dios que llamaron mucho la atención. Dijeron que no era ella que escribía, que probablemente las escribía Alfonso Reyes, pero otros la defendieron. Luego resultó que sí, que ella era la autora de esos versos. Era todo un fenómeno, ¿no?

Ciertamente lo era. Con razón es una de las protagonistas de su colección de memorias Las siete cabritas. *Por cierto, ¿cuáles fueron sus criterios para seleccionar a las protagonistas para esta colección? Me imagino que podría usted hablar de muchas otras; a algunas de ellas menciona en el libro de alguna manera.*

Bueno, allí faltó Lupe Marín, la segunda esposa de Diego Rivera. Pero yo pensaba escribir un libro sobre ella. Por eso no la incluí, pero no he tenido el tiempo o el entusiasmo suficiente para hacerlo. Pero yo creo que todavía lo voy a hacer.[43] Las otras simplemente fueron saliendo de alguna manera, como el capítulo de Frida Kahlo, que surgió cuando se me pidió que escribiera el prólogo para un libro de fotografía, así que este ya estaba escrito. O el de Elena Garro. Eso fue lo que sucedió.

Según el capítulo dedicado a Garro, usted la conocía personalmente.

Sí, a ella la conocí y la entrevisté.

¿También a Rosario Castellanos?

Sí, también a Rosario.

¿Y a María Izquierdo?

Sí, también a María Izquierdo, pero ya paralítica, que pintaba deteniéndose una mano con la otra. Dicen que después ya no pintaba,

43. Elena Poniatowska capturó la vida de Lupe Marín en la novela *Dos veces única*, publicada por la editorial Seix Barral en 2015.

que solo firmaba para poder vender los cuadros porque ya estaba muy enferma. A Nelly Campobello no la conocí, pero sabía yo de ella.

¿En qué se basó para escribir de ellas? ¿En su investigación?

No. Simplemente en México se celebraban sus veinticinco años o sus treinta años de escritura, entonces me pidieron que hiciera un libro, así que dije bueno, voy a hacer lo que pueda. Pero era un libro que tenía hecho en partes.

Pero cuando cita usted los diálogos, como por ejemplo los diálogos de usted con Juan Soriano, ¿se basa solamente en su memoria para reconstruir los diálogos?

Es que entrevisté a Juan Soriano y le pedí que me hablara de María Izquierdo y él así lo hizo.

Para Tinísima seguro que tuvo que hacer mucha investigación. A mí me impresionó la cantidad de detalles, tales como el lugar de su vivienda digamos en la calle de Veracruz número tal o luego en la calle número cual y luego otra. Son muchos detalles no solamente pertinentes a la Ciudad de México, sino también a otros países, inclusive a la Unión Soviética. ¿Son detalles verídicos? Es decir, si siguiéramos su novela, ¿podríamos llegar a las direcciones que menciona y encontrarnos con la información de que allí vivían tales personas en esos tiempos?

Yo creo que sí: la mayoría son datos exactos. Lo que no podemos estar seguros es de los sentimientos. Yo no puedo estar segura que digamos Tina Modotti sentía exactamente tal o cual cosa en ese momento. Yo no la conocí, no pude hablar con ella, pero hice lo mejor que pude para imaginarla. Pero yo trato de ser lo más exacta posible.

¿Así que hace mucha investigación sobre las/los protagonistas de sus novelas?

Sí. Sí, hago mucha investigación. Hago muchas entrevistas y la parte de la entrevista que se me queda aquí en el cerebro es la que utilizo.

En el caso de la protagonista de La flor de lis, que usted dice es el libro más autobiográfico: ella hablaba en su casa en francés. Este es precisamente el caso de usted, ¿verdad?

Sí, mi idioma materno es el francés porque mi madre nació en Francia, aunque era mexicana; mi abuela materna también nació en Francia, aunque era mexicana. Mi padre era de origen polaco, pero nació también en Francia porque los Poniatowski fueron expulsados de Polonia desde los tiempos de Catalina la Grande.

Me imagino que muchos otros detalles de la vida de Mariana también son autobiográficos, ¿cierto?

Bueno, sí, sobre todo las sensaciones. Estas sí, son autobiográficas. Pero los hechos en general son novelizados.

Usted es seguramente la escritora latinoamericana más leída, tanto en español como en traducciones.

No, yo creo que no. Porque mire, por ejemplo, Laura Esquivel vendió millones y millones de ejemplares, estuvo en la lista de los *best sellers* de *New York Review of Books*. Entonces ella se ha leído muchísimo. Y también otra escritora, que no es mexicana, pero es muy reconocida, es Isabel Allende.

Bueno, ciertamente habría que ver las estadísticas para comparar el éxito de las ventas. Pero yo me refiero más bien a la lectura que ejerce el impacto en la conciencia. Usted es la autoridad moral para millones de sus lectores y lectoras.

Ah, sí, gracias, gracias.

¿Cree que ha influenciado a otras escritoras y escritores con sus libros?

Yo lo que hago es sobre todo periodismo y no hago ninguna encuesta en el impacto de la literatura. Pero pienso que no es la literatura la que cambia las cosas. Lo que cambia las cosas en realidad es la política. Pienso, y de eso tengo toda la certeza, que vivo en un país en el que hay muchísimo analfabetismo, que mucha gente no sabe leer y escribir, y por lo tanto no sé quiénes son los lectores aquí en México. No son muchos. Fueron muchos los de *La noche de Tlatelolco*, porque es acerca de la masacre estudiantil, pero de otros libros yo no tengo una estadística. Sé que en México se lee poco. Hay muchísimas presentaciones de libros donde va mucha gente, hay ferias de libros, pero creo que en el país no se lee ni medio libro al año. Los estudiantes lo que hacen es estar en la computadora.

Sin embargo, usted está cambiando la percepción sobre la mujer mexicana. Me parece que lo comenzó a hacer con su novela Hasta no verte Jesús mío.

Yo creo que fue un discurso que hizo Rosario Castellanos en el Museo Nacional de Antropología ante Luis Echeverría hace muchísimos años. Al presidente le llamó mucho la atención, lo afectó a él y a su esposa, y también a raíz de eso decidieron nombrarla embajadora en Israel. Entonces creo que ese fue un momento importante dentro del feminismo mexicano. Pero ahora sí, ha habido mucha participación de mujeres que tienen que ver con la situación de la mujer en México. Por ejemplo, lo del aborto: lo lograron las feministas y era una cosa muy difícil. Han logrado varias mejoras. La situación de las mujeres es muy, muy difícil en América Latina. Por ejemplo, aquí, la desaparición y el asesinato de mujeres en Ciudad Juárez, y todo eso, o las prácticas parecidas aquí, más cerca, como en el Estado de México, en Toluca, que no están ligadas al narcotráfico y se dan desde antes de que comenzara toda esa práctica.

¿Por qué entonces? ¿A qué se debe?

Supongo que por el desprecio a las mujeres. Y luego hay un elemento del racismo también. Porque se mata a las mujeres que responden a cierto perfil: morenas, trabajadoras, de pelo negro, largo, en fin, son casi todas iguales las que matan.

¿Las desprecian porque rompen con el imaginario de la mujer mexicana tradicional?

Pues, no sabemos. Pero hay muchas mujeres que van al norte a tratar de pasar a los Estados Unidos, pero como no lo logran, se quedan a trabajar en las maquiladoras. A muchas de estas jovencitas las matan. Entre las muertas hay muchas madres solteras. En esas maquiladoras en las que trabajan no hay condiciones de seguridad aceptables: falta de iluminación, falta de seguridad en la noche...

Usted se solidarizó con estas mujeres y abogó mucho por la justicia y para que cambie esa situación.

Sí, sí.

¿Usted mantiene mucho contacto con otras escritoras?

Bueno, yo era muy amiga de otra escritora, cuya muerte me dolió muchísimo. Era María Luisa Puga. Teníamos más o menos los mismos intereses. Ella era más joven que yo, entonces me impresionó doblemente. Sí, mantengo relación con otras escritoras. Con las más jóvenes también. Creo que yo soy la más vieja de las escritoras [mexicanas] activas.

¿Y entre las más jóvenes cuáles le parecen las más interesantes?

Bueno, hay muchas que trato, que platicamos mucho.

¿Tienen ellas más oportunidades que usted para ser escritoras?

Pues sí. Ellas ya tienen acceso a las carreras mucho más fácil que el que tuvieron Rosario Castellanos y otras. Son mujeres muchísimo más seguras de sí mismas.

¿Porque su situación ya es diferente?

Sí, precisamente. Además, la situación económica de México ya es diferente. Ahora si una pareja se quiere casar, quiere tener un hijo y tener un departamento, necesitan el sueldo de dos. Ya la mujer no puede quedarse en la casa. Ahora si quieren tener un hijo, ya tienen que hacerlo entre los dos. Antes no. La mujer era la única que lo hacía y el padre salía a trabajar.

¿Pero hay mujeres a las que no les gusta salir de la casa y se quejan si tienen que salir a trabajar?

Algunas quizás. Pero es más común que las mujeres trabajen.

Varios de sus libros están dirigidos a los niños. Como La vendedora de nubes, por ejemplo. Pero ¿hay algo que puede sacar de allí también un adulto?

Bueno, este, así como otro, que es ilustrado y se llama *Boda en Chimalistac*, tienen ciertas moralejas que les sirven a todos. Por ejemplo, en la *Boda en Chimalistac* se trata de la boda de un limonero –como el que tengo aquí– y la jacaranda; el limonero es muy chaparrito y la jacaranda es muy alta. Estas son situaciones en las que se pueden ver muchos adultos y compararse con ellas.

Es impresionante cómo logra integrar la cultura mexicana en sus textos.

Bueno, es que llegué aquí muy joven. Yo no sé qué habría pasado si me quedara en Francia, si hubiera hecho una vida más francesa… A lo mejor ni siquiera hubiera escrito.

¿Le inspiró mucho México?

No sé. Cuando uno es joven, no se da uno cuenta.

Sin embargo, México mismo parece ser uno de sus personajes. Y es un personaje sumamente interesante, al que uno desea conocer y si lo conoce ya, conocerlo más.

¡Qué bien dicho, gracias! Sí, me importa mucho documentar, hacer las crónicas, mostrar cómo es. Este es mi trabajo.

Conclusiones

Hay que interesarse por los recuerdos, harina de nuestro molino.

Alfonso Reyes, *Reloj de sol* (1926)

Esta investigación ha demostrado que las escritoras mexicanas de las últimas dos décadas del siglo XX han aportado una perspectiva propia a la tendencia general de reinterpretación del pasado. Sus textos revelan la preocupación por la identidad nacional y buscan incluir en los relatos de su pasado la figura femenina, omitida o no representada de manera satisfactoria por los escritores anteriores.

El corpus analizado en este trabajo ha puesto de manifiesto la existencia de lo que Richard Terdiman ha denominado la "crisis de la memoria". Así como la industrialización en Europa Occidental durante el siglo XIX, la masacre de Tlatelolco transformó la conciencia de los mexicanos, insinuando la urgencia de la revisión de los discursos sobre la historia de México. Si la narrativa del período anterior privilegiaba la retórica nacionalista heredada de la Revolución Mexicana, la que nació después de los dramáticos acontecimientos de 1968 la cuestiona y la subvierte. Las escritoras han generado una gran cantidad de textos abocados a la reevaluación del pasado abarcable por la memoria individual y colectiva, y a la propuesta de nuevas formas de convivencia nacional.

El presente trabajo pretende contribuir a la crítica literaria en general y a los estudios de la escritura realizada por mujeres. El énfasis en el recuerdo, visible en el corpus de textos estudiados, ha conducido al planteo de la hipótesis central de este volumen: la rememoración en los textos femeninos sirve como un mecanismo para llegar a una nueva visión de la realidad. Se aproximan a la historia desde el ángulo de la memoria y así muestran que es posible revisar las identidades de género o de clase que las historias oficiales omiten o soslayan. El análisis ha comprobado las diversas vías por las cuales las escritoras reescriben el pasado, encontrándole perspectivas no incluidas en la literatura del canon previo.

De acuerdo con estudiosos como Maurice Halbwachs, la rememoración, en tanto acto social que siempre ocurre dentro de una comunidad, responde a los propósitos dictados por las necesidades del presente. En efecto, el enfoque de este trabajo se ha concentrado en un período marcado por acontecimientos históricos en el que las mujeres han alcanzado la visibilidad pública. Teniendo en cuenta lo que destaca Hyden White, y como se ha podido ver en este trabajo, las versiones de la verdad histórica siempre están mediatizadas por la subjetividad de quien enuncia. Esto incluye, por supuesto, el género. Aunque muchas personas creen que no se debe considerar por separado la obra femenina de la masculina, sino que se tiene que pensar en la literatura buena o mala sin importar quién la escribe, yo he considerado tal distinción, reconociendo que no es posible borrar las diferencias que están más allá de la crítica literaria. La literatura, como todo arte, es portadora de ideologías y no puede mantenerse al margen de los condicionantes sociales. En una sociedad como la mexicana, donde la diferencia biológica ha sido motivo de discriminación y de subordinación de un grupo por el otro, es lógico que la recuperación del pasado esté mediada por estos condicionantes.

Mi análisis de las seis obras seleccionadas para este trabajo pone en evidencia que el género de la persona que ejerce el recuerdo es de una importancia cabal y tiene una triple repercusión en los textos: 1) en la identidad del sujeto, 2) en la (H)historia narrada y 3) en la estructura de las narraciones. Estas constantes se pueden observar en cualquiera de los varios géneros practicados por las escritoras, de los que aquí incluí seis: la autobiografía, la novela en primera voz, la novela con el narrador en tercera persona, la crónica, la narrativa metaficcional y la biografía.

El sujeto que se erige en las seis obras desplaza la tradicional figura del héroe masculino. En su lugar se instala la figura femenina, aunque no necesariamente copia la posición central de aquel. Así sucede en la novela *Arráncame la vida* (1986), de Ángeles Mastretta, en la cual la narradora-protagonista quiere resaltar su triunfo de emancipación de su posición de subalterna y adueñarse del lugar privilegiado. Ese cambio ocurre también en *Como agua para chocolate* (1987), de Laura Esquivel, donde se resalta el mundo femenino: el enfoque es en la protagonista y otras mujeres de su alrededor, con una visible disminución de la importancia de los hombres. En la autobiografía *Las genealogías* (1981), de Margo Glantz, el papel del sujeto es compartido entre la narradora, su padre y su madre, produciendo una fragmentación de la centralidad del personaje o narrador. También en *La familia vino del norte* (1987), de Silvia Molina el referente aparente es el abuelo de la narradora, pero el relato de hecho enfoca más a ella y el proceso de su investigación histórica. En *Zona de desastre* (1986), de Cristina Pacheco se fragmenta aún más, puesto que la cronista cede casi todo su espacio narrativo a múltiples personajes marginados para que se expresen por sí mismos. En *Las siete cabritas* (2000), de Elena Poniatowska, cada relato se conecta con un sujeto biográfico, sin embargo, en el fondo se percibe también una figura más: la autora, quien atestigua sobre muchas de las historias que cuenta, además de elaborarlas y editarlas.

La imagen femenina en los seis textos difiere considerablemente de los escritos anteriores, en los que prevalecía la de la mujer subyugada al hombre, que no tenía voz ni voto. El discurso de las escritoras del período de la "crisis de la memoria" subvierte las representaciones de la mujer existentes en la sociedad y en la representación cultural anterior. Margo Glantz introduce a una figura femenina que se impone a las leyes patriarcales y reclama ser reconocida como escritora y como mujer. Ángeles Mastretta construye un personaje cuya conducta es a todas luces reprochable según los cánones patriarcales, sin embargo, su protagonista es un personaje que a pesar de las trasgresiones despierta la simpatía de los lectores –por lo menos de su propio género, quienes ven muchas de sus propias experiencias reflejadas en el relato de esta heroína. Laura Esquivel presenta a las mujeres con sus valores, actividades y conflictos antes ignorados o no enfocados suficientemente en la literatura. En su narración, la protagonista y sus congéneres cobran importancia de sujetos que le dan forma a su mundo, a pesar de vivir en el marco más amplio del mundo regido por la cultura patriarcal. La protagonista de Silvia Molina revisa la historia de su familia y de su nación, o por lo menos una parte de ella, y construye su identidad reconociendo ciertos valores y rechazando otros. En el proceso de su investigación desmiente algunos mitos persistentes en la cultura de su sociedad y se erige combativa ante el lugar secundario prescrito para su género. Las mujeres presentadas por Cristina Pacheco son admirables por su fortaleza y su habilidad de ocuparse de sus familias, además de ser solidarias con otras y pensar en el bien de la comunidad, a pesar de las adversidades. Por su lado, Elena Poniatowska presenta a las siete artistas que protagonizan su obra con una fuerte dosis de admiración tanto por sus trabajos profesionales y artísticos, como por sus acciones en la vida privada. Las actitudes de ellas que provocaban escándalo se presentan de tal manera que despierta entendimiento y a veces compasión, pero nada se les reprocha ni condena.

Las historias que se narran en los seis textos se sitúan en momentos claves de la historia mexicana, lo cual ocasiona que las experiencias privadas revelen partes de la historia nacional. La búsqueda de la identificación con los grupos nacionales por parte de Margo Glantz da como resultado un conocimiento más profundo de la identidad de la comunidad mexicana. El origen familiar de la narradora es una indicación de que la sociedad consiste en muchos más grupos étnicos y culturales de lo que hacen creer las versiones oficialistas que pretendieron mostrar un pueblo monolítico. Además, las historias de los padres de la narradora se conectan con la historia universal del pueblo judío.

Por su parte, la confesión de Catalina en *Arráncame la vida* ocasiona la instauración de la figura femenina en el pasado nacional; con este hecho se deconstruyen los mitos existentes en la historia sociocultural de México. Además, los recuerdos de la narradora subvierten varios de los discursos conocidos en el contexto sociopolítico y se siembra la duda sobre los actuales. Asimismo, Tita, Mamá Elena, Nacha y Rosaura de *Como agua para chocolate* contradicen los estereotipos de la maternidad, al igual que Gertrudis se impone como una luchadora por la causa social y altera el mito de la pasividad femenina en el espacio público. Dorotea, la protagonista de *La familia vino del norte*, destaca el papel femenino en la protección de los suyos durante los tiempos críticos. Su bisabuela indígena, auxiliada por las hijas de ella y por su nuera, ha jugado un rol crucial en mantener con vida a su hijo, el abuelo de la narradora. Por otro lado, los testimonios ofrecidos en *Zona de desastre* sobre el período inmediatamente posterior al temblor remiten directamente a la verdad histórica del momento. Las historias individuales narradas por los damnificados aportan, además, conocimiento sobre una parte poco conocida de la historia social mexicana de las décadas anteriores al desastre natural, trayendo representación a un amplio sector marginado. Desde otra perspectiva, las historias contadas por Poniatowska en *Las siete cabritas* al descubrir el quehacer privado y público de grandes artistas mexicanas, restauran parte de la historia cultural mexicana de las décadas formativas de la nación moderna.

Entre las constantes en la estructura de los cinco textos está la tendencia hacia la obra inconclusa. Margo Glantz termina su autobiografía *Las genealogías* con un "punto suspensivo", con lo cual hace pensar que su labor de construcción de la identidad solo ha concluido momentáneamente y la posibilidad de continuarla está abierta. La narradora de *Arráncame la vida* termina su relato con una manifestación misteriosa de estar "casi feliz", sembrando la duda en el lector sobre su aprendizaje y sus intenciones. La narradora de *Como agua para chocolate* advierte la persistencia de la memoria cuando nota que su tía abuela "seguirá viviendo mientras haya alguien que cocine sus recetas". La escritora ficticia de *La familia vino del norte* anuncia que solo se está dando "una tregua" para regresar más fuerte y enfrentarse con sus desafíos. En la serie de relatos de *Zona de desastre* no hay ninguno que ofrezca una conclusión; por el contrario, la última de las historias, que habla de los nuevos inmigrantes a la ciudad, más bien indica la posibilidad de continuación. A su vez, en *Las siete cabritas* los relatos se combinan para formar un solo texto, con una organización cíclica que no tiene ni principio ni fin.

El hecho de que las obras discutidas se ubiquen en el marco de las últimas décadas del siglo XX también tiene repercusiones visibles. Como signo de los tiempos, la mayoría de las narradoras son periodistas y escritoras. Así sucede en los relatos estudiados de Glantz, Molina, Pacheco y Poniatowska, en los cuales se muestra a la mujer en papeles diferentes de los tradicionales. Esto indica también la importancia que las escritoras le dan al acceso a la agencia en el espacio público. Las narradoras periodistas y/o escritoras no solo comunican, sino que también observan y comentan el pasado desde una posición privilegiada que les da el acceso a la publicación. Frecuentemente explicitan su intención de influir en las conciencias de los lectores.

Así, la narradora de *Las genealogías* quiere que su historia familiar deje huella; por eso, no solamente la hace pública por medio de su texto, sino que también anuncia que va a enviar al museo los documentos que comprueban su pasado. La supuesta escritora de *La familia vino del norte* sostiene su perspectiva histórica a través de la presentación de pruebas materiales verídicas como las fotos por un lado y en el contexto del relato de Dorotea por el otro: los ámbitos social, económico, político y cultural de las épocas correspondientes a los dos hilos narrativos. La reportera de *Zona de desastre* registra los testimonios, que funcionan –o por lo menos eso pretenden– como documentos para la posteridad. También la autora de las *Siete cabritas* reúne los testimonios y documentos sobre la vida de sus sujetos biográficos, y los publica para que su rememoración tenga más credibilidad.

A su vez, aunque Catalina de *Arráncame la vida* no sea periodista o escritora, ella entabla un contacto directo con el lector o la lectora al hacer su confesión ante él/ella. Esta narradora goza de su poder de ventilar su vida privada ante los lectores, sin preocuparse por las consecuencias. Ella más bien desea provocar enfrentamiento con el lector, que posiblemente esté influenciado por prejuicios sobre el comportamiento femenino. También lo hace Lucía, la narradora de *Como agua para chocolate*. En su voz, que se confunde a veces con la de Tita –la protagonista de su narración– se siente un dejo de conspiración de grupo. Con el pretexto de transmitirles consejos y recetas de cocina, ella se dirige a las que se ocupan de lo mismo: otras mujeres, para compartir con ellas la historia de sus ancestras y al hacerlo, suplantar las ideas que se propagaban en los discursos dominantes sobre los trabajos y los valores del mundo femenino.

En los textos analizados, el recuerdo se revela como tema, pero más significativamente como mecanismo de la composición textual. Las escritoras se adueñan de la *anamnēsis* y la convierten en el instrumento para expresar sus múltiples propósitos. Entre los principales objetivos de las narraciones, en este trabajo se identificaron los siguientes: la definición de la identidad, la subversión de los discursos hegemónicos y de los mitos acerca de la mujer, la revalorización del trabajo y los espacios femeninos, la transformación del discurso histórico oficial, la expansión de los márgenes del discurso social y literario, y la reinstalación de figuras importantes del pasado en la memoria cultural. Tanto a nivel individual, como nacional, estos textos han contribuido a la resignificación de la representación femenina en el imaginario social. En efecto, han articulado la agencia femenina de la escritora y han explorado su lugar de enunciación a través de la literatura.

Las teorías sobre la memoria, expresadas por varios filósofos, sociólogos y críticos literarios, han ayudado a formular las hipótesis sobre el discurso de las mujeres, realizado en su narrativa a través del recuerdo. Las principales ideas que han fundamentado este trabajo fueron las que destacan el uso social de la memoria, expresadas por los estudiosos como Halbwachs, Nora, White, Hobsbawm, Terdiman, Hirsch, Smith, Diez y Ricarelli, entre otros. Estos teóricos coinciden en que el recuerdo modifica el pasado; por tanto, la rememoración influye en el presente. Usando varias definiciones como guía, tales como la de los sitios de la memoria, descritos por Nora, en esta investigación se evidenciaron varios actos de la memoria dentro del corpus de la obra femenina examinada.

La primera hipótesis que se planteó en este volumen propuso que la narradora de *Las genealogías* de Margo Glantz eligió de manera deliberada los sitios de la memoria que le permitieron construir su identidad multicultural y definir su subjetividad femenina. Como se ha podido comprobar, la narradora se coloca en la intersección de los sitios de la memoria privados y los de dos comunidades nacionales. Se reconoce como heredera de la memoria cultural de ambos grupos, a la vez que reelabora esos recuerdos. Al mismo tiempo, la persona en la que confluyen las memorias colectivas tiene una corporalidad y una psiquis. La entrada al subconsciente, que es una característica intrínseca de la memoria, revela por lo tanto la perspectiva femenina sobre tales asuntos como el papel de la mujer en la familia y en la sociedad, las ambiciones profesionales de la escritora y su sensualidad, temáticas ausentes en la literatura anterior. La narradora tiene la oportunidad de expresar su aceptación y/o rechazo de los modelos que le parecen convenientes o despreciables de las dos comunidades con las que está relacionada, afirmarse como profesional y romper el tabú del silencio sobre las percepciones eróticas y el deterioro del cuerpo femenino. En consecuencia, define su identidad cultural múltiple y su subjetividad de mujer.

Para llevar a cabo esas definiciones, la escritora usa la ingeniosa estrategia de enfoque principal en la figura masculina –el padre del sujeto–, que le permite a la narradora hablar del mundo compartido por los dos y así indagar sobre sus orígenes sin transgredir demasiado las imposiciones patriarcales de mantener en privado la experiencia femenina. Esta táctica hace posible, a la vez, subvertir el discurso masculino e indagar en el propio femenino. La estrategia se refleja en la estructura de la autobiografía, ya que el relato comienza con la historia del padre, se entrelaza luego con la narración sobre la madre y termina refiriéndose a sí misma.

La fragmentariedad y la esporádica confusión de los narradores de esta autobiografía son también producto de la perspectiva femenina. Siendo una transgresión, el relato de vida de la mujer no es como los "clásicos" de los hombres, que intentan ensanchar su grandeza, sino que trata de afirmar los terrenos ganados. La narradora se sabe una intrusa en el mundo androcéntrico, por eso la figura de la verdadera protagonista de la autobiografía se esconde tras la de su padre. Igual de intrusa se inserta la figura de la madre quien, aunque no era el propósito anunciado de la narración, se llega a conocer en un grado no menor que el padre. Por otro lado, en la estructura del relato se insertan varios elementos, que representan pruebas de la existencia del pasado y confirman la verdad de lo que el texto sostiene. Las fotografías de la familia y los documentos personales, la transcripción de las conversaciones con los miembros de su grupo, poemas y recetas son "cachitos de vida", elementos que documentan la memoria cultural de dos grupos nacionales, el judío y el mexicano.

La segunda hipótesis, desarrollada en el capítulo que analiza la novela *Arráncame la vida* de Ángeles Mastretta, planteó que la narración sobre el recuerdo que se usa para el proceso de la autoformación de la mujer podía subvertir los discursos hegemónicos. El análisis de la obra demostró que, al ejercer la memoria con el fin de autodefinirse, la narradora de este texto desvirtúa tanto los mitos prevalentes sobre la sumisión y pasividad de las mujeres, como los discursos oficiales de los políticos nacionales. Catalina pone aún más énfasis en el aspecto de la sensualidad femenina que la narradora de *Las genealogías*. Entre otras cosas, revela el placer de las relaciones adúlteras, las frustraciones por la falta del goce sexual, habla de las inconveniencias del embarazo y de las obligaciones de ser madre. Sus recuerdos desvirtúan también los mitos de la felicidad máxima de las mujeres que, según se suponía por el discurso cultural, consistía en casarse y ser madres. Además, subvierten la imagen de la familia jerárquica unida y feliz, que por décadas promovían los escritores posrevolucionarios como Azuela y Rojas González: una familia en cuya cúspide se colocaba al padre macho, mientras que la madre era un ser silencioso y subordinado a él, necesariamente benévolo y abnegado para el beneficio de los demás.

La memoria privada de este personaje contradice, además, los discursos oficiales. Catalina, cuya vida privada estaba unida a la nacional por estar casada con un político importante, rememora varias situaciones que implican la actuación pública de su marido. Sus recuerdos subvierten los discursos de él y, por extensión, los de otros políticos nacionales. También acusan de actividades criminales y manipulación de la historia nacional por parte de los gobernantes. A pesar de las muchas transgresiones, la protagonista no muere, ni termina en el manicomio o el prostíbulo, ni es presentada de una manera que el lector la condene; por el contrario, despierta simpatía y termina en una posición privilegiada.

El proceso de aprendizaje de la narradora-protagonista se lleva a cabo en la estructura narrativa del *Bildungsroman*. Para suavizar el impacto de las múltiples transgresiones del personaje, la rememoración de sus rebeliones se realiza en un tono paródico. No obstante esa mitigación, varias estrategias del recuerdo formulan las críticas y acusaciones de los discursos prevalentes e influyen en la estructura del relato. Entre ellas se encuentran: el juego de las yuxtaposiciones de los recuerdos privados y los discursos públicos, que tienen por objeto contrastar la verdad de la narradora con la falsedad del discurso de él; los recuerdos nostálgicos, que ponen en contraste el estado de felicidad de la protagonista en la niñez y la infelicidad en su vida de casada; la práctica de hablar de los delitos del marido sin acusarlo directamente, sino presentando la situación de tal manera que lo juzguen los lectores, y la formulación directa de acusación de mentiras que él hubo expresado en otro tiempo.

La tercera hipótesis, formulada en torno a la obra de Laura Esquivel, *Como agua para chocolate*, pregonó la relevancia de la rememoración de las labores y los espacios femeninos para la identificación de género y para el cambio de la perspectiva sobre la participación social de este grupo. Los sitios de la memoria que se visitaron en esta obra tanto corrigen la percepción cliché sobre las labores consideradas típicamente como de las mujeres: cocinar, tejer y cuidar de los niños, como hacen visibles las que no eran parte del imaginario común sobre las mujeres o mostraban sus actividades de manera negativa, tales como la administración de la granja y la participación en la lucha revolucionaria.

Al recordar las recetas y los procesos relacionados con la preparación de los manjares consumidos en las casas mexicanas, la novela realza el valor de la dedicación de las personas que se encargan de prepararlos día a día y en ocasiones especiales. En la historia contada por Lucía las comidas adquieren cualidades mágicas, como muchas veces se perciben por los comensales. Su recuerdo de las creaciones de su tía abuela contiene, sin duda, una buena dosis de fantasía, pero muestra la disciplina y la creatividad que habita detrás de las labores ampliamente silenciadas. Ella misma es heredera de los conocimientos transferidos de una generación a otra y con su narración contribuye a su persistencia.

Las labores manuales cobran importancia al mostrarlas como contribución importante para la economía familiar, además como expresión artística, herramienta de resistencia ante las prácticas opresivas y terapia del abuso psicológico. A su vez, los cuidados maternales en esta novela colocan la figura de la madre a una luz diferente de la imagen tradicional. La caracterización del rol materno por parte de Esquivel engrandece y otorga más valor a los empeños de la crianza que a la función biológica. Al mismo tiempo, las mujeres de su novela se muestran diestras en los trabajos visualizados tradicionalmente como masculinos: aunque no se detallan mucho las faenas relacionadas con el manejo de la granja, Mamá Elena y, luego, Tita desempeñan esas funciones sin problemas. También Gertrudis, quien por un tiempo aparentemente trabaja en un burdel y luego se convierte en combatiente activa de la revolución, tiene éxito. Al contrario de las presentaciones masculinas previas de las mujeres "públicas" –calificativo de las prostitutas, que también se les daba a las participantes de la lucha armada– La Generala de Laura Esquivel despierta simpatía, es una mujer exitosa, alegre y tiene control de su vida.

La hipótesis de trabajo en el análisis de la obra *Zona de desastre*, de Cristina Pacheco, sostuvo que el recuerdo permitía la incorporación en el discurso social y cultural de los grupos antes silenciados. Efectivamente, los sitios de la memoria que se visitan en esta obra conforman las historias tanto de hombres, como de mujeres, pero en todos los casos pertenecen al sector marginado de la atención social y de la representación cultural. Los testimonios de la narradora y los recuerdos de sus entrevistados o de los personajes creados por su imaginación literaria muestran en primera instancia los problemas de los damnificados por el temblor, pero también se remontan a muchos otros sitios de la memoria y echan abajo la fachada de prosperidad y optimismo que desplegaba el gobierno en su discurso oficial. El enfoque en esas historias se desvía de su posición tradicional que era del centro hacia fuera y coloca el centro de la atención en la periferia del discurso social.

La estructura narrativa de este texto produce también una resemantización de los márgenes del discurso literario. La tradicional voz del narrador único se fragmenta y en su lugar entran múltiples voces, que a veces se funden con la primera y otras veces ni siquiera son identificables. Esta táctica permite la inclusión del subalterno en el discurso cultural.

El mecanismo que la facilita es la fusión de la memoria personal de la escritora-narradora con la memoria colectiva de los afectados por la tragedia natural.

Aunque los problemas tratados por Pacheco no dan mucha cabida a los asuntos de género, en su obra se destacan los recuerdos de mujeres, particularmente de las trabajadoras que perdieron el empleo con el efecto del temblor. Sus relatos muestran que las mujeres pobres sufren una doble marginación derivada de su clase social y de su género. En muchos casos, su vida se ve más complicada por los abusos corporales del esposo. A pesar de sus múltiples desventajas, ellas se presentan más fuertes, más responsables y políticamente más conscientes que ellos. Como Glantz, quien subvierte los mitos de la inferioridad intelectual de la mujer, como Mastretta, quien se burla de los discursos de su pasividad y la sumisión, y como Esquivel, quien realza el valor de las labores femeninas, Pacheco edifica un sujeto femenino fuerte y valioso, que en varias ocasiones se muestra superior a los hombres.

En el capítulo dedicado al escrutinio de *La familia vino del norte*, de Silvia Molina, se planteó la idea de que la historia es maleable y la recuperación del pasado por la memoria individual es tan relevante como la interpretación de los documentos. El análisis demostró que el conocimiento proveniente de los "archivos humanos" conduce al cuestionamiento de la verdad histórica producida por el discurso de los que están en el poder.

Con la aclaración de los eventos que llevaron al ficticio general Leyva a la fuga, la narradora de Molina revive los hechos silenciados por la historia oficial mexicana. En su versión expone la discordia que surgió entre los miembros de la "familia" revolucionaria sonorense al final de la Revolución Mexicana. Su indagación revela que a pesar de que uno de los lemas revolucionarios era la lucha en contra de la reelección, algunos miembros cambiaron de parecer al instalarse en el poder máximo del país y vislumbrar las posibilidades de prolongarlo más de lo dispuesto. El general Leyva era testigo de varios episodios de bajos juegos dentro de ese bando, según los testimonios de los miembros de su familia sustentados en las pruebas materiales. Por ese conocimiento y por su desacuerdo con las prácticas de los dirigentes del régimen posrevolucionario su vida se vio amenazada y después de conseguir el perdón quedó marginado del centro del círculo victorioso.

Al desmitificar algunas de las narrativas nacionales y familiares, Dorotea adquiere otra perspectiva tanto sobre la identidad de su abuelo, como de su nación. El conocimiento adquirido le causa conflicto con su manera de ver el mundo. Ante la imposibilidad de desligarse de los grupos con los que se encuentra unida desde el nacimiento, enaltece otros rasgos de la esencia nacional, tales como la cultura indígena, además hace pública su denuncia del discurso hegemónico basado en la proeza revolucionaria. A su modo, la narradora ficcional no solo reescribe la historia, sino también redefine su identidad nacional y personal.

En el capítulo que trata *Las siete cabritas*, de Elena Poniatowska, la hipótesis que se planteó propuso que los recuerdos textuales podían reinstaurar a las figuras del pasado en la memoria colectiva. También este punto se defiende al revisar los sitios de la memoria y las estrategias narrativas usadas por la escritora. Los *lieux de mémoire* se mantienen en relación estrecha con los cuerpos de las grandes artistas e intelectuales mexicanas del siglo XX. Entre esos: su apariencia física, su vestimenta, su comportamiento en público, sus amores, su niñez, su relación con los padres –sobre todo, con sus madres– y, por supuesto, sus obras. La rememoración que se realiza en este texto reinstala en la memoria cultural y colectiva a estos personajes históricos, haciéndoles justicia por sus logros artísticos y profesionales, y por su significación para la cultura mexicana. Pero también, sus historias presentan una alternativa a la perspectiva masculina sobre el cuerpo femenino. Las protagonistas de esta obra controlan su sexualidad, su sensualidad, su expresión corporal y su visibilidad pública. Todas ellas se rebelaron en contra de la norma, pero a pesar de la transgresión lograron colocarse en la cúspide de la realización profesional. El acto de recordarlas sirve, por tanto, como fuente de conocimiento de las grandes figuras del pasado, así como de los modelos del papel femenino diferentes a los tradicionales.

Las estrategias que usa la escritora para ofrecer su versión de la verdad histórica causan, como en *Las genealogías*, la fragmentación del texto. Entre ellas cuenta la inclusión de los múltiples recursos que dan el sentido de objetividad del recuerdo, tales como los fragmentos de las cartas y los diarios de las protagonistas, las entrevistas que se les han hecho, las memorias personales de diversos intelectuales y artistas reconocidos, además de la propia autoridad de la autora, una escritora y periodista reconocida. Las fotografías selectas, que en su calidad bidimensional constituyen un sustituto del referente, combinadas con el texto artístico contribuyen a la idea de la verdad de lo recordado. El total de los esfuerzos le permite a la autora influir en el conocimiento de los lectores y contribuir a la formación de la memoria colectiva.

El principal propósito de la presente investigación ha sido analizar el uso de la memoria en los seis textos escogidos. Las diversas razones prácticas de los actos de la memoria discutidas muestran que el recuerdo en la narrativa tiene consecuencias múltiples. Una conclusión pragmática que resulta del análisis de las seis obras es que el pasado no es algo fijo, traído al presente por medio del recuerdo, sino que su significado se construye en el mismo acto de recordar. La *anamnēsis* que ejercen las escritoras a través de sus textos renueva el pasado y debilita la creencia en la diferencia epistemológica y ontológica entre la historia y la memoria. La consecuencia que deriva de este hecho es que la memoria se convierte en un arma de lucha por conseguir más espacio discursivo para los grupos marginados. Si el discurso de la historia los excluye de sus registros, el recuerdo los hace visibles. Ello resulta particularmente importante en un mundo dominado por el discurso masculino, como es el de la sociedad mexicana. Por esta razón no debe sorprender que cada vez más investigadores consideren la inclusión de la memoria como una fuente de información válida para restituir a las mujeres su lugar en la historia de la civilización y la cultura humana. Cheryl Johnson-Odim y Margaret Strobel escriben, por ejemplo:

El papel de las mujeres en la agricultura, la salud, los trabajos manuales, la religión, la política, las artes y otras áreas frecuentemente ha sido considerado insignificante, excepcional e infrecuente, o no recuperable, a salvo del período reciente. Sin embargo, existen más pruebas de ello de lo que parece; la mayoría de ellas se encuentra oculta en las fuentes no tan obvias: testimonios orales, mitologías, historias de vida, genealogías, registros religiosos, relatos de los misionarios y exploradores, excavaciones arqueológicas, lenguaje, códigos legales, arreglos de tenencia de la tierra, literatura oral y escrita, o el amor en la cultura y en la fábula.[44]

---

44. Johnson-Odim, Cheryl, and Margaret Strobel. *Expanding the Boundaries of Women's History: Essays on Women in the Third World*. Bloomington: U of Indiana P, 1992; p. 4. La traducción del inglés es mía. Cita original: "The roles of women in agriculture, health, crafts, religion, politics, the arts, and other arenas have often been regarded as negligible, exceptional and infrequent, or irretrievable for other than the very recent period. However, far more is available than one may think; much of it lies hidden in non-obvious sources: oral

El uso del recuerdo les ha permitido a las mujeres una participación más igualitaria en la vida social y cultural del México contemporáneo. Lo demuestran los trabajos selectos de las escritoras tanto de los años ochenta que se han analizado aquí, como muchas más. En este trabajo se ha procurado abrir los caminos de interpretación de las complejidades que ofrece la memoria como recurso narrativo en la literatura en general y en la escritura femenina en particular. Asimismo, esta investigación es un intento de contribuir al análisis del discurso femenino en la literatura mexicana.

testimony, mythology, life histories, genealogies, religious records, missionary and explorer accounts, archaeological excavations, language, legal codes, land tenure arrangements, oral and written literature, or cultural love and fable."

Referencias

Alpern, Sara, Joyce Antler, Elisabeth Israels Perry. *The Challenge of Feminist Biography*. U of Illinois P, 1992.

Anderson, Benedict. *Imagined Communities: Reflexions on the Origins and Spread of Nationalism*. London, UK: Verso Editions, 1983.

Antze, Paul y Michael Lambek, eds. *Tense Past. Cultural Essays in Trauma and Memory*. New York, NY: Routledge, 1996.

Arreola, Álvaro Georgette Jose, Matilde Luna y Ricardo Tirado. "Memoria: los primeros ocho días". *Revista Mexicana de Sociología*. 48.2 (1986). 105-107.

Assmann, Jan. "Collective Memory and Cultural Identity". Trad. John Czaplicka. *New German Critique*. 65 (Spring, 1995). 125-133.

Avellaneda, Andrés. "*Mestizo*, de Ricardo Feierstein: la confusa marca en el umbral". Feierstein, Ricardo. *Mestizo*. Buenos Aires: Milá, 1988.

Azuela, Mariano. *Los de abajo*. México, D.F.: Fondo de Cultura Económica, 1958.

Bal, Mieke. "Introduction". *Acts of Memory. Cultural Recall in the Present*. Eds. Mieke Bal, Jonathan V. Crewe y Leo Spitzer. Hanover, NH: Dartmouth College, UP of New England, 1999.

Bajtín, Mijail. *Estética de la creación verbal*. México, D.F.: Siglo XXI, 1990.

________. *La cultura popular en la Edad Media y el Renacimiento. El contexto de François Rabelais*. Trad. Julio Forcat y César Conroy. Madrid: Alianza, 2005.

Bakhtin, Mikhail. *Problemas de la poética de Dostoievski*. México, D.F.: Fondo de Cultura Económica, 1988.

Baker, Michael. "Memory and Practice". *Representations* v. 11 (Summer 1985). 135-59.

Bardenstein, Carol. “Transmissions Interrupted: Reconfiguring Food, Memory and Gender in the Cookbook-Memoirs of Middle Eastern Exiles”. *Signs: Journal of Women in Culture and Society*. 28.1.2002. 353-389.

Barthes, Roland. *Camera Lucida: Reflections on Photography*. New York, NY: Hill and Wang, 1981.

______. *Mythologies*. New York, NY: Hill and Wang, 1957.

Bates, Thomas R. “Gramsci and the Theory of Hegemony”. *Journal of the History of Ideas*. 36, 2 (Apr.– Jun. 1975). 351-366.

Berger, John. *Ways of Seeing*. London, UK: Penguin, 1972.

Bohn, Simone & Charmain Levy. *Twenty-First-Century Feminismos: Women's Movements in Latin America and the Caribbean*. Montreal/Chicago: McGill-Queen's U Press, 2021.

Bourdieu, Pierre. *Distinction: A Social Critique of the Judgement of Taste*. Cambridge MA: Harvard UP, 1984.

Boym, Svetlana. *The Future of Nostalgia*. New York, NY: Basic Books, 2001.

Brushwood, John S. *La novela mexicana (1967-1982)*. México, D.F.: Grijalbo, 1984.

______. *Mexico in its Novel. A Nation's Search for Identity*. Austin, TX: U of Texas P, 1966.

______. *Narrative Innovation and Political Change in Mexico*, New York, NY: Peter Lang, 1989.

Butler, Judith. *Gender Trouble. Feminism and the Subversion of Identity*. New York, NY: Routledge, 1999.

Campobello, Nellie. *Cartucho: relatos de la lucha en el norte de México*. México, D.F.: Era, 2000.

______. *Las manos de mamá*. México, D.F.: Grijalbo, 1997.

Cano Andaluz, Aurora. “El acercamiento a un régimen presidencial: opinión pública y prensa en México”. *Brocar*. Universidad de la Rioja. 34 (2010).

Castellanos, Rosario. *Balún Canán*. México, D.F.: Fondo de Cultura Económica, 1968.

______. *Oficio de tinieblas*. México, D.F.: Joaquín Mortiz, 1977.

Castillo, Debra A. *Easy Women. Sex and Gender in Modern Mexican Fiction*. Minneapolis, MN: U of Minnesota P, 1998.

Castro, Pedro. “La campaña presidencial de 1927-1928 y el ocaso del caudillismo”. *Estudios de historia moderna y contemporánea de México*. México, D.F.: UNAM, 2012. Formato electrónico, consultado el 11 de julio de 2021 <http://www.ejournal.unam.mx/ehm/ehm23/EHM02304.pdf>.

Castro-Klarén, Sara, Sylvia Molloy y Beatriz Sarlo. *Women's Writing in Latin America. An Anthology*. Boulder, CO: Westview P, 1991.

Certau, Michele de. *Heterologies: Discourse on the Other*. Minneapolis, MN: U of Minnesota P, 1986.

Chang-Rodríguez, Eugenio. “La novela de la revolución mexicana y su clasificacion”. *Hispania*. 42.4 (Dec. 1959). 527-535.

Cohn, Dorrit. *The Distinction of Fiction*. Baltimore, MD: The Johns Hopkins UP, 1999.

Coonrod Martínez, Elizabeth. "Reviewed Work: *Las siete cabritas* by Elena Poniatowska". *Hispania*. 85. 1 (Mar 2002). 87-89.

Corona, Ignacio. "At the Intersection: Chronicle and Ethnography". *The Contemporary Mexican Chronicle. Theoretical Perspectives on the Liminal Genre*. Albany, NY: SUNY P, 2002. 123-155.

Corona, Ignacio y Beth Ellen Jörgensen. "Introduction". *The Contemporary Mexican Chronicle. Theoretical Perspectives on the Liminal Genre*. Albany, NY: SUNY P, 2002.

Cortina, Guadalupe. *Invenciones multitudinarias: escritoras judíomexicanas contemporáneas*. Newark, NJ: Juan de la Cuesta, 2000.

Davis, Natalie Zemon. "Introduction". *Representations. Special Issue: Memory and Counter-Memory*. 26 (Spring) 1989. 1-6.

Davis, Natalie Zemon y Randolph Starn, eds. *Representations. Special Issue: Memory and Counter-Memory*. 26 (Spring 1989).

Deleuze, Gilles. *Proust et les signes*. Paris: PUF, 1964.

Deleuze, Gilles y Michel Foucault. "Intellectuals and Politics." *Language, Counter-Memory, and Practice*. Ed. Donald F. Bouchard. Ithaca, NY: Cornell UP, 1977. 205-17.

Dolle, Verena. "La construcción del sí mismo: Memoria cultural e identidad en *Las genealogías* de Margo Glantz". Eds. Sonja M.Steckbauer y Günther Maihold. *Literatura-Historia-Política: Articulando las relaciones entre Europa América Latina*. Madrid: Iberoamericana, 2004. 151-62.

Domínguez Michael, Christopher. *Antología de la narrativa mexicana del siglo XX*. México, D.F.: Fondo de Cultura Económica, 1991.

Dupláa, Christina. "Memoria colectiva y Lieux de Mémoire en la España de la Transición". Ed. Joan Ramon Resina. *Disremembering the Dictatorship: The Politics of Memory in the Spanish Transition to Democracy*. Atlanta, GA: Rodopi, 2000. 29-42.

DuPlessis, Rachel Blau. *The Pink Guitar: Writing as Feminist Practice*. New York, NY: Routledge, 1990.

Egan, Linda. "The Sounds of Silence: Voices of the Marginalized Other in Cristina Pacheco's Narrative." Ed. Kristine Ibsen. *The Other Mirror*. Westport, CT: Greenwood P, 1997. 133-146.

Easthope, Anthony y Kate McGowan. *A Critical and Cultural Theory Reader*. Toronto, ON: U of Toronto P, 1998.

Esquivel, Laura. *Como agua para chocolate: novela de entregas mensuales, con recetas, amores y remedios caseros*. Barcelona: Mondadori, 1994.

———. *El diario de Tita*. México, D.F.: Suma de letras. Penguin Random House Grupo Editorial, 2018.

———. *Mi negro pasado.* Barcelona: Penguin Random House Grupo Editorial, 2017.
Felski, Rita. *Beyond Feminist Aesthetics: Feminist Literature and Social Change.* Cambridge, MA: Harvard UP, 1989.
Fentress, James y Chris Wickham. *Social Memory.* Oxford: Blackwell.1992.
Fernández Izquierdo, Valentina. "¿Es feminismo machismo al revés?". *Transpasando Fronteras.* n. 17 (2021): 123-128.
Filinich, María Isabel. *La voz y la mirada: teoría y análisis de la enunciación literaria.* México, D.F.: Plaza y Valdés, 1999.
Foley, Barbara. *Telling the Truth: The Theory and Practice of Testimonial Fiction.* Ithaca, NY: Cornell UP, 1986.
Fornet, Jorge. *Reescrituras de la memoria. Novela femenina y Revolución en México.* Habana: Editorial Letras Cubanas, 1994.
Foucault, Michel. "Film and Popular Memory". *Foucault Live: Interviews, 1966-84.* Ed. Sylvère Lotringer. Tr. Martin Jordin. New York, NY: Semiotext(e), 1989. 89-106.
———. *Language, Counter-Memory, Practice: Selected Essays and Interviews.* Ithaca, NY: Cornell UP, 1977.
———. *The History of Sexuality: An Introduction.* Vol. 1. Trans. Robert Hurley. New York, NY: Vintage Books, Random House, 1978.
Franco, Jean. *Plotting Women. Gender and Representation in Mexico.* New York, NY: Columbia UP, 1989.
García, Kay. *Broken Bars. New Perspectives from Mexican Women Writers.* Albuquerque: U of New Mexico P, 1994.
Garro, Elena. *Los recuerdos del porvenir.* México, D.F.: Editorial Joaquín Mortiz, 1963.
Genette, Gérard. *Narrative Discourses.* Ithaca, NY: Cornell UP, 1980.
Glantz, Margo. *Las genealogías.* 1981. México, D.F.: Secretaría de Educación Pública, 1987.
———. "Las hijas de la Malinche". *Literatura mexicana de hoy. Del 68 al ocaso de la revolución*, Ed. Karl Kohut. Frankfurt: Vervuert, 1995.
———. "Los murales de María Izquierdo". *La Jornada.* Sección: Cultura. Jueves, 19 de enero de 2006. Disponible en la red: <https://www.jornada.com.mx/2006/01/19/index.php?section=cultura&article=a07a1cul>.
Glenn, Kathleen M. "Postmodern Parody and Culinary-Narrative Art in Laura Esquivel's 'Como agua para chocolate'". *Chasqui* , Nov., 1994, Vol. 23, No. 2 (Nov., 1994). 39-47.
Gómez Estrada, José Alfredo. "Elite de Estado y prácticas políticas. Una aproximación al estudio de la corrupción en México, 1920-1934". Estudios de historia moderna y contemporánea de México. México, D.F.: UNAM, 2016.

González, Aralia. "Dos tendencias en la evolución de la narrativa contemporánea de escritoras mexicanas". *Mujer y literatura mexicana y chicana. Culturas en contacto* v. 2. México, D.F.: El Colegio de México / El Colegio de la Frontera Norte, 1990.

González, Omar. "Las siete cabritas". *Las mil notas y una nota. Crítica y reseña de libros habidos y por haber.* Publicación: 5 de marzo de 2016 <http://notasomargonzalez.blogspot.com/2014/04/las-siete-cabritas.html>.

González Echevarría, Roberto. *Myth and Archive: A Theory of Latin American Narrative.* Cambridge, UK: Cambridge UP, 1990.

González-Martínez, Silvia. *Testimonial Literature of Denunciation in Mexico and Central America: Persuasive Strategies.* Diss. Omaha, NE: U of Nebraska, 1997.

Greene, Gayle. "Feminist Fiction and the Uses of Memory". *Signs: Journal of Women in Culture and Society* 16.1 (1991. 290-321.

Guerrero, María. *La imagen de la revolución y de la mujer en la novela y el cine de la Revolución Mexicana.* Diss. U of Texas, 2005.

Gugelberger, Georg y Michael Kearney. "Voices for the Voiceless: *Testimonial Literature in Latin America*". *Latin American Perspectives.* 18.3 Part I (Summer), 1991. 3-14.

Halbwachs, Maurice. *On Collective Memory.* Chicago, IL: U of Chicago P, 1992.

Gómez Estrada, José Alfredo. "Elite de Estado y prácticas políticas. Una aproximación al estudio de la corrupción en México, 1920-1934". Estudios de historia moderna y contemporánea de México. México, D.F.: UNAM, 2016.

Heilbrun, Carolyn. *Writing a Women's Life.* New York, NY: Norton, 1988.

Herling-Grudziński, Gustaw. "Wyjście z milczenia". *Szkice.* Warszawa: Res Publica, 1998.

Hirsch, Marianne. *Family Frames. Photography, Narrative and Postmemory.* Cambridge, MA: Harvard UP, 1997.

Hirsch, Marianne y Valerie Smith. "Feminism and Cultural Memory: An Introduction". *Signs: Women in Culture and Society* 28. 1 (2002). 1-19.

Hobsbawm, Eric J. y Terence O. Ranger. *The Invention of Tradition.* Cambridge [Cambridgeshire], UK: Cambridge UP, 1983.

Hooks, Bell. *Talking Back: Thinking Feminist, Thinking Black.* Boston, MA: South End P, 1989.

———. *Yearning: Race, Gender, and Cultural Politics.* Boston, MA: South End P, 1990.

Hutcheon, Linda. *A Poetics of Postmodernism: History, Theory, Fiction.* New York, NY: Routledge, 1988.

Jameson, Frederic. "Third-World Literature in the Era of Multinantional Capitalism". *Social Text.* 15 (Fall). 65-88.

Jiménez, Reynaldo L. "Don Segundo: razón y signo de una forma narrativa". *Cuadernos Hispanoamericanos*. 432 (1986). 71-83.

Johnson-Odim, Cheryl y Margaret Strobel. *Expanding the Boundaries of Women's History: Essays on Women in the Third World*. Bloomington, IN: U of Indiana P, 1992.

Jörgensen, Beth Ellen. "Matters of Fact: The Contemporary Mexican Chronicle and/as Nonfiction Narrative". *The Contemporary Mexican Chronicle. Theoretical Perspectives on the Liminal Genre*. Albany, NY: SUNY P, 2002. 71-94.

Kadar, Marlene. "Coming to Terms: Life Writing– from Genre to Critical Practice". *Essays on Life Writing*. Ed. Marlene Kadar. Toronto, ON: U of Toronto P, 1992. 3-16.

Kandel, Erick R. and James H. Schwartz, eds. *Principles of Neural Science*. New York, NY: Elsevier, 1985.

Kahlo, Frida. *El Diario de Frida Kahlo. Un íntimo autorretrato*. Introducción de Carlos Fuentes. México, D.F.: Grupo Editorial Norma, 1995.

Klein, Kerwin Lee. "On the Emergence of Memory in Historical Discourse". *Representations*. 69 (Winter) 2000. 127-150.

King, Nicola. *Memory, Narrative, Identity. Remembering the Self*. Edinburgh, UK: Edinburg UP, 2000.

Kohut, Karl, ed. *Literatura mexicana hoy. Del 68 al ocaso de la revolución*. Frankfurt: Vervuert, 1995.

______. *Literatura mexicana hoy II. Los de fin de siglo*. Frankfurt: Vervuert, 1993.

Kordys, Jan. "Pamięć i opowiadanie". *Praktyki opowiadania*. Eds. Bogdan Owczarek, Zofia Mitosek y Wincenty Grajewski. Kraków: TAiWPN Universitas, 2001. 127-173.

Krauze, Enrique. *Mexico. Biography of Power. A History of Modern Mexico, 1810-1996*. New York, NY: Harper Collins Publishers, 1997.

Kuhn, Annette. *Family Secrets: Acts of Memory and Imagination*. New York, NY: Verso, 1995.

Lau Jaiven, Ana y Carmen Ramos Escandón. *Mujeres y Revolución 1900-1917*. México, D.F.: Instituto Nacional de Estudios Históricos de la Revolución Mexicana, 1993.

Lavery, Jane Elizabeth. *Anales de literatura hispanoamericana*. 30 (2001). 313-40.

______. *Ángeles Mastretta. Textual Multiplicity*. Woodbridge, UK: Tamesis, 2005.

Le Goff, Jacques. *History and memory*. Trans: Steven Rendall and Elizabeth Claman. New York, NY: Columbia UP, 1992.

______. *El orden de la memoria. El tiempo como imaginario*. Trad. Hugo F. Bauzá. Barcelona: Paidós, 1977/1991.

Lerner, Gerda. "A Life of Learning: Charles Homer Haskins Prize Lecture for 2006". ACLS occasional paper no. 62. Ed. Martin E. Marty. New York, NY: American Council of Learned Societies, 2006.

———. *The Creation of Feminist Consciousness: From the Middle Ages to Eighteen-Seventy*. New York, NY: Oxford UP, 1993.

Lipiński, Eryk. "Słowo wstępne". Florans, Rajmund y Szymon Kobyliński. *Tylko bez cudów: humor żydowski*. Warszawa: Agencja Omnipress, 1985.

Lloyd, Moya. *Beyond Identity Politics: Feminism, Power & Politics*. London, UK: Sage, 2005.

Lourie, Margaret, Domna C. Stanton y Martha Vicinus, eds. "Women and Memory". *Michigan Quarterly Review*. 26.1 (Winter 1987, Spec. issue).

Lowenthal, David. *The Past is a Foreign Country*. Cambridge, UK: Cambridge UP, 1985.

Ludmer, Josefina. "Tretas del débil". *La sartén por el mango*. Eds. Patricia Elena González y Eliana Ortega. Río Piedras, PR: Huracán, 1984.

Lutes, Leasa Y. *Allende, Buitrago, Luiselli. Aproximaciones teóricas al concepto del "Bildungsroman" femenino*. New York, NY: Peter Lang, 2000.

Łepkowski, Tadeusz. *Historia Meksyku*. Wrocław: Ossolineum, 1996.

Mancisidor, José. *La ciudad roja*. La Habana: Editorial Arte y Literatura, 1979.

Marquet, Antonio. "Cómo escribir un best-seller? La receta de Laura Esquivel". *Plural: Revista Cultural de Excélsior*. 237 (June 1991): 58-67.

Mastretta, Ángeles. *Arráncame la vida*. México, D.F.: Alfaguara, 1986.

McClintock, Ann. *Imperial Leather*. New York, NY: Routledge, 1995.

Meyer, Doris. "Nellie Campobello's *Las Manos De Mamá*: A Rereading". *Hispania*, vol. 68, no. 4, 1985, pp. 747–752.

Meyer, Michael C. y William L. Sherman. *The Course of Mexican History*. New York, NY: Oxford UP, 1983.

Miranda Hernández, Noe. *La esmeralda del Papaloapan*. México, D.F.: Palibrio, 2013.

Mohanty, Chandra Talpade. *Feminism Without Borders: Decolonizing Theory, Practicing Solidarity*. Durham, NC: Duke UP, 2003.

Molina, Silvia. *La familia vino del norte*. 1987. México, D.F.: Cal y arena, 2003.

Molloy, Sylvia. *Acto de presencia. La escritura autobiográfica en Hispanoamérica*. México, D.F.: El Colegio de México, 1996.

Monsiváis, Carlos. *A ustedes les consta. Antología de la crónica en México*. México, D.F.: Ediciones Era, 1987.

———. *Amor perdido*. México, D.F.: Era, 1977.

———. "Notas sobre la cultura mexicana en el siglo XX". Ed. Daniel Cosío Villegas. *Historia general de México*. Tomo IV, México, D.F.: El Colegio de México, 1976.

———. "Cultura urbana y creación intelectual. El caso mexicano". Ed. Pablo González Casanova. Cultura y creación en América Latina. México, D.F.: Siglo XXI, 1989.
———. *Entrada libr.: Crónicas de la sociedad que se organiza*. México, D.F.: Ediciones Era, 1987.
———. "Prólogo". Pacheco, Cristina. *La luz de México: Entrevistas con pintores y fotógrafos*. México, D.F.: Fondo de Cultura Económica, 1995.
Negrete Sandoval, Erika. "Archivo, memoria y ficción en *Nadie me verá llorar* de Cristina Rivera Garza". *Literatura mexicana*. Vol. 24. 1, 2013. 91-110.
Nicolls, Peter. "The Belated Postmodern: History, Phantoms, and Toni Morrison". Ed. Sue Vice. *Psychoanalytic Criticism: A Reader*. London, UK: Polity P, 1996. 50-67.
Nínive García, Nora, Marmara Millán, Cynthia Pech. *Cartografías del feminismo mexicano 1970-2000*. México, D.F.: U Autónoma de la Ciudad de México, 2007.
Nora, Pierre. "Between Memory and History: *Les lieux de mémoire*". *Representations*. 26 (Spring 1989). 7-25.
Nora, Pierre, ed. *Rethinking France*. Chicago, IL: U of Chicago P, 2001.
O'Malley, Ilene V. *The Myth of the Revolution: Hero Cults and the Institutionalization of the Mexican State, 1920-1940*. Westport, CT: Greenwood P, 1986.
Ortega, Julio. "Introducción". Eds. Forrest Gander y Zoë Anglesey *Mouth to Mouth: Poems by Twelve Contemporary Mexican Women*. Minneapolis, MN: Milkweed Editions, 1993.
Pacheco, Cristina. *Zona de desastre*. México, D.F.: Océano, 1986.
Pacheco, José Emilio. *Las batallas en el desierto*. México, D.F.: Era, 1981.
Paz, Octavio. *El laberinto de la soledad*. México, D.F.: FCE, 1987.
Pérez, David Marcial. "El mestizo mexicano quiere ser lo más blanco posible", *El País*. México, 27 de junio 2017. <https://elpais.com/cultura/2017/06/23/actualidad/1498245328_147788.html>.
Pérez de Mendiola, Marina. *Gender and Identity Formation in Contemporary Mexican Literature*. New York, NY: Garland Publishing, 1998.
Poniatowska, Elena. *Hasta no verte Jesús mío*. México, D.F.: Era, 1977.
———. "*Hasta no verte Jesús mío*: Jesusa Palancares". *Vuelta*. 24 (Nov 1978), México, D.F.
———. *La noche de Tlatelolco*. México, D.F.: Ediciones Era, 1998.
———. *Las siete cabritas*. México, D.F.: Era, 2000.
———. *Las soldaderas*. México, D.F.: Era, 1999.
———. *Luz y luna, las lunitas*. México, D.F.: Era, 1994.
———. *Nada, nadie. Las voces del temblor*. México, D.F.: Era, 1988.
———. "Un tesoro para el arte". *La Jornada. Sección Cultura*. 5 de julio de 2004. <http://www.jornada.unam.mx/2004/07/05/03aa1cul.php?origen=opinion.php&fly=1>.

Probyn, Elspeth. *Outside Belongings*. New York, NY: Routledge, 1996.
Radice, Betty, ed. *Who's Who in the Ancient World*. Baltimore, MD: Penguin Books, 1973.
Ricarelli, Ugo and Luis Mateo Díez. "Literatura y Memoria". *Encuentro literario hispano-italiano*. Roma: Casa delle Letterature, Marzo 2001.
Ricoeur, Paul. *Memory, History, Forgetting*. Chicago, IL: U of Chicago P, 2004.
Ricoeur, Paul, Sahuquillo G. Aranzueque y Ángel Gabilondo. *Historia y narratividad*. España: Paidós Ibérica, 2009.
Riva Palacio, Raymundo. "La prensa en México. Una aproximación crítica". *Comunicación y sociedad*. 25-26 (1995-1996): 11-33. Rodríguez, Victoria E. *Women in Contemporary Mexican Politics*. Austin, TX: U of Texas P, 2003.
Rojas González, Francisco. *La negra Angustias: novela*. México, D.F.: Compañía General de Ediciones, S.A., 1955.
Ruddick, Sara. *Maternal Thinking: Toward a Politics of Peace*. Boston, MA: Beacon Press, 1989.
Ruffinelli, Jorge. "Al margen de la ficción: Autobiografía y literatura mexicana". *Hispania*. 69.3 (September) 1986. 512-520.
Rulfo, Juan. *El llano en llamas*. Madrid: Turner, 2003.
Salas, Elizabeth. *Soldaderas in the Mexican Military. Myth and History*. Austin, TX: U of Texas P, 1990.
Saldívar, Samuel G. *Evolución del personaje femenino en la novela mexicana*. Lanham, MD: UP of America, 1985.
Sánchez, María-Luisa. *Revolución, familia y nación: Escritoras mexicanas contemporáneas*. Diss. New Brunswick, NJ: Rutgers University, 2000.
Sánchez Parra, Sergio Arturo; Gil Pérez, Anderson Paul. "El día de la libertad de prensa en México como medio de control del Gobierno sobre la prensa, 1951-1969". *Reflexión Política*. U Autónoma de Bucaramanga. v. 20, núm. 40 (2018): 181-194.Sandoval Espinoza, Alejandra. "Frida Kahlo y Carlos Fuentes sobre Frida Kahlo". *Cyber Humanitatis*. Revista de la Facultad de Filosofía y Humanidades, Universidad de Chile. v. 23 (Invierno 2002). <https://web.uchile.cl/vignette/cyberhumanitatis/CDA/texto_simple2/0,1255,SCID%253D5923%2526ISID%253D258,00.html>.
Schaefer, Claudia. "Embedded Agendas: The Literary Journalism of Cristina Pacheco and Guadalupe Loaeza". *Latin American Literary Review*. 19.38 (July-December 1991). 62-76.
Sefchovich, Sara. *México: país de ideas, país de novelas. Una sociología de la literatura mexicana*. México, D.F.: Editorial Grijalbo, 1987.
Seneca, Lucius Annaeus. "Letters. The Happy Life". Seneca, Lucius Annaeus. *The Stoic Philosophy of Seneca; Essays and Letters of Seneca*. Ed. Moses Hadas. New York, NY: Norton, 1968.

Serna, Ana María. "La vida periodística mexicana y el movimiento estudiantil de 1968". *Signos históricos*. v. 16, núm. 31: 117-159.

Seydel, Ute. *Narrar historia(s). La ficcionalización de temas históricos por las escritoras mexicanas Elena Garro, Rosa Beltrán y Carmen Boullosa*. Madrid: Iberoamericana-Vervuert, 2007.

Schutte, Ofelia. *Cultural identity and social liberation in Latin American thought*. Albany, NY: SUNY P, 1993.

Skłodowska, Elżbieta. *La parodia en la nueva novela hispanoamericana (1960-1985)*. Purdue University Monographs in Romance Languages, v. 34. Amsterdam: J. Benjamins Pub. Co, 1991.

Smith, Sidonie. "Hacia una poética de la autobiografía de mujeres". Trad. Lázaro Reyes. *Antropos: revista de documentación científica de la cultura. Suplementos*. Barcelona: Anthropos Promat, 1987-1995. Vol. 29 (Diciembre 1991). 93-105.

Smith, Sidonie y Julia Watson. *Reading Autobiography. A Guide for Interpreting Life Narratives*. Minneapolis, MN: U of Minnesota P, 2001.

Sor Juana Inés de la Cruz. *The Answer/La Respuesta, Including a Selection of Poems*. Ed. Electa Arenal y Amanda Powell. New York, NY: Feminist Press at CUNY, 1994.

Soto, Shirlene. *Emergence of the Modern Mexican Woman. Her Participation in Revolution and Struggle for Equality 1910-1940*. Denver, CO: Arden P, 1990.

Spitzer, Leo. *Hotel Bolivia: The Culture of Memory in a Refuge of Nazism*. New York, NY: Hill and Wang, 1999.

Stanford Friedman, Susan. "Women's Autobiographical Selves: Theory and Practice". Eds. Sidonie Smith y Julia Watson. *Women, Autobiography, Theory. A Reader*. Madison, WI: U of Wisconsin P, 1998.

Steele, Cynthia. *Politics, Gender, and the Mexican Novel, 1968-1988. Beyond the Pyramid*. Austin, TX: U of Texas P, 1992.

Taylor, Kathy. *The New Narrative of Mexico. Sub-Versions of History in Mexican Fiction*. Lewisburg, PA: Bucknell UP, 1994.

Terdiman, Richard. *Discourse/Counterdiscourse*. Ithaca, NY: Cornell UP, 1985.

———. *Present Past: Modernity and the Memory Crisis*. Ithaca, NY: Cornell UP, 1993.

Torres, Alejandra. *El cristal de las mujeres: relatos y fotografías en la obra de Elena Poniatowska*. Rosario: Beatriz Viterbo, 2010.

Ulloa, Berta. *Revolución Mexicana, 1910-1920*. México, D.F.: Secretaría de Relaciones Exteriores, 1985.

Vázquez, Karina Elizabeth. "Of Love and Exploitation". *Contexts*. 19.1 (2020): 56-57.

Velasco Valdés, Miguel. *Repertorio de voces populares en México*. México, D.F.: B. Costa-Amic, 1967.

Von Son, Carlos. "Metaficción e historias en *La familia vino del norte* de Silvia Molina". *Revista de Literatura Contemporánea*. No. 15, 2002. 46-54.

Walczak, Grażyna H. "*Los ecos de la Revolución Mexicana en la perspectiva literaria de tres escritoras mexicanas: Antonieta Rivas Mercado, Elena Garro y Elena Poniatowska*. Thesis MA. USF, Tampa, FL, 2004.

———. *Pre-textos de la memoria. Agencia y afirmación en cuatro escritoras mexicanas contemporáneas*. Diss. U de Florida, Gainesville, FL, 2008.

———. Tradiciones culinarias de dos culturas: signo de identidad múltiple en la autobiografía *Las genealogías* de Margo Glantz". *¿Dentro/Fuera? Nuevas Perspectivas sobre la Identidad y la Otredad en las Literaturas Hispánicas*. Ed. Flisek Agnieszka y Katarzyna Moszczyńska. *Encuentros 2010*, v. IV. Varsovia: U de Varsovia, 2011. 283-289.

———. "Voz para los silentes y expansión de la crónica en *Zona de desastre* (1986) de Cristina Pacheco". *Catástrofe y violencia*. Ed. Marco Kunz. Zürich: LIT Verlag, 2017. 185-199.

Woods, Richard D. "Mexican Autobiography: An Essay and Annotated Bibliography". *Hispania* [Publicaciones periódicas]. Volume 77, Number 4, December 1994. <http://www.cervantesvirtual.com/servlet/SirveObras/03699629022536195209079/p0000004.htm#PagFin>.

White, Hayden. *Tropics of Discourse: Essays in Cultural Criticism*. Baltimore, MD: Johns Hopkins UP, 1987.

Whitehead, Anne. *Trauma Fiction*. Edinburgh, UK: Edinburgh UP, 2004.

Winant, Howard. "Gayatri Spivak on the Politics of the Subaltern". *Socialist Review*. 20.3 July-Sept.) 1990. 81-97.

Wright Mills, Charles. *La imaginación sociológica*. México: FCE, 1961.

Zambrano, María. *Notas de un método*. Madrid: Mondadori, 1989.

Zavala y Alonso, Manuel. "La pieza del mes. Agosto 1998. María Izquierdo 1902-1955" en *Artes e Historia de México*. México, D.F.: INBA, Agosto, 2008.

Yáñez, Agustín. *Al filo del agua. Obras escogidas*. Ed. José Luis Martínez. México, D.F.: Aguilar, 1968.

Yerushalmi, Yosef Hayim. *Zakhor: Jewish History and Jewish Memory*. The Samuel and Althea Stroum lectures in Jewish studies. Seattle, WA: U of Washington P, 1996.

Young-Bruehl, Elizabeth. *Subject to Biography. Psychoanalysis, Feminism, and Writing Women's Lives*. Cambridge, MA: Harvard UP, 1998.

Yúdice, George. "Testimonio y concientización". *Revista de Crítica Literaria Latinoamericana*. 36. Lima: Latinoamericana editores, 1989.

MÁS EN F&G EDITORES

Insomne pasado: lecturas críticas de Latinoamérica colonial. Un homenaje a Á. Félix Bolaños
Claudia García, Karina E. Vázquez y Grażyna Walczak (Editoras)

Del macrocosmos al microrrelato. Literatura y creación – nuevas perspectivas transareales
Ottmar Ette

Cien años de magia: ensayos críticos sobre la obra de Miguel Ángel Asturias
Oralia Preble-Niemi (Compiladora)

Sergio Ramírez. Acercamiento crítico a sus novelas
José Juan Colín (Editor)

Hacia una Historia de las Literaturas Centroamericanas

I. Intersecciones y transgresiones: Propuestas para una historiografía literaria en Centroamérica
Editor: Werner Mackenbach
II. Tensiones de la modernidad: Del modernismo al realismo
Editores: Valeria Grinberg Pla y Ricardo Roque-Baldovinos
III. (Per)Versiones de la modernidad. Literaturas, identidades y desplazamientos
Editoras: Beatriz Cortez, Alexandra Ortiz Wallner y Verónica Ríos Quesada
IV. Literatura y compromiso político. Prácticas político-culturales y estéticas de la revolución
Editores: Héctor M. Leyva, Werner Mackenbach y Claudia Ferman
V. Memoria, escritura y miradas de la Centroamérica decimonónica
Editora: Patricia Fumero Vargas
VI. Textualidades indígenas y discursividades coloniales
Editor: Francisco Rodríguez Cascante

Mujeres que cuentan. La memoria literaria en la narrativa de seis escritoras mexicanas del siglo XX, de Grażyna Walczak, se terminó de imprimir el 15 de febrero de 2023, año del sesquicentenario del nacimiento de Enrique Gómez Carrillo (17 de febrero de 1873 - 29 de noviembre de 1927). F&G Editores, 31 avenida "C" 5-54 zona 7, Colonia Centro América, 01007. Guatemala, Guatemala, C. A. Teléfono: (502) 2292 3792, informacion@fygeditores.com
www.fygeditores.com

Made in United States
Orlando, FL
04 November 2026

90201642R00201